计算机类技能型理实一体化新形态系列

Linux操作系统

（CentOS 7 & RHEL 7）

（微课版）

主　编　肖　川　吕海洋
　　　　　秦其虹
副主编　张栩之　王红艳

U0282980

清华大学出版社
北京

内 容 简 介

本书是国家级精品课程、国家精品资源共享课和国家在线精品课程的配套教材，以目前被广泛应用的 CentOS 7.4 服务器为例，完全兼容 RHEL 7.4 服务器，采用教、学、做相结合的模式，以理论为基础，着眼应用，全面系统地介绍了利用 Linux 操作系统架设网络服务器的方法，内容包括：搭建与测试 Linux 服务器、常用的 Linux 命令、Shell 与 Vim 编辑器、学习 Shell Script、用户和组管理、文件系统和磁盘管理、DHCP 服务器配置、DNS 服务器配置、NFS 网络文件系统服务、Samba 服务器配置、Apache 服务器配置、FTP 服务器配置、电子邮件服务器配置。大部分章后面有"项目实录""实训"等结合实践应用的内容，使用大量翔实的企业应用实例，配以知识点微课和项目实训慕课，使"教、学、做"融为一体，实现理论与实践的完美统一。

本书可作为计算机应用技术、计算机网络技术、云计算技术、软件技术及其他计算机类专业的技术技能型理实一体教材，也可作为 Linux 系统管理和网络管理人员的自学参考书。

图书在版编目（CIP）数据

Linux 操作系统：CentOS 7 & RHEL 7：微课版/肖川，吕海洋，秦其虹主编. —北京：清华大学出版社，2023.6（2025.1 重印）

计算机类技能型理实一体化新形态系列

ISBN 978-7-302-63601-4

Ⅰ.①L… Ⅱ.①肖… ②吕… ③秦… Ⅲ.①Linux 操作系统—教材 Ⅳ.①TP316.85

中国国家版本馆 CIP 数据核字（2023）第 094075 号

责任编辑：张龙卿
封面设计：曾雅菲　徐巧英
责任校对：刘　静
责任印制：沈　露

出版发行：清华大学出版社
    网　　　址：https://www.tup.com.cn，https://www.wqxuetang.com
    地　　　址：北京清华大学学研大厦 A 座   邮　　编：100084
    社 总 机：010-83470000   邮　　购：010-62786544
    投稿与读者服务：010-62776969，c-service@tup.tsinghua.edu.cn
    质量反馈：010-62772015，zhiliang@tup.tsinghua.edu.cn
    课件下载：https://www.tup.com.cn，010-83470410
印 装 者：北京嘉实印刷有限公司
经　　销：全国新华书店
开　　本：185mm×260mm   印　　张：20.25   字　　数：464 千字
版　　次：2023 年 7 月第 1 版   印　　次：2025 年 1 月第 3 次印刷
定　　价：59.00 元

产品编号：101998-01

前 言

1. 改版背景

习近平总书记在党的二十大报告中指出，"科技是第一生产力、人才是第一资源、创新是第一动力"。大国工匠和高技能人才作为人才强国战略的重要组成部分，在现代化国家建设中起着重要作用。高等职业教育肩负着培养大国工匠和高技能人才的使命，近几年得到了迅速发展和普及。

网络强国是国家的发展战略。要做到网络强国，不但要在网络技术上领先和创新，而且要确保网络不受国内外敌对势力的攻击，保障重大应用系统正常运营，因此，网络技能型人才的培养显得尤为重要。

《Linux 操作系统（微课版）》在 2018 年公开出版，距今已有 5 年时间，其间重印 6 次，读者在肯定本书的同时，也对本书提出了一些建议，其中版本升级方面的建议尤为突出。

鉴于此，现将操作系统版本升级到 CentOS 7.4，并且完全兼容 Red Hat Enterprise Linux 7.4。除升级系统版本外，新版中还删除部分陈旧的内容，增加 firewall、nmcli、systemctl、SELinux、Shell 编程等相关内容，采取知识点微课和实训项目慕课的形式以丰富教学配套资源。

2. 本书特点

（1）本书是国家精品资源共享课和国家在线精品课程"Linux 网络操作系统"的配套教材。本书教学资源丰富，所有教学录像和实验视频全部放在精品课程网站上，供读者下载、学习和在线收看。另外，教学中经常会用到的 PPT 课件、电子教案、学习论坛、实践教学、授课计划、课程标准、题库、教师手册、学习指南、习题解答、补充材料等内容也都放在国家精品资源共享课程网站上。

（2）实训内容源于企业实际应用，"微课＋慕课"体现"教、学、做"完美统一。在专业技能的培养中，突出实战化要求，贴近市场，贴近技术。所有实训项目都源于真实的企业应用案例。每章后面增加"项目实录"内容。知识点微课、项目实训慕课互相配合，读者可以随时进行工程项目的学习与实践。

3. 配套的主要教学资源

（1）全部章节的知识点微课和全套的项目实训慕课（扫描书中二维码）30 多个。

（2）教学课件、电子教案、授课计划、项目指导书、课程标准、拓展提升、项目任务单、实训指导书等。

（3）参考各服务器的配置文件。

（4）大赛试题及答案、试卷 A、试卷 B、习题及答案。

4. 关于编者

本书由烟台南山学院肖川、吕海洋及山东现代学院秦其虹担任主编，烟台南山学院张栩之、王红艳担任副主编。浪潮集团的薛立强高级工程师审订了大纲并编写了部分内容。南山控股李石师、烟台南山学院金燕，以及任美玲、张晖也参加了本书的编写工作。

读者订购教材后，请向编者索要全套备课包，包括教学视频、授课计划、电子教案、电子课件、课程标准、试卷等相关内容。

编　者

2023 年 3 月

目 录

第 1 章
搭建与测试 Linux 服务器

学习要点

- 了解 Linux 系统的历史、版权以及 Linux 系统的特点。
- 了解 CentOS 7 的优点及其家族成员。
- 掌握如何搭建 CentOS 7 服务器。
- 掌握如何配置 Linux 常规网络和如何测试 Linux 网络环境。

Linux 是当前有很大发展潜力的计算机操作系统，人们的旺盛需求推动着 Linux 的发展热潮一浪高过一浪。自由与开放的特性加上强大的网络功能使 Linux 在 21 世纪有着无限的发展前景。本章主要介绍 Linux 系统的安装与简单配置。

1.1 认识 Linux 操作系统

1.1.1 认识 Linux 的"前世"与"今生"

1. Linux 系统的历史

Linux 系统是一个类似 UNIX 的操作系统，它是 UNIX 在计算机上的完整实现，它的标志是一个名为 Tux 的可爱小企鹅，如图 1-1 所示。UNIX 操作系统是 1969 年由 K. Thompson 和 D. M. Richie 在美国贝尔实验室开发的一个操作系统，由于它具备良好而稳定的性能，使其迅速在计算机中得到广泛应用，在随后的几十年中，UNIX 操作系统又做了不断的改进。

1990 年，芬兰人 Linus Torvalds 接触了为教学而设计的 Minix 系统后，开始着手研究编写一个开放的与 Minix 系统兼容的操作系统。1991 年 10 月 5 日，Linus Torvalds 在赫尔辛基技术大学的一台 FTP 服务器上发布了一个消息，这也标志着 Linux 系统的诞生。Linus Torvalds 公布了第一个 Linux 的内核版本 0.02 版。在最开始时，Linus Torvalds 的兴趣在于了解操作系统的运行原理，因此 Linux 早期的版本并没有考虑最终用户的使用，只是提供了最核心的框架，使得 Linux 编程人员可以享受编制内核的乐趣，这样也保证了 Linux 系统内核的强大与稳定。

图 1-1　Linux 的标志

Internet 的兴起使得 Linux 系统也能十分迅速地发展，很快就有许多程序员加入 Linux 系统的编写行列中。

随着编程小组的扩大和完整的操作系统基础软件的出现，Linux 开发人员认识到，Linux 已经逐渐变成一个成熟的操作系统。1992 年 3 月，内核 1.0 版本的推出标志着 Linux 第一个正式版本的诞生。这时能在 Linux 上运行的软件已经十分广泛，从编译器到网络软件以及 X-Window 都有。现在，Linux 凭借优秀的设计、不凡的性能，加上 IBM、Intel、AMD、Dell、Oracle、Sybase 等国际知名企业的大力支持，其市场份额逐步扩大，逐渐成为主流操作系统之一。

2. Linux 的版权问题

Linux 是基于 Copyleft（无版权）的软件模式进行发布的，其实 Copyleft 是与 Copyright（版权所有）相对立的新名称，它是 GNU 项目制定的通用公共许可证（general public license，GPL）。GNU 项目是由 Richard Stallman 于 1984 年提出的，他建立了自由软件基金会（FSF）并提出 GNU 计划的目的是开发一个完全自由的、与 UNIX 类似但功能更强大的操作系统，以便为所有的计算机使用者提供一个功能齐全、性能良好的基本系统，它的标志是角马，如图 1-2 所示。

图 1-2　GNU 的标志

GPL 是由自由软件基金会发行的用于计算机软件的协议证书，使用证书的软件称为自由软件[后来改名为开放源代码软件（open source software）]。大多数的 GNU 程序和超过半数的自由软件都使用它，GPL 保证任何人都有权使用、复制和修改该软件。任何人都有权取得、修改和重新发布自由软件的源代码，并且规定在不增加附加费用的条件下可以得到自由软件的源代码。同时还规定自由软件的衍生作品必须以 GPL 作为它重新发布的许可协议。Copyleft 软件的组成非常透明化，当出现问题时，就可以准确地查明故障原因，及时采取相应对策，同时用户不用再担心有"后门"的威胁。

小资料　　GNU 这个名字使用了有趣的递归缩写，它是 GNU's Not UNIX 的缩写形式。由于递归缩写是一种在全称中递归引用它自身的缩写，因此无法精确地解释它的真正全称。

总之，Linux 操作系统作为一个免费、自由、开放的操作系统，它的发展势不可挡。

1.1.2　理解 Linux 体系结构

Linux 一般包括 3 个主要部分：内核（kernel）、命令解释层（Shell 或其他操作环境）、实用工具。

1. 内核

内核是系统的心脏，是运行程序和管理磁盘及打印机等硬件设备的核心程序。由于内核提供的都是操作系统最基本的功能，如果内核发生问题，整个计算机系统就可能会崩溃。

Linux 内核的源代码主要用 C 语言编写，只有部分与驱动相关的源代码用汇编语言 Assembly 编写。Linux 内核采用模块化的结构，其主要模块包括存储管理、CPU 和进程管理、文件系统管理、设备管理和驱动、网络通信以及系统的引导、系统调用等。Linux 内核的源代码通常安装在/usr/src 目录下，可供用户查看和修改。

2. 命令解释层

Shell 是系统的用户界面,提供了用户与内核进行交互操作的一种接口。它接收用户输入的命令,并且把它送给内核去执行。

操作环境在操作系统内核与用户之间提供操作界面,它可以描述为一个解释器。操作系统对用户输入的命令进行解释,再将其发送到内核。Linux 存在几种操作环境,分别是桌面(desktop)、窗口管理器(window manager)和命令行 Shell(command line Shell)。Linux 系统中的每个用户都可以拥有自己的用户操作界面,根据自己的要求进行定制。

3. 实用工具

标准的 Linux 系统都有一套叫作实用工具的程序,它们是专门的程序,如编辑器、执行标准的计算操作等。用户也可以产生自己的工具。

实用工具可分为以下 3 类。

- 编辑器:用于编辑文件。
- 过滤器:用于接收数据并过滤数据。
- 交互程序:允许用户发送信息或接收来自其他用户的信息。

Linux 的编辑器主要有 Ed、Ex、Vi、Vim 和 Emacs。Ed 和 Ex 是行编辑器,Vi、Vim 和 Emacs 是全屏幕编辑器。

Linux 的过滤器(filter)读取用户文件或在其他设备中输入数据。

交互程序是用户与机器的信息接口。Linux 是一个多用户系统,它必须和所有用户保持联系。

1.1.3 认识 Linux 的版本

Linux 的版本分为内核版本和发行版本两种。

1. 内核版本

内核是系统的心脏,是运行程序和管理磁盘及打印机等硬件设备的核心程序,它提供了一个在裸设备与应用程序间的抽象层。例如,程序本身不需要了解用户的主板芯片集或磁盘控制器的细节,就能在高层次上读写磁盘。

内核的开发和规范一直由 Linus 领导的开发小组控制着,版本也是唯一的。开发小组每隔一段时间公布新的版本或其修订版,从 1991 年 10 月 Linus 向世界公开发布的内核 0.0.2 版本(0.0.1 版本功能相当简陋,所以没有公开发布)到目前最新的内核 4.18.8 版本,Linux 的功能越来越强大。

Linux 内核的版本号命名是有一定规则的,版本号的格式通常为"主版本号.次版本号.修正号"。主版本号和次版本号标志着重要的功能变动,修正号表示较小的功能变更。以 2.6.12 版本为例,2 代表主版本号,6 代表次版本号,12 代表修正号。其中次版本号还有特定的意义:如果是偶数数字,就表示该内核是一个可放心使用的稳定版;如果是奇数数字,则表示该内核加入了某些测试的新功能,是一个内部可能存在 BUG 的测试版。如 2.5.74 表示是一个测试版的内核,2.6.12 表示是一个稳定版的内核。读者可以到 Linux 内核官方网站 http://www.kernel.org/下载最新的内核代码,如图 1-3 所示。

图 1-3　Linux 内核官方网站

2. 发行版本

仅有内核而没有应用软件的操作系统是无法使用的，所以许多公司或社团将内核、源代码及相关的应用程序组织构成一个完整的操作系统，让一般的用户可以简便地安装和使用 Linux，这就是所谓的发行版本（distribution），一般谈论的 Linux 系统便是针对这些发行版本的。目前各种发行版本超过 300 种，它们的发行版本号各不相同，使用的内核版本号也可能不一样，现在最流行的套件有 Red Hat（红帽子）、CentOS、Fedora、OpenSUSE、Debian、Ubuntu、红旗 Linux 等。

本书是基于最新的 CentOS 7 系统编写的，书中内容及实验完全通用于 CentOS、Red Hat、Fedora 等系统。也就是说，当你学完本书后，即便公司内的生产环境部署的是其他系统，也照样可以应用本书的内容。更重要的是，本书配套资料中的 ISO 镜像与全国职业技能大赛基本保持一致，因此更适合备考职业技能大赛的考生使用。

1.1.4　CentOS

CentOS（community enterprise operating system，社区企业操作系统）是 Linux 发行版本之一，它是 Red Hat Enterprise Linux 依照开放源代码的规定整理出的源代码所编译而成的。由于出自同样的源代码，因此有些要求高度稳定性的服务器以 CentOS 代替商业版的 Red Hat Enterprise Linux 使用。两者的不同在于 CentOS 并不包含封闭源代码软件。

CentOS 在 2014 年年初宣布加入 Red Hat。CentOS 是一个基于 Red Hat Linux 提供的可自由使用源代码的企业级 Linux 发行版本。每个版本的 CentOS 都会获得 10 年的支持（通过安全更新方式）。新版本的 CentOS 大约每两年发行一次，而每个版本的 CentOS 会定期（大概每六个月）更新一次，以便支持新的硬件，这样就可以建立一个安全、低维护、稳定、高预测性、高重复性的 Linux 环境。

CentOS 是 Red Hat Enterprise Linux 源代码再编译的产物，而且在 CentOS 的基础上修正了不少已知的 Bug，相对于其他 Linux 发行版本，其稳定性值得信赖。

CentOS 加入 Red Hat 后，依旧保持了原先的特点。

- 继续不收费。
- 保持赞助内容驱动的网络中心不变。

- Bug、Issue 和紧急事件处理策略不变。
- Red Hat Enterprise Linux 和 CentOS 防火墙依然存在。

1.1.5　CentOS 7 的主要特点

CentOS 7 于 2014 年 7 月 7 日正式发布,这是一个企业级的 Linux 发行版本,基于 Red Hat 免费公开的源代码。

与以前的版本相比,CentOS 7 主要加入了以下新特性。

(1) 从 CentOS 6.x 在线升级到 CentOS 7。

(2) 加入了对 Linux 容器(Linux containers,LXC)的支持,使用轻量级的 Docker 进行容器实现。

(3) 使用默认的 XFS 文件系统。

(4) 使用 systemd 后台程序管理 Linux 系统和服务。

(5) 使用 firewalld 后台程序管理防火墙服务。

1.2　使用 VM 虚拟机安装 CentOS 7

在安装操作系统前,我们先介绍一下如何安装 VM 虚拟机。

1.2.1　安装并配置 VM 虚拟机

(1) 成功安装 VMware Workstation 后的界面如图 1-4 所示。

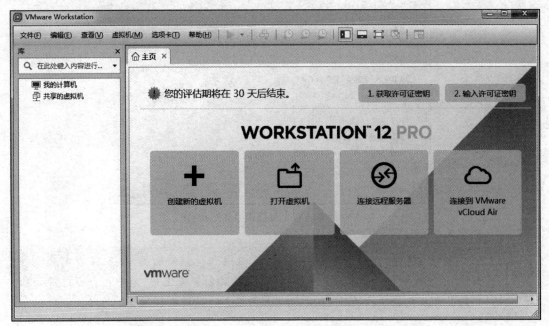

图 1-4　虚拟机软件的管理界面

(2) 单击"创建新的虚拟机"选项,在弹出的"新建虚拟机向导"界面中选择"典型"单选按钮,然后单击"下一步"按钮,如图 1-5 所示。

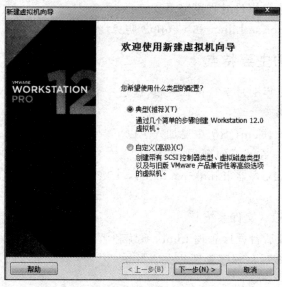

图 1-5　"新建虚拟机向导"界面

（3）选中"稍后安装操作系统"单选按钮，然后单击"下一步"按钮，如图 1-6 所示。

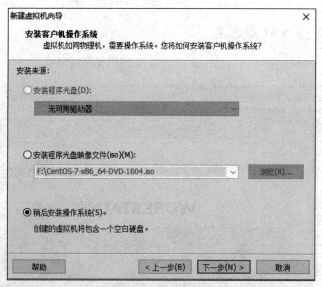

图 1-6　"安装客户机操作系统"对话框

 　　请一定选择"稍后安装操作系统"单选按钮。如果选择"安装程序光盘映像文件"单选按钮，并把下载好的 CentOS 7 系统的镜像选中，虚拟机会通过默认的安装策略来部署最精简的 Linux 系统，而不会再询问安装设置的选项。

（4）后面的步骤直接按向导提示操作即可。当看到如图 1-7 所示的界面时，就说明虚拟机已经被配置成功了。

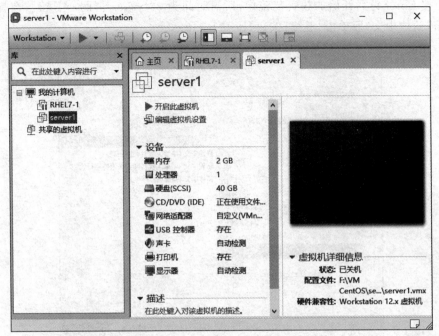

图 1-7　虚拟机配置成功的界面

1.2.2　安装并配置 CentOS 7 操作系统

安装 CentOS 7 系统时，计算机的 CPU 需要支持 VT（virtualization technology，虚拟化技术）。所谓 VT，是指让单台计算机能够分割出多个独立资源区并让每个资源区按照需要模拟出系统的一项技术，其本质就是通过中间层实现计算机资源的管理和再分配，让系统资源的利用率最大化。如果开启虚拟机后依然提示"CPU 不支持 VT 技术"等报错信息，请重启计算机并进入 BIOS 中把 VT 虚拟化功能开启即可。

（1）在虚拟机管理界面中单击"开启此虚拟机"按钮后数秒，就会看到 CentOS 7 系统安装界面，如图 1-8 所示。在界面中，Test this media & install CentOS 7 和 Troubleshooting 的作用分别是校验光盘完整性后再安装以及启动救援模式。此时通过键盘的方向键选择 Install CentOS 7 选项来直接安装 Linux 系统。

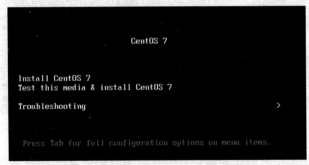

图 1-8　CentOS 7 系统安装界面

（2）按 Enter 键后开始加载安装镜像，所需时间为 30～60s，请耐心等待。选择系统的安装语言（简体中文）后单击"继续"按钮，如图 1-9 所示。

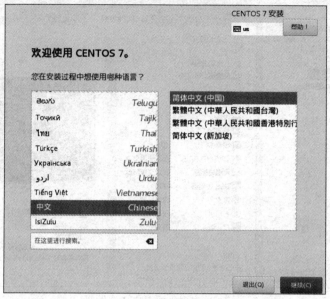

图 1-9　选择系统的安装语言

（3）在安装界面中单击"软件选择"选项，如图 1-10 所示。

图 1-10　单击"软件选择"选项

（4）CentOS 7 系统的软件定制界面可以根据用户的需求来调整系统的基本环境，例如把 Linux 系统用作基础服务器、文件服务器、Web 服务器或工作站等。此时只须在界面中选中"带 GUI 的服务器"单选按钮（注意，如果不选此项，则无法进入图形界面），然后单击左上角的"完成"按钮即可,如图 1-11 所示。

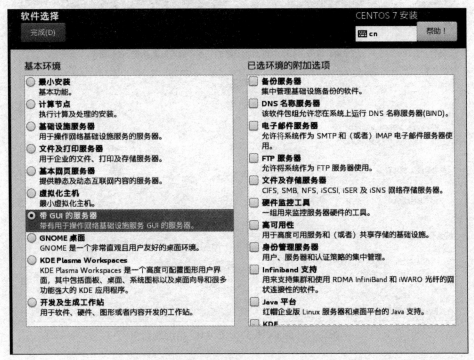

图 1-11　选择软件的类型

(5) 返回到 CentOS 7 系统安装主界面,单击"网络和主机名"选项后,将"主机名"字段设置为 server1,然后单击左上角的"完成"按钮,如图 1-12 所示。

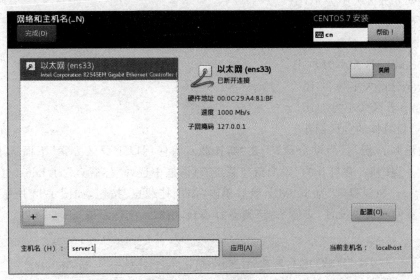

图 1-12　配置网络和主机名

(6) 返回到 CentOS 7 系统安装主界面,单击"安装位置"选项后,选中"我要配置分区"单选按钮,然后单击左上角的"完成"按钮,如图 1-13 所示。

图 1-13　选择"我要配置分区"单选按钮

（7）开始配置分区。磁盘分区允许用户将一个磁盘划分成几个单独的部分，每一部分都有自己的盘符。在分区之前，首先规划分区，以 20GB 硬盘为例，做如下规划。

- /boot 分区大小为 300MB。
- /swap 分区大小为 4GB。
- /分区大小为 10GB。
- /usr 分区大小为 8GB。
- /home 分区大小为 8GB。
- /var 分区大小为 8GB。
- /tmp 分区大小为 1GB。

下面进行具体的分区操作。

① 创建 boot 分区（启动分区）。在"新挂载点将使用以下分区方案"下面选中"标准分区"，单击"＋"按钮。在打开的"添加新挂载点"对话框中选择"挂载点"为/boot（也可以直接输入挂载点），"期望容量"为 300MB，然后单击"添加挂载点"按钮，如图 1-14 所示。接着在图 1-15 所示的界面中设置"文件系统"类型为 ext4，用默认文件系统 xfs 也可以。

　　图 1-15 中的"设备类型"一定要选中"标准分区"，保证"/home"为单独分区，为后面做配额实训做准备。

② 创建交换分区。单击"＋"按钮，创建交换分区。"文件系统"类型中选择 swap，"期望容量"大小一般设置为物理内存的两倍即可。例如，计算机物理内存大小为 2GB，设置的

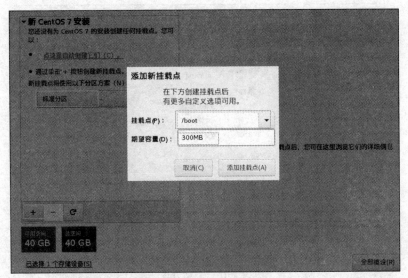

图 1-14 添加"/boot"挂载点

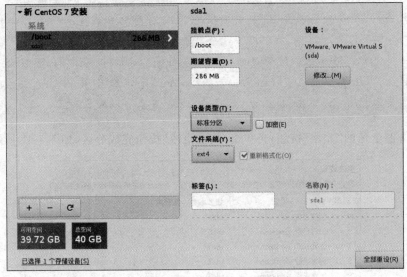

图 1-15 设置"/boot"挂载点的文件类型

swap 分区大小就是 4096MB(4GB)。

提示 什么是 swap 分区？简单地说，swap 就是虚拟内存分区，它类似于 Windows 的 PageFile.sys 页面交换文件。就是当计算机的物理内存不够时，作为后备资源利用硬盘上的指定空间来动态扩充内存的大小。

③ 用同样的方法，创建多个分区，其中，"/"分区大小为 10GB，/usr 分区大小为 8GB，/home 分区大小为 8GB，/var 分区大小为 8GB，/tmp 分区大小为 1GB。"设备类型"为"标准分区"，"文件系统"类型全部设置为 ext4。设置完成后如图 1-16 所示。

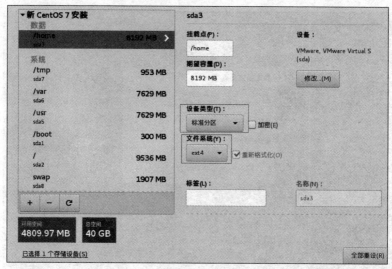

图 1-16　手动分区

（1）不可与 root 分区分开的目录是/dev、/etc、/sbin、/bin 和/lib。系统启动时，核心只载入一个分区，那就是"/"，核心启动要加载/dev、/etc、/sbin、/bin 和/lib 5 个目录的程序，所以以上几个目录必须和"/"根目录在一起。

（2）最好单独分区的目录是/home、/usr、/var 和/tmp。出于安全和管理的目的，以上 4 个目录最好独立出来，例如在 samba 服务中，/home 目录可以配置磁盘配额 quota。在 sendmail 服务中，/var 目录可以配置磁盘配额 quota。

④ 单击左上角的"完成"按钮，再单击"接受更改"按钮完成分区，如图 1-17 所示。

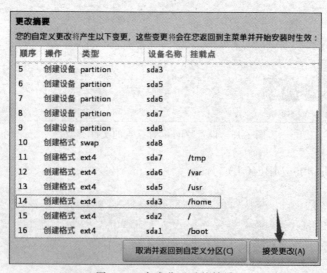

图 1-17　完成分区后的结果

（8）返回到如图 1-18 所示的安装主界面，单击"开始安装"按钮后即可看到安装进度。接着选择"ROOT 密码"选项，如图 1-19 所示。

图 1-18　CentOS 7 安装主界面

图 1-19　选择"ROOT 密码"选项

（9）设置 root 管理员的密码。若坚持用弱口令的密码，则需要单击 2 次左上角的"完成"按钮才可以确认，如图 1-20 所示。

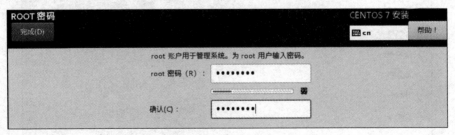

图 1-20　设置 root 管理员的密码

提示　　当在虚拟机中做实验的时候，密码强弱无所谓，但在生产环境中一定要让root 管理员的密码足够复杂，否则系统将面临严重的安全问题。

（10）Linux 系统安装过程一般为 30～60min，在安装过程中耐心等待即可。安装完成后单击"重启"按钮。

（11）重启系统后将看到系统的初始化界面，可以单击 LICENSE INFORMATION 选项。

（12）选中"我同意许可协议"复选框，然后单击左上角的"完成"按钮。

（13）返回初始化界面后，单击"完成配置"按钮，如图 1-21 所示。

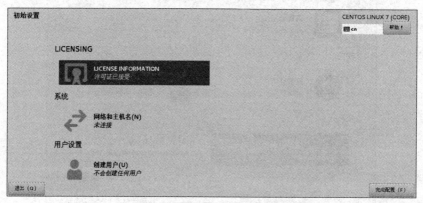

图 1-21　系统初始化界面（完成配置）

（14）虚拟机软件中的 CentOS 7 系统经过又一次的重启后，终于可以看到系统的欢迎界面了，在界面中选择默认的语言——汉语，如图 1-22 所示，然后单击"前进"按钮。

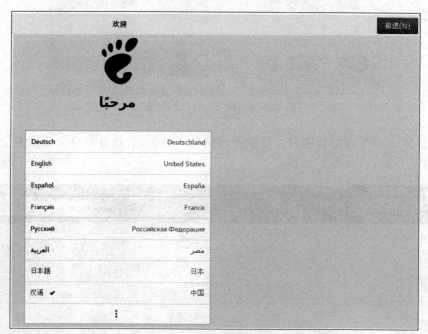

图 1-22　系统的语言设置

（15）将系统的键盘布局或输入方式选择为 English（Australian），然后单击"前进"按钮，如图 1-23 所示。

（16）按照图 1-24 所示的设置来设置系统的时区（上海，中国），然后单击"前进"按钮。

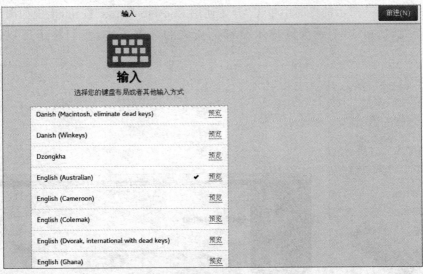

图 1-23　设置系统的输入来源类型

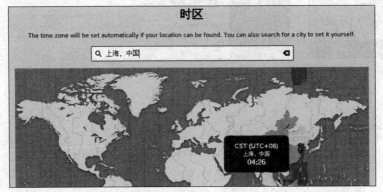

图 1-24　设置系统的时区

（17）为 CentOS 7 系统创建一个本地的普通用户，该账户的用户名为 yangyun，密码为 centos，然后单击"前进"按钮，如图 1-25 所示。

图 1-25　设置本地普通用户

（18）在图 1-26 所示的界面中单击"开始使用 CentOS Linux"按钮，出现如图 1-27 所示的界面。至此，CentOS 7 系统完成了全部的安装和部署工作，我们终于可以深入学习Linux 了。

图 1-26　系统初始化结束界面

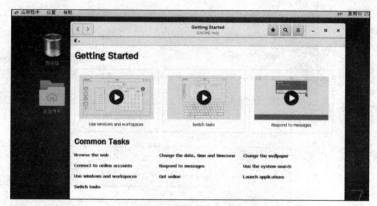

图 1-27　系统的欢迎界面

1.3　重置 root 管理员密码

平时让运维人员头疼的事情已经很多了，偶尔把 Linux 系统的密码忘记了并不用着急，只需要简单的几步就可以完成密码的重置工作。如果你刚刚接手一台 Linux 系统，要先确定是否为 CentOS 7 系统。如果是，再进行下面的操作。

（1）如图 1-28 所示，先在空白处右击，选择"打开终端"命令，然后在打开的终端中输入以下命令。

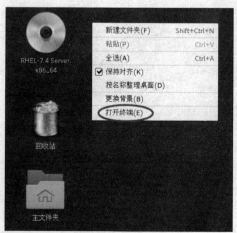

图 1-28　打开终端

```
[yangyun@server1 ~]$ cat /etc/centos-release
CentOS Linux release 7.5.1804 (Core)
```

（2）在终端中输入 reboot；或者单击右上角的关机按钮 ⏻，选择"重启"命令。重启 Linux 系统主机并出现引导界面时，按下 e 键进入内核编辑界面，如图 1-29 所示。

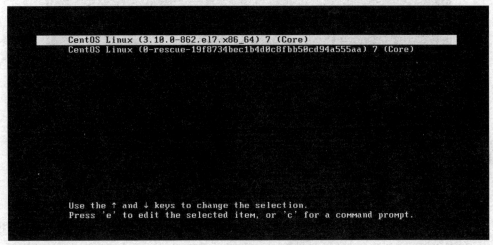

图 1-29　Linux 系统的引导界面

（3）在 linux16 参数这行的最后面加一空格，然后追加 rd.break 参数，再按 Ctrl＋X 组合键来运行修改过的内核程序，如图 1-30 所示。

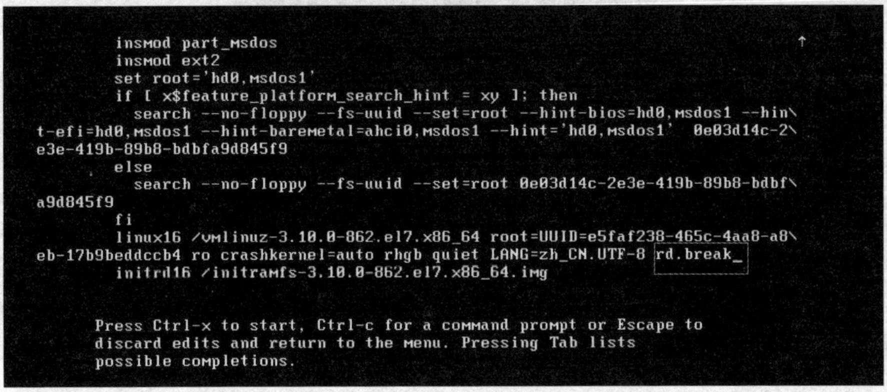

图 1-30　内核信息的编辑界面

（4）大约 30s 后，进入系统的紧急救援模式。依次输入以下命令。

```
mount -o remount,rw /sysroot
chroot /sysroot
passwd
touch /.autorelabel
exit
reboot
```

（5）命令行执行效果如图 1-31 所示。需要注意的是，输入 passwd 后，输入密码和确认密码是不会显示的。

图 1-31　重置 Linux 系统的 root 管理员密码

（6）操作完毕，重启系统，出现如图 1-32 所示的界面，单击"未列出"按钮，然后输入用户名 root 和密码 newcentos，就可以登录 Linux 系统了。

yangyun

未列出？

图 1-32　单击"未列出"按钮

提示　　　为了后面实验的正常进行，一般建议使用 root 管理员用户登录 Linux 系统。

1.4　使用 RPM

在 RPM（红帽软件包管理器）公布之前，要想在 Linux 系统中安装软件，只能采取源码包的方式安装。早期在 Linux 系统中安装程序是一件非常困难、耗费时间的事情，而且大多数的服务程序仅提供源代码，需要运维人员自行编译代码并解决许多的软件依赖关系。因此要安装好一个服务程序，运维人员需要具备丰富的知识、高超的技能，甚至极大的耐心。而且在安装、升级、卸载服务程序时还要考虑到其他程序、库的依赖关系，所以在进行校验、安装、卸载、查询、升级等管理软件操作时难度都非常大。

RPM 机制则是为解决这些问题而设计的。RPM 有点像 Windows 系统中的控制面板,会建立统一的数据库文件,详细记录软件信息并能够自动分析依赖关系。目前 RPM 的优势已经被公众认可,使用范围也已不局限在红帽系统中。表 1-1 是一些常用的 RPM 软件包命令。

表 1-1　常用的 RPM 软件包命令

操　　作	命　　令
安装软件的命令格式	rpm -ivh filename.rpm
升级软件的命令格式	rpm -uvh filename.rpm
卸载软件的命令格式	rpm -e filename.rpm
查询软件描述信息的命令格式	rpm -qpi filename.rpm
列出软件文件信息的命令格式	rpm -qpl filename.rpm
查询文件属于哪个 RPM 的命令格式	rpm -qf filename

1.5　使用 yum 软件仓库

尽管 RPM 能够帮助用户查询软件相关的依赖关系,但问题还是要运维人员自己来解决,而有些大型软件可能与数十个程序都有依赖关系,在这种情况下安装软件会非常辛苦。yum 软件仓库便是为了进一步降低软件安装难度和复杂度而设计的技术。

CentOS 先将发布的软件存放到 yum 服务器内,然后分析这些软件的依赖属性问题,将软件内的记录信息写下来(header)。再将这些信息分析后记录成软件相关性的清单列表。这些列表数据与软件所在的位置称为容器(repository)。当客户端有软件安装的需求时,客户端主机会主动向网络上面的 yum 服务器的容器网址下载清单列表,然后通过清单列表的数据与本机 RPM 数据库已存在的软件数据相比较,就能够一下子安装所有需要的具有依赖属性的软件了。整个流程如图 1-33 所示。常见的 yum 命令如表 1-2 所示。

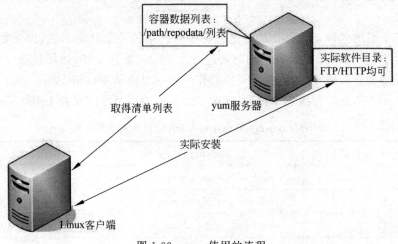

图 1-33　yum 使用的流程

表 1-2 常见的 yum 命令

命　　令	作　　用
yum repolist all	列出所有仓库
yum list all	列出仓库中所有软件包
yum info 软件包名称	查看软件包信息
yum install 软件包名称	安装软件包
yum reinstall 软件包名称	重新安装软件包
yum update 软件包名称	升级软件包
yum remove 软件包名称	移除软件包
yum clean all	清除所有仓库缓存
yum check-update	检查可更新的软件包
yum grouplist	查看系统中已经安装的软件包组
yum groupinstall 软件包组	安装指定的软件包组
yum groupremove 软件包组	移除指定的软件包组
yum groupinfo 软件包组	查询指定的软件包组信息

1.6　systemd 初始化进程

　　Linux 操作系统的开机过程是这样的,即从 BIOS 开始,然后进入 Boot Loader,再加载系统内核,接着内核进行初始化,最后启动初始化进程。初始化进程作为 Linux 系统的第一个进程,它需要完成 Linux 系统中相关的初始化工作,为用户提供合适的工作环境。红帽 CentOS 7 系统已经替换掉了熟悉的初始化进程服务 System V init,正式采用全新的 systemd 初始化进程服务。systemd 初始化进程服务采用了并发启动机制,开机速度得到了较大的提升。

　　CentOS 7 系统选择 systemd 初始化进程服务已经是一个既定事实,因此也没有了"运行级别"这个概念。Linux 系统在启动时要进行大量的初始化工作,比如挂载文件系统和交换分区、启动各类进程服务等,这些都可以看作一个一个的单元(unit),systemd 用目标名称代替了 System V init 运行级别的概念,这两者的对应关系及作用如表 1-3 所示。

表 1-3　systemd 与 System V init 的对应关系及作用

System V init 运行级别	systemd 目标名称	作　　用
0	runlevel0.target、poweroff.target	关机
1	runlevel1.target、rescue.target	单用户模式
2	runlevel2.target、multi-user.target	等同于级别3
3	runlevel3.target、multi-user.target	多用户的文本界面

续表

System V init 运行级别	systemd 目标名称	作　　用
4	runlevel4.target、multi-user.target	等同于级别 3
5	runlevel5.target、graphical.target	多用户的图形界面
6	runlevel6.target、reboot.target	重启
emergency	emergency.target	紧急 Shell

如果想要将系统默认的运行目标修改为"多用户、无图形"模式,可直接用 ln 命令把多用户模式目标文件连接到/etc/systemd/system/目录。

```
[root@server1 ~]# ln -sf /lib/systemd/system/multi-user.target /etc/systemd/
```

在 CentOS 6 系统中使用 service、chkconfig 等命令来管理系统服务,而在 CentOS 7 系统中则使用 systemctl 命令来管理服务。表 1-4 和表 1-5 是 CentOS 6 系统中 System V init 命令与 CentOS 7 系统中 systemctl 命令的对比,后续章节中会经常用到它们。

表 1-4　systemctl 管理服务的启动、重启、停止、重载、查看状态等常用命令

System V init 命令(CentOS 6 系统)	systemctl 命令(CentOS 7 系统)	作　　用
service foo start	systemctl start foo.service	启动服务
service foo restart	systemctl restart foo.service	重启服务
service foo stop	systemctl stop foo.service	停止服务
service foo reload	systemctl reload foo.service	重新加载配置文件(不终止服务)
service foo status	systemctl status foo.service	查看服务状态

表 1-5　systemctl 设置服务开机启动、不启动、查看各级别下服务启动状态等常用命令

System V init 命令 (CentOS 6 系统)	systemctl 命令(CentOS 7 系统)	作　　用
chkconfig foo on	systemctl enable foo.service	开机自动启动
chkconfig foo off	systemctl disable foo.service	开机不自动启动
chkconfig foo	systemctl is-enabled foo.service	查看特定服务是否为开机自动启动
chkconfig --list	systemctl list-unit-files --type＝service	查看各个级别下服务的启动与禁用情况

1.7　启动 Shell

操作系统的核心功能就是管理和控制计算机硬件、软件资源,以尽量合理、有效的方法组织多个用户共享多种资源,而 Shell 则是介于使用者和操作系统核心程序间的一个接口。在各种 Linux 发行套件中,目前虽然已经提供了丰富的图形化接口,但是 Shell 仍旧是一种非常方便、灵活的途径。

Linux 中的 Shell 又被称为命令行，在这个命令行窗口中，用户输入指令，操作系统执行并将结果回显在屏幕上。

1. 使用 Linux 系统的终端窗口

现在的 CentOS 7 操作系统默认采用的都是图形界面的 GNOME 或者 KDE 操作方式。要想使用 Shell 功能，就必须像在 Windows 中那样打开一个命令行窗口。一般用户可以选择"应用程序"→"系统工具"→"终端"命令来打开终端窗口（或者直接右击桌面，选择"在终端中打开"命令），如图 1-34 所示。如果是英文系统，对应的命令是 Applications→System Tools→Terminal。由于中英文之间都是比较常用的单词，本书的后面不再单独说明。

图 1-34　打开"终端"

执行以上命令后，就打开了命令行窗口，在这里可以使用 CentOS 7 支持的所有命令行指令。

2. 使用 Shell 提示符

登录之后，普通用户的命令行提示符以"＄"号结尾，超级用户的命令以"＃"号结尾。

```
[yangyun@server1 ~]$               //一般用户以"$"号结尾
[yangyun@server1 ~]$ su root       //切换到 root 账号
Password:
[root@server1~]#                   //命令行提示符变成以"#"号结尾
```

3. 退出系统

在终端中输入命令 shutdown -P now，或者单击右上角的关机按钮 ⏻ 并选择"关机"选项，可以退出系统。

4. 再次登录

如果再次登录，为了后面的实训能顺利进行，请选择 root 用户。在图 1-35 中单击"Not

listed?"按钮,后面输入 root 用户名及密码,即以 root 身份登录计算机。

图 1-35　选择用户登录

5. 制作系统快照

安装成功后,请一定使用 VM 的快照功能进行快照备份,一旦需要可立即恢复到系统的初始状态。另外,对于重要实训节点,也可以进行快照备份,以便后续可以恢复到适当断点。

1.8　配置常规网络

Linux 主机要与网络中其他主机进行通信,首先要进行正确的网络配置。网络配置通常包括主机名、IP 地址、子网掩码、默认网关、DNS 服务器等。

1.8.1　检查并设置有线处于连接状态

单击桌面状态栏中的启动按钮 ⏻ ,单击"连接"按钮,设置有线处于连接状态,如图 1-36 所示。

设置完成后,右下角将出现有线处于连接状态的小图标,如图 1-37 所示。

图 1-36　设置有线处于连接状态

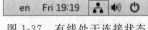

图 1-37　有线处于连接状态

提示　必须首先使有线处于连接状态,这是一切配置的基础。

1.8.2　设置主机名

CentOS 7 中,有 3 种定义的主机名。

- 静态的（static）。"静态"主机名也称为内核主机名，是系统在启动时从/etc/hostname 自动初始化的主机名。
- 瞬态的（transient）。"瞬态"主机名是在系统运行时临时分配的主机名，由内核管理。例如，通过 DHCP 或 DNS 服务器分配的，如 localhost。
- 灵活的（pretty）。"灵活"主机名是 UTF8 格式的自由主机名，以展示给终端用户。

与之前版本不同，CentOS 7 中主机名配置文件为/etc/hostname。可以在配置文件中直接更改主机名。

1. 使用 nmtui 修改主机名

```
[root@server1 ~]# nmtui
```

在图 1-38 和图 1-39 中进行配置。

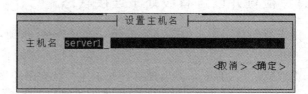

图 1-38　配置 hostname　　　　　图 1-39　修改主机名为 server1

使用 NetworkManager 的 nmtui 接口修改了静态主机名后(/etc/hostname 文件)，不会通知 hostnamectl。要想强制让 hostnamectl 知道静态主机名已经被修改，需要重启 hostnamed 服务。

```
[root@server1 ~]# systemctl restart systemd-hostnamed
```

2. 使用 hostnamectl 修改主机名

（1）查看主机名。

```
[root@server1 ~]# hostnamectl status
    Static hostname: server1
        Icon name: computer-vm
        …
```

（2）设置新的主机名。

```
[root@server1 ~]# hostnamectl set-hostname my.smile.com
```

（3）再查看主机名。

```
[root@server1 ~]# hostnamectl status
    Static hostname: my.smile.com
        ...
```

3. 使用 NetworkManager 的命令行接口 nmcli 修改主机名

nmcli 可以修改/etc/hostname 中的静态主机名。

```
//查看主机名
[root@server1 ~]# nmcli general hostname
my.smile.com
//设置新主机名
[root@server1 ~]# nmcli general hostname server1
[root@server1 ~]# nmcli general hostname
Server1
//重启 hostnamed 服务让 hostnamectl 知道静态主机名已经被修改
[root@server1 ~]# systemctl restart systemd-hostnamed
```

1.8.3　使用系统菜单配置网络

下面介绍如何在 Linux 系统上配置服务，但是在此之前必须先保证主机之间能够顺畅地通信。如果网络不通，即便服务部署得再正确，用户也无法顺利访问，所以，配置网络并确保网络的连通性是学习部署 Linux 服务之前的一个重要知识点。

（1）可以单击桌面上的网络连接图标 ，打开网络配置界面，一步步完成网络信息查询和网络配置。具体过程如图 1-40～图 1-43 所示。

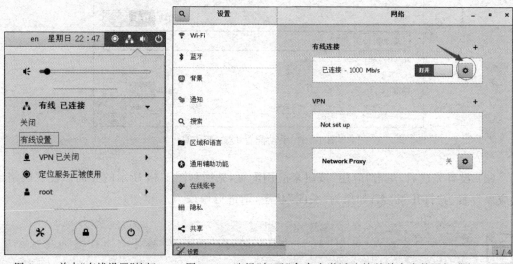

图 1-40　单击"有线设置"按钮　　图 1-41　选择"打开"命令来激活连接并单击齿轮图标进行配置

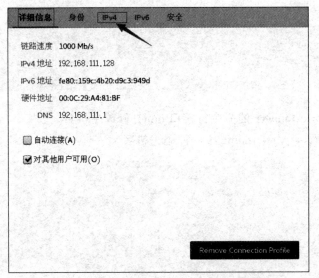

图 1-42　IPv4 的当前网络配置信息

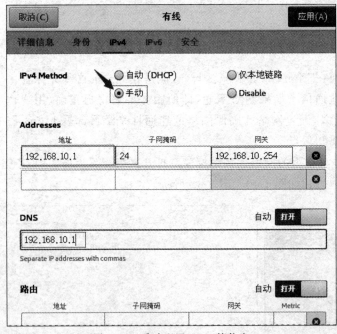

图 1-43　手动配置 IPv4 等信息

（2）设置完成后，单击"应用"按钮来应用配置，并回到图 1-44 所示的界面。注意网络连接应该设置为"打开"状态；如果为"关闭"状态，请进行修改。

 　　有时需要在"关闭"和"打开"之间切换一次，才能使刚刚设置的网络配置生效。

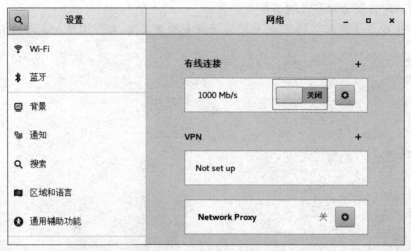

图 1-44 网络配置界面

提示　　首选使用系统菜单配置网络。因为从 CentOS 7 开始,图形界面已经非常完善。在 Linux 系统桌面中依次选择"应用"→"系统工具"→"设置"→"网络"命令,同样可以打开网络配置界面。后面不再赘述。

1.8.4　通过网卡配置文件配置网络

网卡 IP 地址配置得是否正确是两台服务器是否可以相互通信的前提。在 Linux 系统中,一切都是文件,因此配置网络服务的工作其实就是在编辑网卡配置文件。

在 CentOS 5、CentOS 6 中,网卡配置文件的前缀为 eth,第 1 块网卡为 eth0,第 2 块网卡为 eth1,以此类推。而在 CentOS 7 中,网卡配置文件的前缀则以 ifcfg 开始,加上网卡名称共同组成了网卡配置文件的名字,例如 ifcfg-ens33。

现在有一个名称为 ifcfg-ens33 的网卡设备,将其配置为开机自启动,并且 IP 地址、子网、网关等信息由人工指定,步骤如下。

（1）切换到/etc/sysconfig/network-scripts 目录中(存放着网卡的配置文件)。

（2）使用 Vim 编辑器修改网卡文件 ifcfg-ens33,逐项写入下面的配置参数并保存退出。由于每台设备的硬件及架构是不一样的,因此请读者使用 ifconfig 命令自行确认各自网卡的默认名称。

- 设备类型：TYPE＝Ethernet。
- 地址分配模式：BOOTPROTO＝static。
- 网卡名称：NAME＝ens33。
- 是否启动：ONBOOT＝yes。
- IP 地址：IPADDR＝192.168.10.1。
- 子网掩码：NETMASK＝255.255.255.0。
- 网关地址：GATEWAY＝192.168.10.1。
- DNS 地址：DNS1＝192.168.10.1。

（3）重启网络服务并测试网络是否连通。

进入网卡配置文件所在的目录，然后编辑网卡配置文件，在其中填入下面的信息。

```
[root@server1 ~]# cd /etc/sysconfig/network-scripts/
[root@server1 network-scripts]# ifconfig
[root@server1 network-scripts]# vim ifcfg-ens33
OXY_METHOD=none
BROWSER_ONLY=no
BOOTPROTO=none
DEFROUTE=yes
IPV4_FAILURE_FATAL=no
IPV6INIT=yes
IPV6_AUTOCONF=yes
IPV6_DEFROUTE=yes
IPV6_FAILURE_FATAL=no
IPV6_ADDR_GEN_MODE=stable-privacy
NAME=ens33
UUID=63c61dfb-ac21-4e5c-a00d-61dcf065b50a
DEVICE=ens33
ONBOOT=no
IPADDR=192.168.10.1
PREFIX=24
GATEWAY=192.168.10.254
DNS1=192.168.10.1
```

（4）执行重启网卡设备的命令（在正常情况下不会有提示信息），然后通过 ping 命令测试网络能否连通。由于在 Linux 系统中 ping 命令不会自动终止，因此需要手动按下 Ctrl＋C 组合键来强行结束进程。

```
[root@server1 network-scripts]# systemctl restart network
[root@server1 network-scripts]# ping 192.168.10.1
PING 192.168.10.1 (192.168.10.1) 56(84) bytes of data.
64 bytes from 192.168.10.1: icmp_seq=1 ttl=64 time=0.095 ms
64 bytes from 192.168.10.1: icmp_seq=2 ttl=64 time=0.048 ms
...
```

注意　　使用配置文件进行网络配置时需要启动网络服务，而从 CentOS 7 以后，网络服务已被 NetworkManager 服务代替，所以不建议使用配置文件配置网络参数。

1.8.5　使用图形界面配置网络

使用图形界面配置网络是比较方便、简单的一种网络配置方式。

（1）1.8.4 小节是使用网络配置文件配置网络服务，这一小节使用 nmtui 命令来配置网络。输入如下命令。

```
[root@server1 network-scripts]# cd
[root@server1 ~]# nmtui
```

（2）显示如图 1-45 所示的图形配置界面。选择"编辑连接"选项并按 Enter 键或单击"确定"按钮。

（3）如图 1-46 所示，选中要编辑的网卡名称，使用 Tab 键切换到"编辑"按钮，按 Enter 键确认。

图 1-45　选择"编辑连接"选项并按 Enter 键或单击"确定"按钮　　图 1-46　选中要编辑的网卡名称

（4）如图 1-47 所示，把网络 IPv4 的配置方式改成"手动"。

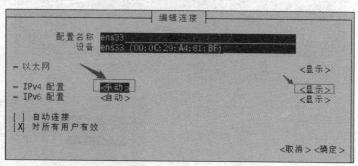

图 1-47　把网络 IPv4 的配置方式改成"手动"

注意　本书中所有的服务器主机 IP 地址均为 192.168.10.1，而客户端主机一般设为 192.168.10.20 及 192.168.10.30。之所以这样做，是为了方便后面服务器配置。

（5）现在按下"显示"按钮，显示信息配置框，如图 1-48 所示。在服务器主机的网络配置信息中填写 IP 地址 192.168.10.1/24 等信息。单击"确定"按钮保存配置，如图 1-49 所示。

（6）单击"返回"按钮回到 nmtui 图形界面初始状态，选择"启用连接"命令，启用刚才的连接 ens33，前面有"＊"号表示启用，如图 1-50 和图 1-51 所示。

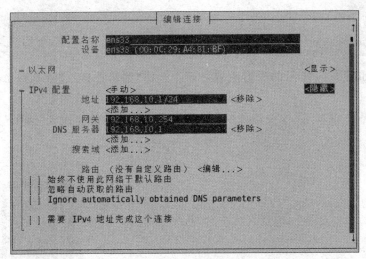

图 1-48　信息配置框

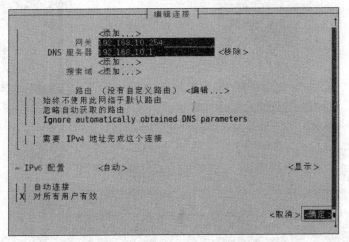

图 1-49　单击"确定"按钮保存配置

图 1-50　选择"启用连接"命令

图 1-51　启用连接

（7）至此，在 Linux 系统中配置网络的步骤就结束了。

```
[root@server1 ~]# ifconfig
ens33: flags=4163<UP,BROADCAST,RUNNING,MULTICAST> mtu 1500
    inet 192.168.10.1 netmask 255.255.255.0 broadcast 192.168.10.255
    inet6 fe80::159c:4b20:d9c3:949d prefixlen 64 scopeid 0x20<link>
    ether 00:0c:29:a4:81:bf txqueuelen 1000 (Ethernet)
    RX packets 324 bytes 33482 (32.6 KiB)
    RX errors 0 dropped 0 overruns 0 frame 0
    TX packets 382 bytes 44619 (43.5 KiB)
    TX errors 0 dropped 0 overruns 0 carrier 0 collisions 0

lo: flags=73<UP,LOOPBACK,RUNNING>mtu 65536
    inet 127.0.0.1 netmask 255.0.0.0
...

virbr0: flags=4099<UP,BROADCAST,MULTICAST> mtu 1500
    inet 192.168.122.1 netmask 255.255.255.0 broadcast 192.168.122.255
...
```

1.8.6　使用 nmcli 命令配置网络

NetworkManager 是管理和监控网络设置的守护进程、设备及网络接口。一个网络接口可以有多个连接配置，但同时只有一个连接配置生效。

1. 常用命令

表 1-6 是 nmcli 命令的常用形式及功能。

表 1-6　nmcli 命令的常用形式及功能

常用命令	功　能
nmcli connection show	显示所有连接
nmcli connection show --active	显示所有活动的连接状态
nmcli connection show "ens33"	显示网络连接配置
nmcli device status	显示设备状态
nmcli device show ens33	显示网络接口属性
nmcli connection add help	查看帮助
nmcli connection reload	重新加载配置
nmcli connection down test2	禁用 test2 的配置。注意，一个网卡可以有多个配置
nmcli connection up test2	启用 test2 的配置
nmcli device disconnect ens33	禁用 ens33 网卡
nmcli device connect ens33	启用 ens33 网卡

2. 创建新连接配置

(1) 创建新连接配置 default,IP 地址通过 DHCP 自动获取。

```
[root@server1 ~]# nmcli connection show
ens33   63c61dfb-ac21-4e5c-a00d-61dcf065b50a   ethernet   ens33
virbr0 3b57fbd1-46b2-455f-8d88-cbf9a50c16fd   bridge     virbr0
[root@server1 ~]# nmcli connection add con-name default type Ethernet ifname ens33
```

连接 default(78eaf8e3-cab8-4aa8-b125-d89878417660)已成功添加。

(2) 删除连接。

```
[root@server1 ~]# nmcli connection delete default
```

成功删除连接 default(78eaf8e3-cab8-4aa8-b125-d89878417660)。

(3) 创建新的连接配置 test2,指定静态 IP 地址,不自动连接。

```
[root@server1 ~]# nmcli connection add con-name test2 ipv4.method manual ifname
ens33 autoconnect no type Ethernet ipv4.addresses 192.168.10.100/24 gw4 192.168.10.1
```

连接 test2(b0458803-999f-418d-b6ef-6e066ddab378)已成功添加。

(4) 参数说明如下。

- con-name:指定连接名字,没有特殊要求。
- ipv4.method:指定获取 IP 地址的方式。
- ifname:指定网卡设备名,也就是此配置中发挥作用的网卡。
- autoconnect:指定是否自动启动。
- ipv4.addresses:指定 IPv4 地址。
- gw4:指定网关。

3. 查看/etc/sysconfig/network-scripts/目录

程序代码如下:

```
[root@server1 ~]# ls /etc/sysconfig/network-scripts/ifcfg- *
/etc/sysconfig/network-scripts/ifcfg-ens33
/etc/sysconfig/network-scripts/ifcfg-test2
/etc/sysconfig/network-scripts/ifcfg-lo
```

多出一个文件/etc/sysconfig/network-scripts/ifcfg-test2,说明添加操作确实有效。

4. 启用 test2 连接配置

程序代码如下:

```
[root@server1 ~]# nmcli connection up test2
```

连接已成功激活(D-Bus 活动路径为/org/freedesktop/NetworkManager/ActiveConnection/9)。
接下来显示连接信息。命令如下:

```
[root@server1 ~]# nmcli connection show
NAME      UUID                                    TYPE      DEVICE
test2     b0458803-999f-418d-b6ef-6e066ddab378    ethernet  ens33
virbr0    3b57fbd1-46b2-455f-8d88-cbf9a50c16fd    bridge    virbr0
ens33     63c61dfb-ac21-4e5c-a00d-61dcf065b50a    ethernet  --
```

5. 查看是否生效

程序代码如下:

```
[root@server1 ~]# nmcli device show ens33
GENERAL.DEVICE:             ens33
GENERAL.TYPE:               ethernet
GENERAL.HWADDR:             00:0C:29:66:42:8D
GENERAL.MTU:                1500
GENERAL.STATE:              100 (connected)
GENERAL.CONNECTION:         test2
GENERAL.CON-PATH:           /org/freedesktop/NetworkManager/ActiveConnection/6
WIRED-PROPERTIES.CARRIER:   on
IP4.ADDRESS[1]:             192.168.10.100/24
IP4.GATEWAY:                192.168.10.1
IP6.ADDRESS[1]:             fe80::ebcc:9b43:6996:c47e/64
IP6.GATEWAY:                --
```

基本的 IP 地址配置成功,按 q 键退出显示。

6. 修改连接设置

(1) 修改 test2 为自动启动。

```
[root@server1 ~]# nmcli connection modify test2 connection.autoconnect yes
```

(2) 修改 DNS 为 192.168.10.1。

```
[root@server1 ~]# nmcli connection modify test2 ipv4.dns 192.168.10.1
```

(3) 添加 DNS 为 114.114.114.114。

```
[root@server1 ~]# nmcli connection modify test2 +ipv4.dns 114.114.114.114
```

(4) 检查是否成功。

```
[root@server1 ~]# cat /etc/sysconfig/network-scripts/ifcfg-test2
TYPE=Ethernet
PROXY_METHOD=none
BROWSER_ONLY=no
BOOTPROTO=none
IPADDR=192.168.10.100
PREFIX=24
GATEWAY=192.168.10.1
DEFROUTE=yes
```

```
IPV4_FAILURE_FATAL=no
IPV6INIT=yes
IPV6_AUTOCONF=yes
IPV6_DEFROUTE=yes
IPV6_FAILURE_FATAL=no
IPV6_ADDR_GEN_MODE=stable-privacy
NAME=test2
UUID=7b0ae802-1bb7-41a3-92ad-5a1587eb367f
DEVICE=ens33
ONBOOT=yes
DNS1=192.168.10.1
DNS2=114.114.114.114
```

可以看到设置均已生效。

（5）删除 DNS。

```
[root@server1 ~]# nmcli connection modify test2 -ipv4.dns 114.114.114.114
```

（6）修改 IP 地址和默认网关。

```
[root@server1 ~]# nmcli connection modify test2 ipv4.addresses 192.168.10.200/
24 gw4 192.168.10.254
```

（7）还可以添加多个 IP。

```
[root@server1 ~]# nmcli connection modify test2 +ipv4.addresses 192.168.10.250/24
[root@server1 ~]# nmcli connection show "test2"
```

7. nmcli 命令和/etc/sysconfig/network-scripts/ifcfg-＊文件的对应关系

nmcli 命令和/etc/sysconfig/network-scripts/ifcfg-＊文件的对应关系如表 1-7 所示。

表 1-7　nmcli 命令和/etc/sysconfig/network-scripts/ifcfg-＊文件的对应关系

nmcli 命令	/etc/sysconfig/network-scripts/ifcfg-＊文件
ipv4.method manual	BOOTPROTO＝none
ipv4.method auto	BOOTPROTO＝dhcp
ipv4.addresses 192.0.2.1/24	IPADDR＝192.0.2.1 PREFIX＝24
gw4 192.0.2.254	GATEWAY＝192.0.2.254
ipv4.dns 8.8.8.8	DNS0＝8.8.8.8
ipv4.dns-search example.com	DOMAIN＝example.com
ipv4.ignore-auto-dns true	PEERDNS＝no
connection.autoconnect yes	ONBOOT＝yes
connection.id eth0	NAME＝eth0
connection.interface-name eth0	DEVICE＝eth0
802-3-ethernet.mac-address …	HWADDR＝…

1.9　练习题

一、填空题

1. GNU 的含义是_____。

2. Linux 一般有 3 个主要部分：_____、_____、_____。

3. _____文件主要用于设置基本的网络配置,包括主机名称、网关等。

4. 一块网卡对应一个配置文件,配置文件位于目录_____中,文件名以_____开始。

5. _____文件是 DNS 客户端用于指定系统所用的 DNS 服务器的 IP 地址。

6. POSIX 是_____的缩写,重点在规范核心与应用程序之间的接口,这是由美国电气与电子工程师学会(IEEE)所发布的一项标准。

7. 当前的 Linux 常见的应用可分为_____与_____两方面。

8. Linux 的版本分为_____和_____两种。

9. 安装 Linux 最少需要两个分区,分别是_____。

10. Linux 默认的系统管理员账号是_____。

二、选择题

1. Linux 最早是由计算机爱好者(　　)开发的。

 A. Richard Petersen   B. Linus Torvalds

 C. Rob Pick   D. Linux Sarwar

2. 下列系统是自由软件的是(　　)。

 A. Windows XP B. UNIX   C. Linux   D. Windows 2008

3. 下列选项不是 Linux 的特点的是(　　)。

 A. 多任务   B. 单用户   C. 设备独立性   D. 开放性

4. Linux 的内核版本 2.3.20 是(　　)的版本。

 A. 不稳定   B. 稳定的   C. 第三次修订   D. 第二次修订

5. Linux 安装过程中的硬盘分区工具是(　　)。

 A. PQmagic   B. FDISK   C. FIPS   D. Disk Druid

6. Linux 的根分区系统类型可以设置成(　　)。

 A. FAT16   B. FAT32   C. ext4   D. NTFS

7. 能用来显示 Server 当前正在监听的端口的命令是(　　)。

 A. ifconfig   B. netlst   C. iptables   D. netstat

8. 存放机器名到 IP 地址的映射的文件是(　　)。

 A. /etc/hosts   B. /etc/host

 C. /etc/host.equiv   D. /etc/hdinit

9. Linux 系统提供了一些网络测试命令。当与某远程网络连接不上时,就需要跟踪路由查看,以便了解在网络的什么位置出现了问题,请从下面的命令中选出满足该目的的命令。(　　)

 A. ping   B. ifconfig   C. traceroute   D. netstat

三、补充表格

请将 nmcli 命令或功能补充完整，见表 1-8。

表 1-8 补充命令或功能

常 用 命 令	功　能
	显示所有连接
	显示所有活动的连接状态
nmcli connection show "ens33"	
nmcli device status	
nmcli device show ens33	
	查看帮助
	重新加载配置
nmcli connection down test2	
nmcli connection up test2	
	禁用 ens33 网卡
nmcli device connect ens33	

四、简答题

1. 简述 Linux 的体系结构。

2. 说明使用虚拟机安装 Linux 系统时，为什么要先选择稍后安装操作系统，而不是选择 CentOS 7 系统镜像光盘。

3. 简述 RPM 与 yum 软件仓库的作用。

4. 安装 Linux 系统的基本磁盘分区有哪些？

5. Linux 系统支持的文件类型有哪些？

6. 如果丢失了 root 口令，应如何解决？

7. CentOS 7 系统采用了 systemd 作为初始化进程，那么如何查看某个服务的运行状态呢？

1.10 项目实录：Linux 系统的安装与基本配置

1. 观看视频

做实训前请扫描二维码观看视频。

2. 项目背景

某计算机已经安装了 Windows 7/8 操作系统，该计算机的磁盘分区情况如图 1-52 所示，要求增加安装 CentOS 7，并保证原来的 Windows 7/8 仍可使用。

3. 项目分析

从图 1-52 中可知，此硬盘约有 300GB，分为 C、D、E 三个分区。对于此类硬盘，比较简便的操作方法是将 E 盘上的数据转移到 C 盘或者 D 盘，而利用 E 盘的硬盘空间来安装 Linux。

对于要安装的 Linux 操作系统，需要进行磁盘分区规划，如图 1-53 所示。

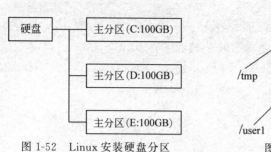

图 1-52　Linux 安装硬盘分区

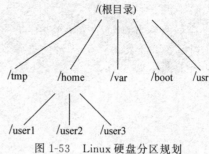

图 1-53　Linux 硬盘分区规划

硬盘大小为 100GB，分区规划如下：
- /boot 分区大小为 600MB；
- /swap 分区大小为 4GB；
- /分区大小为 10GB；
- /usr 分区大小为 8GB；
- /home 分区大小为 8GB；
- /var 分区大小为 8GB；
- /tmp 分区大小为 6GB；
- 预留 55GB 不进行分区。

4. 深度思考

在观看视频时思考以下几个问题。

（1）如何进行双启动安装？

（2）分区规划为什么必须要慎之又慎？

（3）安装系统前，对 E 盘是如何处理的？

（4）第一个系统的虚拟内存设置至少多大？为什么？

5. 做一做

根据项目要求及视频内容，将项目完整地做一遍。

1.11　实训：安装 CentOS 操作系统

由于公司中的部分 Windows 服务器频繁遭受病毒、木马的威胁，同时鉴于 Linux 系统在服务器领域的稳定性，公司决定安装 CentOS 7 操作系统，并在该系统之上构建各种服务器。要求如下。

（1）在宿主机上安装 VM Workstation。

（2）安装 CentOS 7 虚拟机 server1，并进行网络配置，使之能连上 Internet。

（3）重置 server1 的管理员密码。

（4）克隆生成一个 CentOS 7 操作系统 client1，对该系统进行基本网络配置。

（5）对于 server1 和 client1，利用不同的网络连接方式测试 2 台计算机的连通性，从而了解虚拟机中不同网络连接方式的不同。

  单击 http://www.icourses.cn/coursestatic/course_2843.html 访问并学习国家精品资源共享课程网站中学习情境的相关内容。

第 2 章
常用的 Linux 命令

学习要点

- Linux 系统的终端窗口和命令基础。
- 文件目录类命令。
- 系统信息类命令。
- 进程管理类命令及其他常用命令。

在文本模式和终端模式下,经常使用 Linux 命令来查看系统的状态和监视系统的操作,如对文件和目录进行浏览、操作等。在 Linux 较早的版本中,由于不支持图形化操作,用户基本上都是使用命令行方式对系统进行操作,所以掌握常用的 Linux 命令是必要的。本章将对 Linux 常用的命令进行分类介绍。

2.1 Linux 命令基础

掌握 Linux 命令对于管理 Linux 网络操作系统是非常必要的。

2.1.1 了解 Linux 命令的特点

在 Linux 系统中命令区分大小写。在命令行中,可以使用 Tab 键来自动补齐命令,即可以只输入命令的前几个字母,然后按 Tab 键。

按 Tab 键时,如果系统只找到一个和输入字符相匹配的目录或文件,则自动补齐;如果没有匹配的内容或有多个相匹配的名字,系统将发出警鸣声,再按一下 Tab 键将列出所有相匹配的内容(如果有),以供用户选择。例如,在命令提示符后输入 mou,然后按 Tab 键,系统将自动补全该命令为 mount。如果在命令提示符后只输入 mo,然后按 Tab 键,此时将警鸣一声;再次按 Tab 键,系统将显示所有以 mo 开头的命令。

另外,利用向上或向下的光标键可以翻查曾经执行过的历史命令,并可以再次执行。

如果要在一个命令行上输入和执行多条命令,可以使用分号来分隔命令。例如,"cd / ;ls"。

断开一个长命令行可以使用反斜杠"\",此符号可以将一个较长的命令分成多行表达,增强命令的可读性。执行后,Shell 自动显示提示符">",表示正在输入一个长命令,此时可继续在新行上输入命令的后续部分。

2.1.2 后台运行程序

一个文本控制台或一个仿真终端在同一时刻只能运行一个程序或命令。在执行的命令未结束前，一般不能进行其他操作，此时可采用将程序在后台运行的方式，以释放控制台或终端，使其仍能进行其他操作。要使程序以后台的方式运行，只需在要执行的命令后跟上一个"&"符号即可，例如"find -name httpd.conf&"。

2.2 熟练使用文件目录类命令

文件目录类命令是对文件和目录进行各种操作的命令。

2.2.1 熟练使用浏览目录类命令

1. 使用 pwd 命令

pwd 命令用于显示用户当前所处的目录。如果用户不知道自己当前所处的目录，就必须使用它。例如：

```
[root@server1 etc]#pwd
/etc
```

2. 使用 cd 命令

cd 命令用来在不同的目录中进行切换。用户在登录系统后，会处于用户的家目录（$ HOME）中，该目录一般以/home 开始，后跟用户名，这个目录就是用户的初始登录目录（root 用户的家目录为/root）。如果用户想切换到其他的目录中，就可以使用 cd 命令，后跟想要切换的目录名。例如：

```
[root@server1 etc]#cd            //改变目录位置至用户登录时的工作目录
[root@server1 ~]#cd dir1         //改变目录位置至当前目录下的 dir1 子目录
[root@server1 dir1]#cd ~         //改变目录位置至用户登录时的工作目录(用户的家目录)
[root@server1 ~]#cd ..           //改变目录位置至当前目录的父目录
[root@server1 /]#cd              //改变目录位置至用户登录时的工作目录
[root@server1 ~]#cd ../etc       //改变目录位置至当前目录的父目录下的 etc 子目录
[root@server1 etc]#cd /dir1/subdir1   //利用绝对路径表示改变目录到 /dir1/subdir1 目录下
```

在 Linux 系统中，用"."代表当前目录；用".."代表当前目录的父目录；用"～"代表用户的个人家目录（主目录）。例如，root 用户的个人主目录是/root，则不带任何参数的 cd 命令相当于"cd ～"，即将目录切换到用户的家目录。

3. 使用 ls 命令

ls 命令用来列出文件或目录信息。ls 命令的语法格式如下：

```
ls [参数] [目录或文件]
```

ls 命令的常用参数选项如下。
- -a：显示所有文件，包括以"."开头的隐藏文件。
- -A：显示指定目录下所有的子目录及文件，包括隐藏文件，但不显示"."和".."。
- -c：按文件的修改时间排序。
- -C：分成多列显示各行。
- -d：如果参数是目录，则只显示其名称而不显示其下的各个文件。往往与"-l"选项一起使用，以得到目录的详细信息。
- -l：以长格形式显示文件的详细信息。
- -i：在输出的第一列显示文件的 i 节点号。

例如：

```
[root@server1 ~]#ls          //列出当前目录下的文件及目录
[root@server1 ~]#ls -a       //列出包括以"."开始的隐藏文件在内的所有文件
[root@server1 ~]#ls -t       //依照文件最后修改时间的顺序列出文件
[root@server1 ~]#ls -F       /＊列出当前目录下的文件名及其类型。以/结尾表示为目录名，以
                               ＊结尾表示为可执行文件，以@结尾表示为符号连接＊/
[root@server1 ~]#ls -l       //列出当前目录下所有文件的权限、所有者、文件大小、修改时间及名称
[root@server1 ~]#ls -lg      //显示出文件所有者的工作组名
[root@server1 ~]#ls -R       //显示目录下以及其所有子目录的文件名
```

2.2.2 熟练使用浏览文件类命令

1. 使用 cat 命令

cat 命令主要用于滚屏显示文件内容或是将多个文件合并成一个文件。cat 命令的语法格式如下：

```
cat ［参数］文件名
```

cat 命令的常用参数选项如下。
- -b：对输出内容中的非空行标注行号。
- -n：对输出内容中的所有行标注行号。

通常使用 cat 命令查看文件内容。但是 cat 命令的输出内容不能够分页显示，要查看超过一屏的文件内容，需要使用 more 或 less 等其他命令。如果在 cat 命令中没有指定参数，则 cat 会从标准输入（键盘）中获取内容。

例如，要查看/soft/file1 文件内容的命令如下：

```
[root@server1 ~]#cat /soft/file1
```

利用 cat 命令还可以合并多个文件。例如，把 file1 和 file2 文件的内容合并为 file3，且 file2 文件的内容在 file1 文件的内容前面，则命令如下：

```
[root@server1 ~]#cat file2 file1>file3
//如果 file3 文件存在,此命令的执行结果会覆盖 file3 文件中原有内容
```

```
[root@server1 ~]#cat file2 file1>>file3
//如果 file3 文件存在,此命令的执行结果将把 file2 和 file1 文件的内容附加到 file3 文件
   中原有内容的后面
```

2. 使用 more 命令

在使用 cat 命令时如果文件太长,用户只能看到文件的最后一部分,这时可以使用 more 命令一页一页地分屏显示文件的内容。more 命令通常用于分屏显示文件内容。大部分情况下,可以不加任何参数选项来执行 more 命令查看文件内容。执行 more 命令后,进入 more 状态,按 Enter 键可以向下移动一行;按 Space 键可以向下移动一页;按 q 键可以退出 more 命令。more 命令的语法格式如下:

```
more ［参数］ 文件名
```

more 命令的常用参数选项如下。

- -num:这里的 num 是一个数字,用来指定分页显示时每页的行数。
- ＋num:指定从文件的第 num 行开始显示。

例如:

```
[root@server1 ~]#more file1        //以分页方式查看 file1 文件的内容
[root@server1 ~]#cat file1|more    //以分页方式查看 file1 文件的内容
```

more 命令经常在管道中被调用以实现各种命令输出内容的分屏显示。上面的第二个命令就是利用 Shell 的管道功能分屏显示 file1 文件的内容。关于管道的内容在第 4 章中有详细介绍。

3. 使用 less 命令

less 命令是 more 命令的改进版,比 more 命令的功能强大。more 命令只能向下翻页,而 less 命令可以向下、向上翻页,甚至可以前、后、左、右移动。执行 less 命令后,进入 less 状态,按 Enter 键可以向下移动一行;按 Space 键可以向下移动一页;按 b 键可以向上移动一页,也可以用光标键向前、后、左、右移动;按 q 键可以退出 less 命令。

less 命令还支持在一个文本文件中进行快速查找。先按下斜杠键"/",再输入要查找的单词或字符。less 命令会在文本文件中进行快速查找,并把找到的第一个搜索目标高亮显示。如果希望继续查找,就再次按下斜杠键,再按 Enter 键即可。

less 命令的用法与 more 基本相同,下面举例说明。本例的前提条件是已经安装了 httpd 服务,否则需要先安装 httpd 服务。安装 httpd 服务的步骤如下。

 　　如果能够连接互联网,并且有较高网速,则可以直接使用系统自带的 yum 源文件,不需要单独编辑 yum 源文件。这时请直接跳到步骤(3),而忽略前两步。后面在使用 yum 安装软件时也依据此原则,不再赘述。

（1）挂载 ISO 安装镜像。

```
[root@server1 ~]#mkdir /iso
[root@server1 ~]#mount /dev/cdrom /iso
```

（2）制作用于安装的 yum 源文件（后面的所有项目的 yum 源不再赘述）。先删除/etc/
yum.repos.d/目录下的所有文件,再编辑生成/etc/yum.repos.d/dvd.repo 文件。

```
[root@server1 ~]#cd /etc/yum.repos.d/
[root@server1 yum.repos.d]#rm *.*
[root@server1 yum.repos.d]#vim /etc/yum.repos.d/dvd.repo
```

源文件的内容如下：

```
#/etc/yum.repos.d/dvd.repo
#or for ONLY the media repo, do this:
#yum --disablerepo=\* --enablerepo=c6-media [command]
[dvd]
name=dvd
baseurl=file:///iso
gpgcheck=0
enabled=1
```

（3）使用 yum 命令安装 httpd 软件包。

```
[root@server1 yum.repos.d]#cd
[root@server1 ~]#yum clean all                    //安装前先清除缓存
[root@server1 ~]#yum install httpd -y
```

（4）使用 less 命令。

```
//以分页方式查看 httpd.conf 文件的内容
[root@server1 ~]#less /etc/httpd/conf/httpd.conf
```

4. 使用 head 命令

head 命令用于显示文件的开头部分,默认情况下只显示文件的前 10 行内容。head 命
令的语法格式如下：

```
head  [参数] 文件名
```

head 命令的常用参数选项如下。
- -n num：显示指定文件的前 num 行。
- -c num：显示指定文件的前 num 个字符。

例如：

```
[root@server1 ~]#head -n 20 /etc/httpd/conf/httpd.conf //显示 httpd.conf 文件的前 20 行
```

5. 使用 tail 命令

tail 命令用于显示文件的末尾部分，默认情况下只显示文件的末尾 10 行内容。tail 命令的语法格式如下：

```
tail [参数] 文件名
```

tail 命令的常用参数选项如下。

- -n num：显示指定文件的末尾 num 行。
- -c num：显示指定文件的末尾 num 个字符。
- +num：从第 num 行开始显示指定文件的内容。

例如：

```
[root@server1 ~]#tail -n 20 /etc/httpd/conf/httpd.conf //显示 httpd.conf 文件的末尾 20 行
```

tail 命令最强大的功能是可以持续刷新一个文件的内容，当想要实时查看最新日志文件时，该功能特别有用，此时的命令格式为"tail -f 文件名"。

```
[root@rhel7-1 ~]#tail -f /var/log/messages
May 2 21:28:24 localhost dbus-daemon: dbus[815]: [system] Activating via
systemd: service name='net.reactivated.Fprint' unit='fprintd.service'
...
May 2 21:28:24 localhost systemd: Started Fingerprint Authentication Daemon.
May 2 21:28:28 localhost su: (to root) yangyun on pts/0
May 2 21:28:54 localhost journal: No devices in use, exit
```

2.2.3 熟练使用目录操作类命令

1. 使用 mkdir 命令

mkdir 命令用于创建一个目录。mkdir 命令的语法格式如下：

```
mkdir [参数] 目录名
```

上述目录名可以为相对路径，也可以为绝对路径。

mkdir 命令的-p 参数表示在创建目录时，如果父目录不存在，则同时创建该目录及该目录的父目录。

例如：

```
[root@server1 ~]#mkdir dir1          //在当前目录下创建 dir1 子目录
[root@server1 ~]#mkdir -p dir2/subdir2
//在当前目录的 dir2 目录中创建 subdir2 子目录。如果 dir2 目录不存在,则同时创建
```

2. 使用 rmdir 命令

rmdir 命令用于删除空目录。rmdir 命令的语法格式如下：

```
rmdir [参数] 目录名
```

上述目录名可以为相对路径，也可以为绝对路径。但所删除的目录必须为空目录。

rmdir 命令的-p 参数表示在删除目录时一起删除父目录，但父目录中必须没有其他目录及文件。

例如：

```
[root@server1 ~]#rmdir dir1            //在当前目录下删除 dir1 空子目录
[root@server1 ~]#rmdir -p dir2/subdir2
//删除当前目录中的 dir2/subdir2 子目录。删除 subdir2 目录时，如果 dir2 目录中无其他目录，
  则一起被删除
```

2.2.4　熟练使用 cp 命令

1. cp 命令的使用方法

cp 命令主要用于文件或目录的复制。cp 命令的语法格式如下：

```
cp [参数] 源文件 目标文件
```

cp 命令的常用参数选项如下。

- -a：尽可能将文件状态、权限等属性按照原状予以复制。
- -f：如果目标文件或目录存在，先删除它们再进行复制（即覆盖），并且不提示用户。
- -i：如果目标文件或目录存在，提示是否覆盖已有的文件。
- -R：递归复制目录，即包含目录下的各级子目录。

2. 使用 cp 命令的范例

cp 命令是非常重要的，不同用户执行这个命令会产生不同的结果，尤其是-a、-p 选项，对于不同用户来说差异非常大。下面的练习中，有的用户为 root，有的用户为一般账号（在这里用 bobby 这个账号），练习时请特别注意用户的差别。

【例 2-1】用 root 用户将家目录下的.bashrc 复制到/tmp 下，并更名为 bashrc。

```
[root@server1 ~]#cp ~/.bashrc /tmp/bashrc
[root@server1 ~]#cp -i ~/.bashrc /tmp/bashrc
cp: overwrite '/tmp/bashrc'? n 不覆盖，y 为覆盖
//重复做两次，由于/tmp 下已经存在 bashrc 了，加上-i 选项后，则在覆盖前会询问使用者是否
  确定。可以按下 n 或者 y 进行第二次确认
```

【例 2-2】变换目录到/tmp，并将/var/log/wtmp 复制到/tmp 且观察属性。

```
[root@server1 ~]#cd /tmp
[root@server1 tmp]#cp /var/log/wtmp . //想要复制到当前目录，最后的"."不要忘记
[root@server1 tmp]#ls -l /var/log/wtmp wtmp
```

```
-rw-rw-r--1 root utmp 96384 Sep 24 11:54/var/log/wtmp
-rw-r--r--1 root root 96384 Sep 24 14:06 wtmp
//注意，在不加任何选项复制的情况下，文件的某些属性/权限会改变。这是个很重要的特性，连文件
   建立的时间也不一样了
```

那么如果你想要将文件的所有特性都一起复制过来该怎么办呢？可以加上-a，如下所示。

```
[root@server1 tmp]#cp -a /var/log/wtmp wtmp_2
[root@server1 tmp]#ls -l /var/log/wtmp wtmp_2
-rw-rw-r--1 root utmp 96384 Sep 24 11:54/var/log/wtmp
-rw-rw-r--1 root utmp 96384 Sep 24 11:54 wtmp_2
```

cp 的功能很多，由于我们常常会进行一些数据的复制，所以也会常常用到这个命令。一般来说，如果复制别人的数据（当然，你必须要有 read 的权限）时，总是希望复制到的数据最后是自己的。所以，在预设的条件中，cp 的源文件与目的文件的权限是不同的，目的文件的拥有者通常会是指令操作者本身。

举例来说，例 2-2 中由于是 root 用户，因此复制过来的文件拥有者与群组就改变成为 root 所有。由于具有这个特性，因此在进行备份的时候，某些需要特别注意的特殊权限文件，例如密码文件（/etc/shadow）以及一些配置文件，就不能直接以 cp 来复制，而必须要加上-a 或-p 等属性。

注 意　　如果你想要复制文件给其他使用者，也必须要注意到文件的权限（包含读、写、执行以及文件拥有者等），否则其他人还是无法针对你给的文件进行修改。

【例 2-3】　复制/etc/这个目录下的所有内容到/tmp 里面。

```
[root@server1 tmp]#cp /etc /tmp
cp:omitting directory'/etc'          //如果是目录，则不能直接复制，要加上-r 选项
[root@server1 tmp]#cp -r /etc /tmp
//再次强调：加上-r 选项可以复制目录，但是文件与目录的权限可能会被改变，所以也可以利用 cp
   -a /etc /tmp 命令，尤其是在备份的情况下
```

【例 2-4】　若～/.bashrc 比/tmp/bashrc 新，就复制过来。

```
[root@server1 tmp]#cp -u ~/.bashrc /tmp/bashrc
// -u 的特性是在目标文件与来源文件有差异时才会复制，所以常被用于"备份"的工作中
```

思考：你能否使用 bobby 用户完整地复制/var/log/wtmp 文件到/tmp 下面，并更名为 bobby_wtmp 呢？

参考答案：

```
[bobby@server1 ~]$cp -a /var/log/wtmp /tmp/bobby_wtmp
[bobby@server1 ~]$ls -l /var/log/wtmp /tmp/bobby_wtmp
```

2.2.5　熟练使用文件操作类命令

1. 使用 mv 命令

mv 命令主要用于文件或目录的移动或改名。mv 命令的语法格式如下：

```
mv ［参数］源文件或目录 目标文件或目录
```

mv 命令的常用参数选项如下。

- -i：如果目标文件或目录存在时，提示是否覆盖目标文件或目录。
- -f：无论目标文件或目录是否存在，直接覆盖目标文件或目录，不提示。

例如：

```
//将当前目录下的 testa 文件移动到/usr/目录下，文件名不变
[root@server1 ~]#mv testa /usr/
//将/usr/testa 文件移动到根目录下，移动后的文件名为 tt
[root@server1 ~]#mv /usr/testa /tt
```

2. 使用 rm 命令

rm 命令主要用于文件或目录的删除。rm 命令的语法格式如下：

```
rm ［参数］文件名或目录名
```

rm 命令的常用参数选项如下。

- -i：删除文件或目录时提示用户。
- -f：删除文件或目录时不提示用户。
- -R：递归删除目录，即包含目录下的文件和各级子目录。

例如：

```
//删除当前目录下的所有文件,但不删除子目录和隐藏文件
[root@server1 ~]#mkdir /dir1;cd /dir1
[root@server1 dir1]#touch aa.txt  bb.txt; mkdir subdir11;ll
[root@server1 dir1]#rm *
//下行删除当前目录下的子目录 subdir11,包含其下的所有文件和子目录,并且提示用户确认
[root@server1 dir]#rm-iR subdir11
```

3. touch 命令

touch 命令用于建立文件或更新文件的修改日期。touch 命令的语法格式如下：

```
touch ［参数］文件名或目录名
```

touch 命令的常用参数选项如下。

- -d yyyymmdd：把文件的存取或修改时间改为 yyyy 年 mm 月 dd 日。
- -a：只把文件的存取时间改为当前时间。

- -m：只把文件的修改时间改为当前时间。

例如：

```
[root@server1 ~]#touch aa //如果当前目录下存在 aa 文件,则把 aa 文件的存取和修改时间
                            改为当前时间。如果不存在 aa 文件,则新建 aa 文件
[root@server1 ~]#touch -d 20230608 aa //将 aa 文件的存取和修改时间改为 2023 年 6 月 8 日
```

4. 使用 diff 命令

diff 命令用于比较两个文件内容的不同。diff 命令的语法格式如下：

```
diff [参数] 源文件 目标文件
```

diff 命令的常用参数选项如下。
- -a：将所有的文件当作文本文件处理。
- -b：忽略空格造成的不同。
- -B：忽略空行造成的不同。
- -q：只报告什么地方不同,不报告具体的不同信息。
- -i：忽略大小写的变化。

例如（aa、bb、aa.txt、bb.txt 文件在 root 家目录下使用 Vim 提前建立好）：

```
[root@server1 ~]#diff aa.txt bb.txt      //比较 aa.txt 文件和 bb.txt 文件的不同
```

5. ln 命令

ln 命令用于建立两个文件之间的链接关系。ln 命令的语法格式如下：

```
ln [参数] 源文件或目录 链接名
```

ln 命令的常用参数-s 用于建立符号链接（软链接），不加该参数时建立的链接为硬链接。两个文件之间的链接关系有两种：一种为硬链接；另一种为符号链接。

（1）硬链接。这时两个文件名指向的是硬盘上的同一块存储空间,对两个文件中的任何一个文件的内容进行修改都会影响到另一个文件。它可以由 ln 命令不加任何参数建立。利用 ll 命令查看家目录下 aa 文件的情况。

```
[root@server1 ~]#ll aa
-rw-r--r-- 1 root root 0  1 月 31 15:06 aa
[root@server1 ~]#cat aa
this is aa
```

由上面命令的执行结果可以看出 aa 文件的链接数为 1,文件内容为"this is aa"。
使用 ln 命令建立 aa 文件的硬链接 bb。

```
[root@server1 ~]#ln aa bb
```

上述命令产生了 bb 新文件,它和 aa 文件建立起了硬链接关系。

```
[root@server1 ~]#ll aa bb
-rw-r--r--   2 root root 11   1月 31 15:44 aa
-rw-r--r--   2 root root 11   1月 31 15:44 bb
[root@server1 ~]#cat bb
this is aa
```

可以看出,aa 和 bb 的大小和内容均相同。再看详细信息的第 2 列,原来 aa 文件的链接数为 1,说明这块硬盘空间只有 aa 文件指向;而建立起 aa 和 bb 的硬链接关系后,这块硬盘空间就有 aa 和 bb 两个文件同时指向它,所以 aa 和 bb 的链接数都变为 2。

此时,如果修改 aa 或 bb 任意一个文件的内容,另外一个文件的内容也将随之变化。如果删除其中一个文件(不管是哪一个),就是删除了该文件和硬盘空间的指向关系,该硬盘空间不会释放,另外一个文件的内容也不会发生改变,但是该文件的链接数会减少一个。

说 明　　只能对文件建立硬链接,不能对目录建立硬链接。

(2) 符号链接。这种链接也称为软链接,是指一个文件指向另外一个文件的文件名。符号链接类似于 Windows 系统中的快捷方式。符号链接由 ln -s 命令建立。

首先查看一下 aa 文件的信息。

```
[root@server1 ~]#ll aa
-rw-r--r--   1 root root 11   1月 31 15:44 aa
```

创建 aa 文件的符号链接 cc,创建完成后查看 aa 和 cc 文件的链接数的变化。

```
[root@server1 ~]#ln -s aa cc
[root@server1 ~]#ll aa cc
-rw-r--r--   1 root root 11   1月 31 15:44 aa
lrwxrwxrwx   1 root root  2   1月 31 16:02 cc -> aa
```

可以看出 cc 文件是指向 aa 文件的一个符号链接。而指向存储 aa 文件内容的那块硬盘空间的文件仍然只有 aa 一个文件,cc 文件只不过是指向了 aa 文件名而已,所以 aa 文件的链接数仍为 1。

在利用 cat 命令查看 cc 文件的内容时,发现 cc 文件是一个符号链接文件,就根据 cc 文件记录的文件名找到 aa 文件,然后将 aa 文件的内容显示出来。

此时如果删除了 cc 文件,对 aa 文件无任何影响;但如果删除了 aa 文件,那么 cc 文件就因无法找到 aa 文件而毫无用处。

说 明　　可以对文件或目录建立符号链接。

6. 使用 gzip 和 gunzip 命令

gzip 命令用于对文件进行压缩，生成的压缩文件以".gz"结尾；而 gunzip 命令是对以".gz"结尾的文件进行解压缩。这两个命令的语法格式如下：

```
gzip -v 文件名
```

```
gunzip -v 文件名
```

其中，-v 参数选项表示显示被压缩文件的压缩比或解压时的信息。

例如（在 root 家目录下）：

```
[root@server1 ~]#cd
[root@server1 ~]#gzip -v initial-setup-ks.cfg
initial-setup-ks.cfg: 53.4%  --replaced with initial-setup-ks.cfg.gz
[root@server1 ~]#gunzip -v initial-setup-ks.cfg.gz
initial-setup-ks.cfg.gz: 53.4%  --replaced with initial-setup-ks.cfg
```

7. 使用 tar 命令

tar 是用于文件打包的命令行工具，tar 命令可以把一系列的文件归档到一个大文件中，也可以把档案文件解开以恢复数据。总的来说，tar 命令主要用于打包和解包。tar 命令是 Linux 系统中常用的备份工具之一。tar 命令的语法格式如下：

```
tar [参数] 档案文件 文件列表
```

tar 命令的常用参数选项如下。

- -c：生成档案文件。
- -v：列出归档、解档的详细过程。
- -f：指定档案文件名称。
- -r：将文件追加到档案文件末尾。
- -z：以 gzip 格式压缩或解压缩文件。
- -j：以 bzip2 格式压缩或解压缩文件。
- -d：比较档案与当前目录中的文件。
- -x：解开档案文件。

例如（提前用 touch 命令在"/"目录下建立测试文件）：

```
[root@server1 ~]#tar -cvf yy.tar aa tt    //将当前目录下的 aa 和 tt 文件归档为 yy.tar
[root@server1 ~]#tar -xvf yy.tar                //从 yy.tar 档案文件中恢复数据
//将当前目录下的 aa 和 tt 文件归档并压缩为 yy.tar.gz
[root@server1 ~]#tar -czvf yy.tar.gz  aa tt
[root@server1 ~]#tar -xzvf yy.tar.gz                //将 yy.tar.gz 文件解压缩并恢复数据
[root@server1 ~]#tar -czvf etc.tar.gz /etc    //把/etc 目录进行打包压缩
[root@server1 ~]#mkdir /root/etc
//将打包后的压缩包文件指定解压到/root/etc
[root@server1 ~]#tar xzvf etc.tar.gz -C /root/etc
```

8. 使用 rpm 命令

rpm 命令主要用于对 RPM 软件包进行管理。RPM 软件包是 Linux 的各种发行版本中应用最为广泛的软件包格式之一。学会使用 rpm 命令对 RPM 软件包进行管理至关重要。rpm 命令的语法格式如下：

```
rpm ［参数］软件包名
```

rpm 命令的常用参数选项如下。
- -qa：查询系统中安装的所有软件包。
- -q：查询指定的软件包在系统中是否安装。
- -qi：查询系统中已安装软件包的描述信息。
- -ql：查询系统中已安装软件包里所包含的文件列表。
- -qf：查询系统中指定文件所属的软件包。
- -qp：查询 RPM 软件包文件中的信息，通常用于在未安装软件包之前了解软件包中的信息。
- -i：用于安装指定的 RPM 软件包。
- -v：显示较详细的信息。
- -h：以"♯"显示进度。
- -e：删除已安装的 RPM 软件包。
- -U：升级指定的 RPM 软件包。软件包的版本必须比当前系统中安装的软件包的版本高才能正确升级。如果当前系统中并未安装指定的软件包，则直接安装。
- -F：更新软件包。

例如：

```
[root@server1 ~]#rpm -qa|more            //显示系统安装的所有软件包列表
[root@server1 ~]#rpm -q selinux-policy   //查询系统是否安装了 selinux-policy
[root@server1 ~]#rpm -qi selinux-policy  //查询系统已安装的软件包的描述信息
[root@server1 ~]#rpm -ql selinux-policy  //查询系统已安装的软件包里所包含的文件列表
[root@server1 ~]#rpm -qf /etc/passwd     //查询 passwd 文件所属的软件包
[root@server1 ~]#cd /iso/Packages
//下面安装软件包,并以"#"显示安装进度和安装的详细信息
[root@server1 Packages]#rpm -ivh httpd-2.4.6-80.el7.centos.x86_64.rpm
[root@server1 Packages]#rpm -Uvh httpd-2.4.6-80.el7.centos.x86_64.rpm   //升级软件包
[root@server1 Packages]#rpm -e httpd-2.4.6-80.el7.centos.x86_64         //卸载 httpd 软件包
```

　　卸载软件包时不加扩展名.rpm。如果使用命令 rpm -e httpd-2.4.6-80.el7.centos.x86_64-nodeps,则表示不检查依赖性。

9. 使用 whereis 命令

whereis 命令用来寻找命令的可执行文件所在的位置。whereis 命令的语法格式如下：

```
whereis [参数] 命令名称
```

whereis 命令的常用参数选项如下。
- -b：只查找二进制文件。
- -m：只查找命令的联机帮助手册部分。
- -s：只查找源代码文件。

例如：

```
//查找命令 rpm 的位置
[root@server1 ~]#whereis rpm
rpm: /bin/rpm /etc/rpm /usr/lib/rpm /usr/include/rpm /usr/share/man/man8/rpm.8.gz
```

10. 使用 whatis 命令

whatis 命令用于获取命令简介。它从某个程序的使用手册中抽出一行简单的介绍性文件，帮助用户迅速了解这个程序的具体功能。whatis 命令的语法格式如下：

```
whatis 命令名称
```

例如：

```
[root@server1 ~]#whatis ls
ls              (1)  -list directory contents
```

11. 使用 find 命令

find 命令用于文件查找。它的功能非常强大。find 命令的语法格式如下：

```
find [路径] [匹配表达式]
```

find 命令的匹配表达式主要有以下几种类型。
- -name filename：查找指定名称的文件。
- -user username：查找属于指定用户的文件。
- -group grpname：查找属于指定组的文件。
- -print：显示查找结果。
- -size n：查找大小为 n 块的文件，一块为 512B。符号"$+n$"表示查找大小大于 n 块的文件；符号"$-n$"表示查找大小小于 n 块的文件；符号"nc"表示查找大小为 n 个字符的文件。
- -inum n：查找索引节点号为 n 的文件。
- -type：查找指定类型的文件。文件类型有：b(块设备文件)、c(字符设备文件)、d(目录)、p(管道文件)、l(符号链接文件)、f(普通文件)。
- -atime n：查找 n 天前被访问过的文件。"$+n$"表示超过 n 天前被访问的文件；"$-n$"表示未超过 n 天前被访问的文件。
- -mtime n：类似于 atime，但检查的是文件内容被修改的时间。

- -ctime n：类似于 atime，但检查的是文件索引节点被改变的时间。
- -perm mode：查找与给定权限匹配的文件，必须以八进制的形式给出访问权限。
- -newer file：查找比指定文件新的文件，即最后修改时间离现在较近。
- -exec command {} \;：对匹配指定条件的文件执行 command 命令。
- -ok command {} \;：与 exec 相同，但执行 command 命令时请求用户确认。

例如：

```
//在当前目录下查找普通文件,并以长格形式显示
[root@server1 ~]#find   .-type  f  -exec  ls  -l  {}  \;
//在/logs目录中查找修改时间为5天以前的普通文件并删除。应保证/logs目录存在
[root@server1 ~]#find   /logs  -type  f  -mtime 5  -exec  rm  {}  \;
//在/etc/目录下查找文件名以".conf"结尾的文件
[root@server1 ~]#find   /etc  -name  "*.conf"
//在当前目录下查找权限为755的普通文件并显示
[root@server1 ~]#find   .-type  f  -perm 755  -exec  ls {}  \;
```

　　　由于 find 命令在执行过程中将消耗大量资源，建议以后台方式运行。

12. locate

locate 命令是 Linux 系统中用来查找文件的命令。就像在 Windows 中的搜索一样，如果你忘了存储文件的位置或它的名字，可以用它来解决。

例如，如果你有一个关于区块链用例的文档，但是你忘了标题，可以输入 locate -blockchain 或者通过用星号（*）分隔单词来查找 blockchain use cases。例如：

```
locate -i * blockchain * use * cases *
```

13. 使用 grep 命令

grep 命令用于查找文件中包含指定字符串的行。grep 命令的语法格式如下：

```
grep [参数] 要查找的字符串 文件名
```

grep 命令的常用参数选项如下。

- -v：列出不匹配的行。
- -c：对匹配的行计数。
- -l：只显示包含匹配模式的文件名。
- -h：抑制包含匹配模式的文件名的显示。
- -n：每个匹配行只按照相对的行号显示。
- -i：对匹配模式不区分大小写。

在 grep 命令中，字符"^"表示行的开始，字符"$"表示行的结尾。如果要查找的字符串中带有空格，可以用单引号或双引号括起来。

例如：

```
//在文件 passwd 中查找包含字符串 root 的行,如果找到,显示该行及该行前后各 2 行的内容
[root@server1 ~]#grep -2 root /etc/passwd
//在 passwd 文件中搜索只包含 root 这 4 个字符的行
[root@server1 ~]#grep "^root$" /etc/passwd
```

提示

grep 和 find 命令的差别在于：grep 是在文件中搜索满足条件的行,而 find 是在指定目录下根据文件的相关信息查找满足指定条件的文件。

14. dd 命令

dd 命令用于按照指定大小和个数的数据块来复制文件或转换文件,该命令的语法格式如下：

```
dd [参数]
```

dd 命令是比较重要而且比较有特色的一个命令,它能够让用户按照指定大小和个数的数据块来复制文件的内容。当然如果愿意,还可以在复制过程中转换其中的数据。Linux系统中有一个名为/dev/zero 的设备文件,这个文件不会占用系统存储空间,但却可以提供无穷无尽的数据,因此可以使用它作为 dd 命令的输入文件,来生成一个指定大小的文件。dd 命令的参数及其作用如表 2-1 所示。

表 2-1　dd 命令的参数及其作用

参　数	作　　用	参　数	作　　用
if	输入的文件名称	bs	设置每个"块"的大小
of	输出的文件名称	count	设置要复制"块"的个数

例如,可以用 dd 命令从/dev/zero 设备文件中取出 2 个大小为 560MB 的数据块,然后保存成名为 file1 的文件。理解了这个命令,以后就能随意创建任意大小的文件了(做配额测试时很有用)。

```
[root@server1 ~]# dd if=/dev/zero of=file1 count=2 bs=560M
记录了 2+0 的读入
记录了 2+0 的写出
1174405120 字节(1.2GB)已复制,1.12128s,1.0GB/s
```

dd 命令的功能也绝不仅限于复制文件这么简单。如果你想把光驱设备中的光盘制作成 iso 格式的镜像文件,在 Windows 系统中需要借助于第三方软件才能做到,但在 Linux 系统中可以直接使用 dd 命令来压制出光盘镜像文件,将它变成一个可立即使用的 ISO 镜像。

```
[root@server1 ~]#dd if=/dev/cdrom of=RHEL-server-7.0-x86_64.iso
7311360+0 records in
7311360+0 records out
3743416320 bytes (3.7GB) copied, 370.758s, 10.1MB/s
```

2.3 熟练使用系统信息类命令

系统信息类命令是对系统的各种信息进行显示和设置的命令。

1. 使用 dmesg 命令

dmesg 命令用实例名和物理名称来标识连到系统上的设备。dmesg 命令也显示系统诊断信息、操作系统版本号、物理内存大小以及其他信息。例如：

```
[root@server1 ~]#dmesg|more
```

 提示　系统启动时，屏幕上会显示系统 CPU、内存、网卡等硬件信息。但通常显示得比较快，如果用户没有来得及看清，可以在系统启动后用 dmesg 命令查看。

2. 使用 free 命令

free 命令主要用来查看系统内存、虚拟内存的大小及占用情况，例如：

```
[root@server1 ~]#free
            total      used      free    shared  buff/cache  available
Mem:     1865284    894144    107128     14076      864012      714160
Swap:    4194300         0   4194300
```

3. 使用 date 命令

date 命令可以用来查看系统当前的日期和时间，例如：

```
[root@server1 ~]#date
2023 年 06 月 23 日 星期五 15:13:26 CST
```

date 命令还可以用来设置当前的日期和时间，例如：

```
[root@server1 ~]#date -d 06/08/2023
2023 年 06 月 08 日 星期一 00:00:00 CST
```

 注意　只有 root 用户才可以改变系统的日期和时间。

4. 使用 cal 命令

cal 命令用于显示指定月份或年份的日历，可以带两个参数，其中年、月份用数字表示；只有一个参数时表示年份，年份的范围为 1～9999；不带任何参数的 cal 命令显示当前月份的日历。例如：

```
[root@server1 ~]#cal 5 2023
七月 2023
日   一   二   三   四   五   六
          1   2   3   4   5   6
 7   8   9   10  11  12  13
14  15  16  17  18  19  20
21  22  23  24  25  26  27
28  29  30  31
```

5. 使用 clock 命令

clock 命令用于从计算机的硬件获得日期和时间。例如：

```
[root@server1 ~]#clock
2023 年 06 月 21 日 星期三 15 时 16 分 01 秒  -0.253886 seconds
```

2.4 熟练使用进程管理类命令

进程管理类命令是对进程进行各种显示和设置的命令。

1. 使用 ps 命令

ps 命令主要用于查看系统的进程。ps 命令的语法格式如下：

```
ps [参数]
```

ps 命令的常用参数选项如下。
- -a：显示当前控制终端的进程（包含其他用户的）。
- -u：显示进程的用户名和启动时间等信息。
- -w：宽行输出，不截取输出中的命令行。
- -l：按长格形式显示输出。
- -x：显示没有控制终端的进程。
- -e：显示所有的进程。
- -t n：显示第 n 个终端的进程。

例如：

```
[root@server1 ~]#ps -au
USER  PID  %CPU  %MEM  VSZ   RSS   TTY   STAT  START  TIME  COMMAND
root  2459  0.0   0.2  1956  348   tty2  Ss+   09:00  0:00  /sbin/mingetty tty2
root  2460  0.0   0.2  2260  348   tty3  Ss+   09:00  0:00  /sbin/mingetty tty3
root  2461  0.0   0.2  3420  348   tty4  Ss+   09:00  0:00  /sbin/mingetty tty4
root  2462  0.0   0.2  3428  348   tty5  Ss+   09:00  0:00  /sbin/mingetty tty5
root  2463  0.0   0.2  2028  348   tty6  Ss+   09:00  0:00  /sbin/mingetty tty6
root  2895  0.0   0.9  6472  1180  tty1  Ss    09:09  0:00  bash
```

提示　　ps命令通常和重定向、管道等命令一起使用,用于查找出所需的进程。输出内容的第一行的中文解释(自左向右)是:进程的所有者;进程 ID 号;运算器占用率;内存占用率;虚拟内存使用量(单位是 KB);占用的固定内存量(单位是 KB);启动进行的终端名;所在终端进程状态;被启动的时间;实际使用 CPU 的时间;命令名称与参数等。

2. pidof 命令

pidof 命令用于查询某个指定服务进程的 PID 值,其语法格式如下:

```
pidof [参数] [服务名称]
```

每个进程的进程 ID 号(PID)是唯一的,因此可以通过 PID 来区分不同的进程。例如,可以使用以下命令来查询本机上 sshd 服务程序的 PID。

```
[root@l RHEL7-1 ~]#pidof sshd
1161
```

3. 使用 kill 命令

前台进程在运行时,可以用 Ctrl+C 组合键来终止它,但后台进程无法使用这种方法终止,此时可以使用 kill 命令向进程发送强制终止信号,以达到目的。例如:

```
[root@server1 dir1]#kill -l
 1) SIGHUP        2) SIGINT       3) SIGQUIT      4) SIGILL
 5) SIGTRAP       6) SIGABRT      7) SIGBUS       8) SIGFPE
 9) SIGKILL      10) SIGUSR1     11) SIGSEGV     12) SIGUSR2
13) SIGPIPE      14) SIGALRM     15) SIGTERM     16) SIGCHLD
17) SIGCONT      18) SIGSTOP     19) SIGTSTP     20) SIGTTIN
21) SIGTTOU      22) SIGURG      23) SIGXCPU     24) SIGXFSZ
25) SIGVTALRM    26) SIGPROF     27) SIGWINCH    28) SIGIO
29) SIGPWR       30) SIGSYS      31) SIGRTMIN    32) SIGRTMIN+1
...
```

上述命令用于显示 kill 命令所能够发送的信号类型。每个信号都有一个数值对应,例如 SIGKILL 信号的值为 9。

kill 命令的语法格式如下:

```
kill [参数] 进程1 进程2 ...
```

其中,参数选项-s 一般跟信号的类型。

例如:

```
[root@server1 ~]#ps
PID   TTY      TIME      CMD
1448  pts/1    00:00:00  bash
2394  pts/1    00:00:00  ps
[root@server1 ~]#kill -s SIGKILL 1448(或者 kill -9 1448)//结束 bash 进程并关闭终端
```

4. 使用 killall 命令

killall 命令用于终止某个指定名称的服务所对应的全部进程，该命令的语法格式如下：

```
killall [参数] [进程名称]
```

通常来讲，复杂软件的服务程序会有多个进程协同为用户提供服务，如果逐个结束这些进程会比较麻烦，此时可以使用 killall 命令批量结束某个服务程序带有的全部进程。下面以 httpd 服务程序为例来结束其全部进程。由于 RHEL 7 系统默认没有安装 httpd 服务程序，因此大家此时只需看操作过程和输出结果即可，等学习了相关内容之后再来实践。

```
[root@RHEL7-1 ~]#pidof httpd
13581  13580  13579  13578  13577  13576
[root@RHEL7-1 ~]#killall -9 httpd
[root@RHEL7-1 ~]#pidof httpd
[root@RHEL7-1 ~]#
```

  注意　　　如果在系统终端中执行一个命令后想立即停止它，可以按 Ctrl＋C 组合键（生产环境中比较常用的一个快捷键）。或者，如果有些命令在执行时不断地在屏幕上输出信息，影响到后续命令的输入，则可以在执行命令时在末尾添加一个 & 符号，这样命令将进入系统后台来执行。

5. 使用 nice 命令

Linux 系统有两个和进程有关的优先级。用"ps -l"命令可以看到两个域：PRI 和 NI。PRI 是进程实际的优先级，它是由操作系统动态计算的，这个优先级的计算和 NI 值有关。NI 值可以被用户更改，NI 值越高，优先级越低。一般用户只能加大 NI 值，只有超级用户才可以减小 NI 值。NI 值被改变后，会影响 PRI。优先级高的进程被优先运行，默认时进程的 NI 值为 0。nice 命令的语法格式如下：

```
nice -n 程序名        //以指定的优先级运行程序
```

其中，n 表示 NI 值，正值代表 NI 值增加，负值代表 NI 值减小。
例如：

```
[root@server1 ~]#nice --2 ps -l
```

6. 使用 renice 命令

renice 命令是根据进程的进程号来改变进程的优先级的。renice 命令的语法格式如下：

```
renice n 进程号
```

其中，n 为修改后的 NI 值。
例如：

```
[root@server1 ~]#ps -l
F  S  UID   PID   PPID  C  PRI  NI  ADDR    SZ  WCHAN   TTY      TIME    CMD
0  S  0   3324   3322  0  80   0   -     27115  wait    pts/0  00:00:00  bash
4  R  0   4663   3324  0  80   0   -     27032  -       pts/0  00:00:00  ps
[root@server1 ~]#renice -6 3324
```

7. 使用 top 命令

和 ps 命令不同,top 命令可以实时监控进程的状况。top 屏幕自动每 5s 刷新一次,也可以用"top -d 20",使得 top 屏幕每 20s 刷新一次。top 屏幕的部分内容如下:

```
top -19:47:03 up 10:50, 3 users, load average: 0.10, 0.07, 0.02
Tasks: 90 total,1 running, 89 sleeping,0 stopped,0 zombie
Cpu(s): 1.0% us, 3.1% sy, 0.0% ni, 95.8% id, 0.0% wa, 0.0% hi, 1.0% si
Mem: 126212k total,   124520k used,    1692k free,   10116k buffers
Swap:257032k total,    25796k used,   231236k free,    34312k cached

PID   USER  PR  NI   VIRT   RES    SHR  S  %CPU  %MEM    TIME+   COMMAND
2946  root  14  -1  39812   12m  3504  S   1.3   9.8  14:25.46  X
3067  root  25  10  39744   14m  9172  S   1.0  11.8  10:58.34  rhn-applet-gui
2449  root  16   0   6156  3328  1460  S   0.3   3.6   0:20.26  hald
3086  root  15   0  23412  7576  6252  S   0.3   6.0   0:18.88  mixer_applet2
1446  root  16   0   8728  2508  2064  S   0.3   2.0   0:10.04  sshd
2455  root  16   0   2908   948   756  R   0.3   0.8   0:00.06  top
1     root  16   0   2004   560   480  S   0.0   0.4   0:02.01  init
```

top 命令前 5 行的含义如下:

第 1 行:正常运行时间行。显示系统当前时间、系统已经正常运行的时间、系统当前用户数等。

第 2 行:进程统计数。显示当前的进程总数、睡眠的进程数、正在运行的进程数、暂停的进程数、僵死的进程数。

第 3 行:CPU 统计行。包括用户进程、系统进程、修改过 NI 值的进程、空闲进程各自使用 CPU 的百分比。

第 4 行:内存统计行。包括内存总量、已用内存、空闲内存、共享内存、缓冲区的内存总量。

第 5 行:交换分区和缓冲分区统计行。包括交换分区总量、已使用的交换分区、空闲交换分区、高速缓冲区总量。

在 top 屏幕下,用 q 键可以退出,用 h 键可以显示 top 下的帮助信息。

8. 使用 bg、jobs、fg 命令

bg 命令用于把进程放到后台运行,例如:

```
[root@server1 ~]#bg find
```

jobs 命令用于查看在后台运行的进程,例如:

```
[root@server1 ~]#find / -name aaa &
[1] 2469
[root@server1 ~]#jobs
[1]+  Running                find / -name aaa &
```

fg 命令用于把从后台运行的进程调到前台，例如：

```
[root@server1 ~]#fg find
```

9. at

如果要在特定时间运行 Linux 命令，可以将 at 添加到语句中。语法是 at 后面跟着希望命令运行的日期和时间，然后命令提示符变为 at>，这样就可以输入在上面指定的时间运行的命令。例如：

```
[root@rhel7-1 ~]#at 4:08 PM Sat
at>  echo 'hello'
at>  CTRL+D
job 1 at Sat May   5 16:08:00 2018
```

这将会在周六下午 4:08 运行 echo 'hello' 程序。

2.5 熟练使用其他常用命令

除了上面介绍的命令外，还有一些命令也经常会用到。

1. 使用 clear 命令

clear 命令用于清除字符终端屏幕的内容。

2. 使用 uname 命令

uname 命令用于显示系统信息。例如：

```
root@server1 ~]#uname -a
Linux Server 3.6.9-5.EL #1 Wed Jan 5 19:22:18 EST 2005 i686 i686 i386 GNU/Linux
```

3. 使用 man 命令

man 命令用于列出命令的帮助手册。例如：

```
[root@server1 ~]#man ls
```

典型的 man 命令包含以下几部分。
- NAME：命令的名字。
- SYNOPSIS：名字的概要，简单说明命令的使用方法。
- DESCRIPTION：详细描述命令的使用，如各种参数选项的作用。
- SEE ALSO：列出可能要查看的其他相关的手册页条目。

- AUTHOR、COPYRIGHT：作者和版权等信息。

4. 使用 shutdown 命令

shutdown 命令用于在指定时间关闭系统。shutdown 命令的语法格式如下：

```
shutdown [参数] 时间 [警告信息]
```

shutdown 命令常用的参数选项如下。

- -r：系统关闭后重新启动。
- -h：关闭系统。
- "时间"可以是以下几种形式。
  - ➤ now：表示当前时间。
  - ➤ hh:mm：指定绝对时间。其中，hh 表示小时，mm 表示分钟。
  - ➤ ＋m：表示 m 分钟以后。

例如：

```
[root@server1 ~]#shutdown -h now        //关闭系统
```

5. 使用 halt 命令

halt 命令表示立即停止系统，但该命令不自动关闭电源，需要人工关闭电源。

6. 使用 reboot 命令

reboot 命令用于重新启动系统，相当于 shutdown -r now。

7. 使用 poweroff 命令

poweroff 命令用于立即停止系统，并关闭电源，相当于 shutdown -h now。

8. alias 命令

alias 命令用于创建命令的别名。alias 命令的语法格式如下：

```
alias  命令别名 ="命令行"
```

例如：

```
[root@server1 ~]#alias httpd="vim /etc/httpd/conf/httpd.conf"
//定义 httpd为命令"vim /etc/httpd/conf/httpd.conf"的别名
```

alias 命令不带任何参数时，将列出系统已定义的别名。

9. 使用 unalias 命令

unalias 命令用于取消别名的定义。例如：

```
[root@server1 ~]#unalias httpd
```

10. 使用 history 命令

history 命令用于显示用户最近执行的命令。可以保留的历史命令数和环境变量

HISTSIZE 有关。只要在编号前加"!"，就可以重新运行 history 中显示出的命令行。例如：

```
[root@server1 ~]#!1239
```

表示重新运行第 1239 个历史命令。

11. 使用 wget 命令

wget 命令用于在终端中下载网络文件。wget 命令的语法格式如下：

```
wget [参数] 下载地址
```

表 2-2 所示为 wget 命令的参数以及参数的作用。

表 2-2　wget 命令的参数以及参数的作用

参数	作　用	参数	作　用
-b	后台下载模式	-c	断点续传
-P	下载到指定目录	-p	下载页面内所有资源，包括图片、视频等
-t	最大尝试次数	-r	递归下载

尝试使用 wget 命令下载 testfile.zip 文件，假如这个文件的完整路径为 http://www.smile.net/testfile.zip，则执行该命令（注意，该网站仅是示例网站，不能真正访问）。

```
[root@server1 ~]#wget http://www.smile.net/testfile.zip
```

接下来，使用 wget 命令递归下载 http://www.smile.net/网站内的所有页面数据以及文件，下载完后会自动保存到当前路径下一个名为 http://www.smile.net/的目录中。执行该操作的命令为 wget -r -p http://www.smile.net/。

```
[root@server1 ~]#wget -r -p http://www.smile.net/
```

12. 使用 who 命令

who 命令用于查看当前登入主机的用户终端信息。who 命令的语法格式如下：

```
who [参数]
```

这三个简单的字母可以快速显示出所有正在登录本机的用户的名称以及他们正在开启的终端信息。表 2-3 所示为执行 who 命令后的结果。

表 2-3　执行 who 命令后的结果

登录的用户名	终 端 设 备	登录到系统的时间
root	:0	2023-05-02 23:57（:0）
root	pts/0	2023-05-03 17:34（:0）

13. 使用 last 命令

last 命令用于查看所有系统的登录记录。last 命令的语法格式如下:

```
last [参数]
```

使用 last 命令可以查看本机的登录记录。但是,由于这些信息都是以日志文件的形式保存在系统中,因此黑客可以很容易地对内容进行篡改。千万不要单纯以该命令的输出信息而判断系统是否已被恶意入侵。

```
[root@server1~]#last
root      pts/0      :0              Thu May  3 17:34  still logged in
root      pts/0      :0              Thu May  3 17:29 -17:31  (00:01)
root      pts/1      :0              Thu May  3 00:29  still logged in
root      pts/0      :0              Thu May  3 00:24 -17:27  (17:02)
root      pts/0      :0              Thu May  3 00:03 -00:03  (00:00)
root      pts/0      :0              Wed May  2 23:58 -23:59  (00:00)
root      :0         :0              Wed May  2 23:57  still logged in
reboot    system boot 3.10.0-693.el7.x Wed May  2 23:54 -19:30  (19:36)
...
```

14. 使用 sosreport 命令

sosreport 命令用于收集系统配置及架构信息并输出诊断文档。sosreport 命令的语法格式如下:

```
sosreport
```

当 Linux 系统出现故障需要联系技术支持人员时,大多数时候都要先使用这个命令来简单收集系统的运行状态和服务配置信息,以便让技术支持人员能够远程解决一些小问题,或者让他们能提前了解某些复杂问题。在下面的输出信息中,包括了收集好的资料压缩文件以及校验码,将其发送给技术支持人员即可。

```
[root@server1 ~]#sosreport
sosreport (version 3.4)
This command will collect diagnostic and configuration information from
this Red Hat Enterprise Linux system and installed applications.
An archive containing the collected information will be generated in
/var/tmp/sos.JwpS_X and may be provided to a Red Hat support
representative.
Any information provided to Red Hat will be treated in accordance with
the published support policies at:
https://access.redhat.com/support/
The generated archive may contain data considered sensitive and its
content should be reviewed by the originating organization before being
passed to any third party.
No changes will be made to system configuration.
Press ENTER to continue, or CTRL-C to quit. (此处按 Enter 键来确认收集信息)
Please enter your first initial and last name [rhel7-1]: (此处按 Enter 键来确认主机编号)
```

```
Please enter the case id that you are generating this report for []:(此处按 Enter 键
来确认主机编号)
  Setting up archive ...
  Setting up plugins ...
  Running plugins. Please wait ...
  Running 96/96: yum...
Creating compressed archive...
Your sosreport has been generated and saved in:
/var/tmp/sosreport-rhel7-1-20180503193341.tar.xz
The checksum is: 2bf296a2349ee85d305c57f75f08dfd0
Please send this file to your support representative.
```

15. 使用 echo 命令

echo 命令用于在终端输出字符串或变量提取后的值。echo 命令的语法格式如下：

```
echo [字符串 | $变量]
```

例如，把指定字符串 long.com 输出到终端屏幕的命令如下：

```
[root@server1 ~]#echo long.com
```

该命令会在终端屏幕上显示以下信息。

```
long.com
```

下面使用 $ 变量的方式提取变量 SHELL 的值，并将其输出到屏幕上。

```
[root@server1 ~]#echo $SHELL
/bin/bash
```

16. 使用 uptime 命令

uptime 用于查看系统的负载信息。uptime 命令的语法格式如下：

```
uptime
```

uptime 命令很有用，它可以显示当前系统时间、系统已运行时间、启用终端数量以及平均负载值等信息。平均负载值是指系统在最近 1min、5min、15min 内的压力情况（下面加粗的信息部分）；负载值越低越好，尽量不要长期超过 1，在生产环境中不要超过 5。

```
[root@RHEL7-1 ~]#uptime
20:24:04 up  4:28,  3 users,  load average: 0.00, 0.01, 0.05
```

2.6 练习题

一、填空题

1. 在 Linux 系统中命令_____大小写。在命令行中，可以使用_____键来自动补齐命令。

2. 如果要在一个命令行上输入和执行多条命令，可以使用＿＿＿＿＿来分隔命令。

3. 断开一个长命令行，可以使用＿＿＿＿＿，以将一个较长的命令分成多行表达，增强命令的可读性。执行后，Shell 自动显示提示符＿＿＿＿＿，表示正在输入一个长命令。

4. 要使程序以后台方式执行，只需在要执行的命令后跟上一个＿＿＿＿＿符号。

二、选择题

1. (　　)命令能用来查找在文件 TESTFILE 中包含 4 个字符的行。

　　A. grep '????' TESTFILE

　　B. grep '....' TESTFILE

　　C. grep '^????$' TESTFILE

　　D. grep '^....$' TESTFILE

2. (　　)命令用来显示/home 及其子目录下的文件名。

　　A. ls -a /home　　　　B. ls -R /home　　　　C. ls -l /home　　　　D. ls -d /home

3. 如果忘记了 ls 命令的用法，可以采用(　　)命令获得帮助。

　　A. ?ls　　　　　　　　B. help ls　　　　　　C. man ls　　　　　　D. get ls

4. 查看系统当中所有进程的命令是(　　)。

　　A. ps all　　　　　　　B. ps aix　　　　　　C. ps auf　　　　　　D. ps aux

5. Linux 中有多个查看文件的命令，如果希望用光标可以上下移动来查看文件内容，则符合要求的命令是(　　)。

　　A. cat　　　　　　　　B. more　　　　　　　C. less　　　　　　　D. head

6. (　　)命令可以了解在当前目录下还有多大空间。

　　A. df　　　　　　　　B. du /　　　　　　　C. du .　　　　　　　D. df .

7. 假如需要找出 /etc/my.conf 文件属于哪个包(package)，可以执行(　　)命令。

　　A. rpm -q /etc/my.conf　　　　　　　　　B. rpm -requires /etc/my.conf

　　C. rpm -qf /etc/my.conf　　　　　　　　 D. rpm -q | grep /etc/my.conf

8. 在应用程序启动时，(　　)命令设置进程的优先级。

　　A. priority　　　　　　B. nice　　　　　　　C. top　　　　　　　D. setpri

9. (　　)命令可以把 f1.txt 复制为 f2.txt。

　　A. cp f1.txt | f2.txt　　　　　　　　　　B. cat f1.txt | f2.txt

　　C. cat f1.txt > f2.txt　　　　　　　　　 D. copy f1.txt | f2.txt

10. 使用(　　)命令可以查看 Linux 的启动信息。

　　A. mesg -d　　　　　　　　　　　　　　B. dmesg

　　C. cat /etc/mesg　　　　　　　　　　　 D. cat /var/mesg

三、简答题

1. more 和 less 命令有何区别？

2. Linux 系统下对磁盘的命名原则是什么？

3. 在网上下载一个 Linux 下的应用软件，其用途和基本使用方法有哪些？

2.7 项目实录：使用 Linux 基本命令

1. 观看视频

做实训前请扫描二维码观看视频。

2. 项目实训目的及内容

（1）掌握 Linux 各类命令的使用方法。

（2）熟悉 Linux 操作环境。

3. 项目背景

现在有一台已经安装好 Linux 操作系统的主机，并且已经配置好基本的 TCP/IP 参数，能够通过网络连接局域网中或远程的主机。一台 Linux 服务器，能够提供 FTP、Telnet 和 SSH 连接。

4. 做一做

根据项目实录视频进行项目的实训，检查学习效果。

2.8 实训：Linux 常用命令

1. 实训目的及内容

（1）掌握 Linux 各类命令的使用方法。

（2）熟悉 Linux 操作环境。

2. 实训环境

（1）一台已经安装好 Linux 操作系统的主机，并且已经配置好基本的 TCP/IP 参数，能够通过网络连接局域网或远程的主机。

（2）一台 Linux 服务器，能够提供 FTP、Telnet 和 SSH 连接。

3. 实训练习

（1）文件和目录类命令。

- 启动计算机，利用 root 用户登录到系统，进入字符提示界面。
- 用 pwd 命令查看当前所在的目录。
- 用 ls 命令列出此目录下的文件和目录。
- 用 -a 选项列出此目录下包括隐藏文件在内的所有文件和目录。
- 用 man 命令查看 ls 命令的使用手册。
- 在当前目录下创建测试目录 test。
- 利用 ls 命令列出文件和目录，确认 test 目录创建成功。
- 进入 test 目录，利用 pwd 命令查看当前工作目录。
- 利用 touch 命令在当前目录创建一个新的空文件 newfile。
- 利用 cp 命令复制系统文件/etc/profile 到当前目录下。
- 复制文件 profile 到一个新文件 profile.bak 作为备份。

- 用 ll 命令以长格式列出当前目录下的所有文件,注意比较每个文件的长度和创建时间的不同。
- 用 less 命令分屏查看文件 profile 的内容,注意练习 less 命令的各个子命令,例如 b、p、q 等并对 then 关键字进行查找。
- 用 grep 命令在 profile 文件中对关键字 then 进行查询,并与上面的结果比较。
- 给文件 profile 创建一个符号链接 lnsprofile 和一个硬链接 lnhprofile。
- 以长格式显示文件 profile、lnsprofile 和 lnhprofile 的详细信息。注意比较 3 个文件链接数的不同。
- 删除文件 profile,用长格式显示文件 lnsprofile 和 lnhprofile 的详细信息,比较文件 lnhprofile 的链接数的变化。
- 用 less 命令查看文件 lnsprofile 的内容,看看有什么结果。
- 用 less 命令查看文件 lnhprofile 的内容,看看有什么结果。
- 删除文件 lnsprofile,显示当前目录下的文件列表,回到上层目录。
- 用 tar 命令把目录 test 打包。
- 用 gzip 命令把打好的包进行压缩。
- 把文件 test.tar.gz 改名为 backup.tar.gz。
- 显示当前目录下的文件和目录列表,确认重命名成功。
- 把文件 backup.tar.gz 移动到 test 目录下。
- 显示当前目录下的文件和目录列表,确认移动成功。
- 进入 test 目录,显示目录中的文件列表。
- 把文件 test.tar.gz 解包。
- 显示当前目录下的文件和目录列表,复制 test 目录为 testbak 目录作为备份。
- 查找 root 用户自己的主目录下的所有名为 newfile 的文件。
- 删除 test 子目录下的所有文件。
- 利用 rmdir 命令删除空子目录 test。
- 回到上层目录,利用 rm 命令删除目录 test 和其下所有文件。

（2）系统信息类命令。
- 利用 date 命令显示系统当前时间,并修改系统的当前时间。
- 显示当前登录到系统的用户状态。
- 利用 free 命令显示内存的使用情况。
- 利用 df 命令显示系统的硬盘分区及使用状况。
- 显示当前目录下的各级子目录的硬盘占用情况。

（3）进程管理类命令。
- 使用 ps 命令查看和控制进程。
  - ➢ 显示本用户的进程。
  - ➢ 显示所有用户的进程。
  - ➢ 在后台运行 cat 命令。
  - ➢ 查看进程 cat。
  - ➢ 杀死进程 cat。

➢ 再次查看进程 cat，看其是否已被杀死。
- 使用 top 命令查看和控制进程。
    ➢ 用 top 命令动态显示当前的进程。
    ➢ 只显示用户 user01 的进程（利用 u 键）。
    ➢ 利用 k 键杀死指定进程号的进程。
- 挂起和恢复进程。
    ➢ 执行命令 cat。
    ➢ 按 Ctrl＋Z 组合键挂起进程 cat。
    ➢ 输入 jobs 命令，查看作业。
    ➢ 输入 bg，把 cat 切换到后台执行。
    ➢ 输入 fg，把 cat 切换到前台执行。
    ➢ 按 Ctrl＋C 组合键结束进程 cat。
- find 命令的使用。
    ➢ 在/var/lib 目录下查找其所有者是 games 用户的所有文件。
    ➢ 在/var 目录下查找其所有者是 root 用户的所有文件。
    ➢ 查找其所有者不是 root、bin 和 student 用户的所有文件并用长格式显示。
    ➢ 查找/usr/bin 目录下所有大小超过 1000000B 的文件并用长格式显示。
    ➢ 查找/tmp 目录下属于 student 的所有普通文件，这些文件的修改时间为 120min 以前，查询结果用长格式显示。
    ➢ 对于查到的上述文件用-ok 选项删除。

（4）rpm 软件包的管理。
- 查询系统是否安装了软件包 squid。
- 如果没有安装，则挂载 Linux 安装光盘，安装 squid 软件包。
- 卸载刚刚安装的软件包。
- 软件包的升级。
- 软件包的更新。

（5）tar 命令的使用。系统上的主硬盘在使用的时候有可怕的噪声，但是它上面存在有价值的数据。该系统在两年半以前备份过，现在决定手动备份少数几个最紧要的文件。/tmp 目录可以存储不同磁盘分区的数据，可以将文件临时备份到这个目录。
- 在/home 目录里，用 find 命令定位文件所有者是 student 的文件，然后将其压缩。
- 保存/etc 目录下的文件到/tmp 目录下。
- 列出两个文件的大小。
- 使用 gzip 压缩文档。

4. 实训报告
按要求完成实训报告。

第 3 章
Shell 与 Vim 编辑器

学习要点

- 了解 Shell 的强大功能和 Shell 的命令解释过程。
- 学会使用重定向和管道。
- 掌握正则表达式的使用方法。
- 学会使用 Vim 编辑器。

Shell 是允许用户输入命令的界面，Linux 中最常用的交互式 Shell 是 bash。本章主要介绍 Shell 的功能和 Vim 编辑器的使用。

3.1 Shell

Shell 是用户与操作系统内核之间的接口，起着协调用户与系统的一致性和在用户与系统之间进行交互的作用。

3.1.1 Shell 概述

1. Shell 的地位

Shell 在 Linux 系统中具有极其重要的地位，Linux 系统结构组成如图 3-1 所示。

2. Shell 的功能

Shell 最重要的功能是命令解释，从这种意义上来说，Shell 是一个命令解释器。Linux 系统中的所有可执行文件都可以作为 Shell 命令来执行。将可执行文件进行一下分类，如表 3-1 所示。

表 3-1 可执行文件的分类

类　　别	说　　明
Linux 命令	存放在/bin、/sbin 目录下
内置命令	出于效率的考虑，将一些常用命令的解释程序构造在 Shell 内部
实用程序	存放在/usr/bin、/usr/sbin、/usr/local/bin 等目录下
用户程序	用户程序经过编译生成可执行文件后，也可作为 Shell 命令运行
Shell 脚本	由 Shell 语言编写的批处理文件

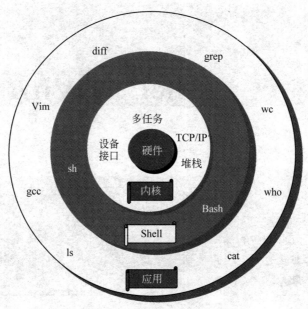

图 3-1　Linux 系统结构组成

　　当用户提交了一个命令后，Shell 首先判断它是否为内置命令，如果是内置命令，就通过 Shell 内部的解释器将其解释为系统功能调用并转交给内核执行；若是外部命令或实用程序，就试图在硬盘中查找该命令并将其调入内存，再将其解释为系统功能调用并转交给内核执行。在查找该命令时分为以下两种情况。

　　（1）用户给出了命令路径，Shell 就沿着用户给出的路径查找，若找到则调入内存；若没有找到则输出提示信息。

　　（2）用户没有给出命令的路径，Shell 就在环境变量 PATH 所指定的路径中依次进行查找，若找到则调入内存；若没有找到则输出提示信息。

　　图 3-2 描述了 Shell 执行命令解释的过程。

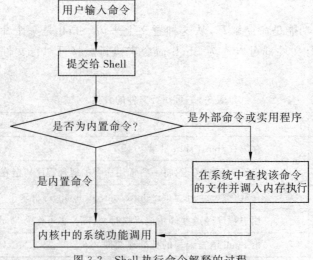

图 3-2　Shell 执行命令解释的过程

此外，Shell 还具有以下一些功能。

- Shell 环境变量。
- 正则表达式。
- 输入/输出重定向与管道。

3. Shell 的主要版本

表 3-2 列出了几种常见的 Shell 版本。

表 3-2　Shell 的不同版本

版　　本	说　　明
Bourne Again Shell（bash.bsh 的扩展）	bash 是大多数 Linux 系统的默认 Shell。bash 与 bsh 完全向后兼容，并且在 bsh 的基础上增加和增强了很多特性。bash 也包含了很多 C Shell 和 Korn Shell 中的优点。bash 有很灵活和强大的编程接口，同时又有很友好的用户界面
Korn Shell(ksh)	Korn Shell(ksh)由 Dave Korn 所写。它是 UNIX 系统上的标准 Shell。另外，在 Linux 环境下有一个专门为 Linux 系统编写的 Korn Shell 的扩展版本，即 Public Domain.Korn Shell(pdksh)
tcsh(csh 的扩展)	tcsh 是 C.Shell 的扩展。tcsh 与 csh 完全向后兼容，但它包含了更多的使用户感觉方便的新特性，其最大的提高是在命令行编辑和历史浏览方面

3.1.2　Shell 环境变量

Shell 支持具有字符串值的变量。Shell 变量不需要专门的说明语句，通过赋值语句完成变量说明并予以赋值。在命令行或 Shell 脚本文件中使用 $name 的形式引用变量 name 的值。

1. 变量的定义和引用

在 Shell 中，变量的赋值格式如下：

```
name=string
```

其中，name 是变量名，它的值就是 string；"＝"是赋值符号。变量名是以字母或下画线开头的字母、数字和下画线字符序列。

通过在变量名(name)前加 $ 字符(如 $name)引用变量的值，引用的结果就是用字符串 string 代替 $name。此过程也称为变量替换。

在定义变量时，若 string 中包含空格、制表符和换行符，则 string 必须用'string'(或者"string")的形式，即用单(双)引号将其括起来。双引号内允许变量替换，而单引号内则不可以。

下面给出一个定义和使用 Shell 变量的例子。

```
//显示字符常量
$echo who are you
who are you
$echo 'who are you'
```

```
who are you
$ echo "who are you"
who are you
$
//由于要输出的字符串中没有特殊字符,所以''和""的效果是一样的
$ echo Je t'aime
>
/* 由于要使用特殊字符('),但"'"不匹配,Shell 认为命令行没有结束,按 Enter 键后会出现系统
   第二提示符,让用户继续输入命令行,按 Ctrl+C 组合键结束 */
$
```

为了解决这个问题,可以使用下面的两种方法。

```
$ echo "Je t'aime"
Je t'aime
$ echo Je t\'aime
Je t'aime
```

2. Shell 变量的作用域

与程序设计语言中的变量一样,Shell 变量有其规定的作用范围。Shell 变量分为局部变量和全局变量。

（1）局部变量的作用范围仅限制在其命令行所在的 Shell 或 Shell 脚本文件中。

（2）全局变量的作用范围则包括本 Shell 进程及其所有子进程。

（3）可以使用 export 内置命令将局部变量设置为全局变量。

下面给出一个 Shell 变量作用域的例子。

```
//在当前 Shell 中定义变量 var1
$ var1=Linux
//在当前 Shell 中定义变量 var2 并将其输出
$ var2=unix
$ export var2
//引用变量的值
$ echo $ var1
Linux
$ echo $ var2
Unix
//显示当前 Shell 的 PID
$ echo $ $
2670
$
//调用子 Shell
$ bash
//显示当前 Shell 的 PID
$ echo $ $
```

```
2709
//由于 var1 没有使用 export 命令,所以在子 Shell 中已无值
$echo $var1
//由于 var2 使用 export 命令,所以在子 Shell 中仍有值
$echo $var2
unix
//返回主 Shell,并显示变量的值
$exit
$echo $$
2670
$echo $var1
Linux
$echo $var2
unix
$
```

3. 环境变量

环境变量是指由 Shell 定义和赋初值的 Shell 变量。Shell 用环境变量来确定查找路径、注册目录、终端类型、终端名称、用户名等。所有环境变量都是全局变量,并可以由用户重新设置。表 3-3 列出了 Shell 中常用的环境变量。

表 3-3　Shell 中的环境变量

环境变量名	说　　明
EDITOR、FCEDIT	bash fc 命令的默认编辑器
HISTFILE	用于存储历史命令的文件
HISTSIZE	历史命令列表的大小
HOME	当前用户的用户目录
OLDPWD	前一个工作目录
PATH	bash 寻找可执行文件的搜索路径
PS1	命令行的一级提示符
PS2	命令行的二级提示符
PWD	当前工作目录
SECONDS	当前 Shell 开始后所经过的秒数

不同类型的 Shell 的环境变量有不同的设置方法。在 bash 中,设置环境变量用 set 命令,其语法格式如下:

```
set 环境变量=变量的值
```

例如,设置用户的主目录为/home/john,可以用以下命令。

```
$set HOME=/home/john
```

不加任何参数地直接使用 set 命令,可以显示出用户当前所有环境变量的设置,程序如下:

```
$set
BASH=/bin/bash
BASH_ENV=/root/.bashrc
...
PATH=/usr/local/sbin:/usr/local/bin:/usr/sbin:/usr/bin:/sbin:/bin:/usr/bin/X11
PS1='[\u@\h \W]\$'
PS2='> '
SHELL=/bin/bash
```

可以看到其中路径 PATH 的设置为

```
PATH=/usr/local/sbin:/usr/local/bin:/usr/sbin:/usr/bin:/sbin:/bin:/usr/bin/X11
```

PATH 中总共有 7 个目录,bash 会在这些目录中依次搜索用户输入命令的可执行文件。

在环境变量前面加上 $ 符号,表示引用环境变量的值,例如:

```
#cd $HOME
```

将把目录切换到用户的主目录。

当修改 PATH 变量时,如将一个路径/tmp 加到 PATH 变量前,应设置为

```
#PATH=/tmp:$PATH
```

此时,在保存原有 PATH 路径的基础上进行了添加。Shell 在执行命令前,会先查找这个目录。

要将环境变量重新设置为系统默认值,可以使用 unset 命令。例如,下面的命令用于将当前的语言环境重新设置为默认的英文状态。

```
#unset LANG
```

4. 工作环境设置文件

Shell 环境依赖于多个文件的设置。用户并不需要每次登录后都对各种环境变量进行手工设置,通过环境设置文件,用户工作环境的设置可以在登录的时候自动由系统来完成。环境设置文件有两种:一种是系统环境设置文件;另一种是用户环境设置文件。

(1) 系统中的用户工作环境设置文件。

① 登录环境设置文件:/etc/profile。

② 非登录环境设置文件：/etc/bashrc。

（2）用户设置的环境设置文件。

① 登录环境设置文件：$ HOME/.bash_profile。

② 非登录环境设置文件：$ HOME/.bashrc。

只有在特定的情况下才读取 profile 文件，确切地说是在用户登录的时候。当运行 Shell 脚本以后，就无须再读 profile。

系统中的用户环境文件设置对所有用户均生效，而用户设置的环境设置文件对用户自身生效。用户可以修改自己的用户环境设置文件来覆盖在系统环境设置文件中的全局设置。例如：

① 用户可以将自定义的环境变量存放在 $ HOME/.bash_profile 中。

② 用户可以将自定义的别名存放在 $ HOME/.bashrc 中，以便在每次登录和调用子 Shell 时生效。

3.1.3　正则表达式

1. grep 命令

在第 2 章已介绍过 grep 命令的用法。grep 命令用来在文本文件中查找内容，它的名字源于"global regular expression print"。指定给 grep 的文本模式叫作"正则表达式"。它可以是普通的字母或者数字，也可以使用特殊字符来匹配不同的文本模式。稍后将更详细地讨论正则表达式。grep 命令打印出所有符合指定规则的文本行。例如：

```
$ grep 'match_string'file
```

即从指定文件中找到含有字符串的行。

2. 正则表达式字符

Linux 定义了一个使用正则表达式的模式识别机制。Linux 系统库包含了对正则表达式的支持，鼓励程序中使用这个机制。

遗憾的是 Shell 的特殊字符辨认系统没有利用正则表达式，因为它们比 Shell 自己的缩写更加难用。Shell 的特殊字符和正则表达式很相似，为了正确利用正则表达式，用户必须了解两者之间的区别。

由于正则表达式使用了一些特殊字符，所以所有的正则表达式都必须用单引号括起来。

正则表达式字符可以包含某些特殊的模式匹配字符。句点匹配任意一个字符，相当于 Shell 的问号（?）。紧接句号之后的星号匹配零个或多个任意字符，相当于 Shell 的星号（*）。方括号的用法与 Shell 的一样，只是用"^"代替了"!"，表示匹配不在指定列表内的字符。

表 3-4 列出了正则表达式的模式匹配字符。

表 3-4 正则表达式的模式匹配字符

模式匹配字符	说　明
.	匹配单个任意字符
[list]	匹配字符串列表中的其中一个字符
[range]	匹配指定范围中的一个字符
[^]	匹配指定字符串或指定范围中以外的一个字符

表 3-5 列出了与正则表达式模式匹配字符配合使用的量词。

表 3-5 与正则表达式模式匹配字符配合使用的量词

量　词	说　明	量　词	说　明
*	匹配前一个字符零次或多次	$\backslash\{n,\backslash\}$	匹配前一个字符至少 n 次
$\backslash\{n\backslash\}$	匹配前一个字符 n 次	$\backslash\{n,m\backslash\}$	匹配前一个字符 $n\sim m$ 次

表 3-6 列出了正则表达式中可用的控制字符。

表 3-6 正则表达式中可用的控制字符

控制字符	说　明	控制字符	说　明
^	只在行头匹配正则表达式	\	引用特殊字符
$	只在行末匹配正则表达式		

控制字符是用来标记行头或者行尾的，支持统计字符串的出现次数。

非特殊字符代表它们自己。如果要表示特殊字符，需要在前面加上反斜杠。

例如：

```
help                    //匹配包含 help 的行
\..$                    //匹配倒数第 2 个字符是句点的行
^...$                   //匹配只有 3 个字符的行
^[0-9]\{3\}[^0-9]       //匹配以 3 个数字开头，跟着是一个非数字字符的行
^\([A-Z][A-Z]\)*$       //匹配只包含偶数个大写字母的行
```

3.1.4　输入/输出重定向与管道

1. 重定向

所谓重定向，就是不使用系统的标准输入端口、标准输出端口或标准错误端口，而重新进行指定，所以重定向分为输入重定向、输出重定向和错误重定向。通常情况下重定向到一个文件。在 Shell 中，要实现重定向，主要依靠重定向符实现，即 Shell 是检查命令行中有无重定向符来决定是否需要实施重定向。表 3-7 列出了常用的重定向符。

需要注意的是，在实际执行命令之前，命令解释程序会自动打开（如果文件不存在，则自

动创建)且清空该文件(文件中已存在的数据将被删除)。当命令完成时,命令解释程序会正确地关闭该文件,而命令在执行时并不知道它的输出流已被重定向。

表 3-7　重定向符

重定向符	说　　明
<	实现输入重定向。输入重定向并不经常使用,因为大多数命令都以参数的形式在命令行上指定输入文件的文件名。尽管如此,当使用一个不接受文件名为输入多数的命令,而需要的输入又是在一个已存在的文件中时,就能用输入重定向解决问题
>或>>	实现输出重定向。输出重定向比输入重定向更常用。输出重定向使用户能把一个命令的输出重定向到一个文件中,而不是显示在屏幕上。在很多情况下都可以使用这种功能。例如,如果某个命令的输出很多,在屏幕上不能完全显示,即可以把它重定向到一个文件中,稍后再用文本编辑器来打开这个文件
2>或2>>	实现错误重定向
&>	同时实现输出重定向和错误重定向

下面举几个使用重定向的例子。

(1) 将 ls 命令生成的/tmp 目录的一个清单存放到当前目录中的 dir 文件中。

```
$ls -l  /tmp >dir
```

(2) 将 ls 命令生成的/tmp 目录的一个清单以追加的方式存放到当前目录中的 dir 文件中。

```
$ls -l /tmp >>dir
```

(3) 将 passwd 文件的内容作为 wc 命令的输入。

```
$wc</etc/passwd
```

(4) 将命令 myprogram 的错误信息保存在当前目录下的 err_file 文件中。

```
$myprogram 2>err_file
```

(5) 将命令 myprogram 的输出信息和错误信息保存在当前目录下的 output_file 文件中。

```
$myprogram &>output_file
```

(6) 将命令 ls 的错误信息保存在当前目录下的 err_file 文件中。

```
$ls -l 2>err_file
```

该命令并没有产生错误信息,但 err_file 文件中的原文件内容会被清空。

当输入重定向符时，命令解释程序会检查目标文件是否存在。如果文件不存在，命令解释程序将会根据给定的文件名创建一个空文件；如果文件已经存在，命令解释程序则会清除其内容并准备写入命令的输出结果。这种操作方式表明：当重定向到一个已存在的文件时需要十分小心，数据很容易在用户还没有意识到之前就丢失了。

bash 输入/输出重定向可以通过使用下面的选项设置为不覆盖已存在的文件。

```
$ set -o noclobber
```

这个选项仅用于对当前命令解释程序输入/输出进行重定向，而其他程序仍可能覆盖已存在的文件。

（7）/dev/null。空设备的一个典型用法是丢弃从 find 或 grep 等命令送来的错误信息。

```
$ grep delegate /etc/* 2>/dev/null
```

上面的 grep 命令的含义是从/etc 目录下的所有文件中搜索包含字符串 delegate 的所有行。由于是在普通用户的权限下执行该命令，grep 命令是无法打开某些文件的，系统会显示许多"未得到允许"的错误提示。通过将错误重定向到空设备，可以在屏幕上只得到有用的输出。

2. 管道

许多 Linux 命令具有过滤特性，即一条命令通过标准输入端口接收一个文件中的数据，命令执行后产生的结果数据又通过标准输出端口送给后一条命令，作为该命令的输入数据。后一条命令也是通过标准输入端口接收输入数据。

Shell 提供管道命令"|"将这些命令前后衔接在一起，形成一个管道线。Shell 命令的语法格式如下：

```
命令 1|命令 2|…|命令 n
```

管道线中的每一条命令都作为一个单独的进程运行，每一条命令的输出作为下一条命令的输入。由于管道线中的命令总是按从左到右的顺序执行的，因此管道线是单向的。

管道线的实现创建了 Linux 系统管道文件并进行重定向。但是管道不同于 I/O 重定向，输入重定向导致一个程序的标准输入来自某个文件，输出重定向是将一个程序的标准输出写到一个文件中，而管道是直接将一个程序的标准输出与另一个程序的标准输入相连接，不需要经过任何中间文件。

例如，我们运行命令 who 来找出谁已经登录进入系统。

```
$ who >tmpfile
```

该命令的输出结果是每个用户对应一行数据，其中包含了一些有用的信息，我们将这些信息保存在临时文件中。

现在运行下面的命令。

```
$ wc -l<tmpfile
```

该命令会统计临时文件的行数,最后的结果是登录系统中的用户的人数。

可以将以上两个命令组合起来:

```
$ who | wc -l
```

管道符号告诉命令解释程序将左边的命令(在本例中为 who)的标准输出流连接到右边的命令(在本例中为 wc -l)的标准输入流。现在命令 who 的输出不经过临时文件就可以直接送到命令 wc 中。

下面再举几个使用管道的例子。

(1) 以长格式递归的方式分屏显示/etc 目录下的文件和目录列表。

```
$ ls -Rl  /etc | more
```

(2) 分屏显示文本文件/etc/passwd 的内容。

```
$ cat /etc/passwd | more
```

(3) 统计文本文件/etc/passwd 的行数、字数和字符数。

```
$ cat /etc/passwd | wc
```

(4) 查看是否存在 john 用户账号。

```
$ cat /etc/passwd | grep john
```

(5) 查看系统是否安装了 apache 软件包。

```
$ rpm -qa | grep apache
```

(6) 显示文本文件中的若干行。

```
$ tail +15 myfile | head -3
```

管道仅能操纵命令的标准输出流。如果标准错误输出未重定向,那么任何写入其中的信息都会在终端显示屏幕上显示。管道可用来连接两个以上的命令。由于使用了一种称为过滤器的服务程序,多级管道在 Linux 中是很普遍的。过滤器只是一段程序,它从自己的标准输入流读入数据,然后写到自己的标准输出流中,这样就能沿着管道过滤数据。例如:

```
$ who | grep ttyp | wc -l
```

who 命令的输出结果由 grep 命令来处理,而 grep 命令则过滤(丢弃)所有不包含字符串"ttyp"的行。这个输出结果经过管道送到命令 wc,而该命令的功能是统计剩余的行数,这些行数与网络用户的人数相对应。

Linux 系统的一个最大优势就是按照这种方式将一些简单的命令连接起来,形成更复杂的、功能更强的命令。那些标准的服务程序仅仅是一些管道应用的单元模块，它们的作用在管道中更加明显。

3.2 Vim 编辑器

Vi 是 vimsual interface 的简称，Vim 在 Vi 的基础上改进和增加了很多特性，它是纯粹的自由软件，它可以执行输出、删除、查找、替换、块操作等众多文本操作，而且用户可以根据自己的需要对其进行定制，这是其他编辑程序所不具备的。Vim 不是一个排版程序，它不像 Word 或 WPS 那样可以对字体、格式、段落等其他属性进行编排，它只是一个文本编辑程序。Vim 是全屏幕文本编辑器，它没有菜单，只有命令。

3.2.1 Vim 的启动与退出

在系统提示符后输入 Vim 和想要编辑（或建立）的文件名便可进入 Vim，例如：

```
$ vim myfile
$ vim
```

如果只输入 Vim，而不带文件名，也可以进入 Vim，如图 3-3 所示。

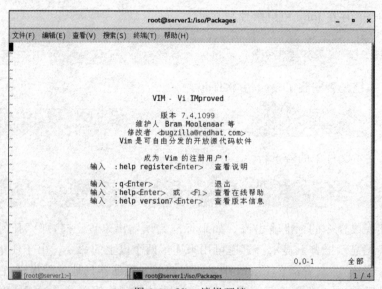

图 3-3　Vim 编辑环境

在命令模式下输入":q"":q!"":wq"或":x"（注意":"号），就会退出 Vim。其中，":wq"和":x"是存盘退出，而":q"是直接退出。如果文件已有新的变化，Vim 会提示保存文件，":q"命令也会失效，这时可以用":w"命令保存文件后再用":q"命令退出，或用":wq"":x"命令退出。如果不想保存改变后的文件，就需要用":q!"命令，这个命令将不保存文件而直接退出 Vim。例如：

```
:w                          //保存
:w filename                 //另存的文件为 filename
:wq!                        //保存后退出
:wq! filename               //以 filename 为文件名保存后退出
:q!                         //不保存并退出
:x                          //保存并退出,功能和":wq!"相同
```

3.2.2　Vim 的工作模式

Vim 有 3 种基本工作模式:编辑模式、插入模式和命令模式。考虑到各种用户的需要,采用状态切换的方法实现工作模式的转换。切换只是习惯性的问题,一旦能够熟练使用 Vim,就会觉得它其实也很好用。

进入 Vim 之后,首先进入的是编辑模式。进入编辑模式后 Vim 等待编辑命令输入而不是文本输入,也就是说这时输入的字母都将作为编辑命令来解释。

进入编辑模式后光标停在屏幕第一行首位,用"_"表示,其余各行的行首均有一个"～"符号,表示该行为空行。最后一行是状态行,显示出当前正在编辑的文件名及其状态。如果是"[New File]",则表示该文件是一个新建的文件;如果输入 Vim 并带文件名后,文件已在系统中存在,则在屏幕上显示出该文件的内容,并且光标停在第一行的首位,在状态行显示出该文件的文件名、行数和字符数。

在编辑模式下输入插入命令 i、附加命令 a、打开命令 o、修改命令 c、取代命令 r 或替换命令 s 都可以进入插入模式。在插入模式下,用户输入的任何字符都被 Vim 当作文件内容保存起来,并将其显示在屏幕上。在文本输入过程中(插入模式下),若想回到命令模式下,按 Esc 键即可。

在编辑模式下,用户按":"键即可进入命令模式,此时 Vim 会在显示窗口的最后一行(通常也是屏幕的最后一行)显示一个":"作为命令模式的提示符,等待用户输入命令。多数文件管理命令都是在此模式下执行的。末行命令执行完后,Vim 自动回到编辑模式。

若在命令模式下输入命令过程中改变了主意,可用退格键将输入的命令全部删除之后,再按一下 Backspace 键,即可使 Vim 回到编辑模式。

3.2.3　Vim 命令

在编辑模式下,输入表 3-8 所示的命令均可进入插入模式。

表 3-8　进入插入模式的命令

类　型	命　令	说　　　明
进入插入模式	i	从光标所在位置前开始插入文本
	I	将光标移到当前行的行首,然后在其前插入文本
	a	用于在光标当前所在位置之后追加新文本
	A	将光标移到所在行的行尾,从那里开始插入新文本
	o	在光标所在行的下面新开一行,并将光标置于该行行首,等待输入
	O	在光标所在行的上面插入一行,并将光标置于该行行首,等待输入

表 3-9 列出了常用的命令模式命令。

表 3-9 常用的命令模式命令

类　型	命　令	说　明
跳行	:n	直接输入要移动到的行号即可实现跳行
退出	:q	退出 Vim
	:wq	保存退出 Vim
	:q!	不保存退出 Vim
文件相关	:w	在光标所在行的下面新开一行，并将光标置于该行行首，等待输入
	:w file	在光标所在行的上面插入一行，并将光标置于该行行首，等待输入
	:n1,n2w file	将从 n1 开始到 n2 结束的行写到 file 文件中
	:nw file	将第 n 行写到 file 文件中
	:1,.w file	将从第 1 行起到光标当前位置的所有内容写到 file 文件中
	:.,$ w file	将从光标当前位置起到文件结尾的所有内容写到 file 文件中
	:r file	打开另一个文件 file
	:e file	新建 file 文件
	:f file	把当前文件改名为 file 文件
字符串搜索、替换和删除	:/str/	从当前光标开始往右移动到有 str 的地方
	:?str?	从当前光标开始往左移动到有 str 的地方
	:/str/w file	将包含 str 的行写到文件 file 中
	:/str1/,/str2/w file	将从 str1 开始到 str2 结束的内容写入 file
	:s/str1/str2/	将第 1 个 str1 替换为 str2
	:s/str1/str2/g	将所有的 str1 替换为 str2
文本的复制、删除和移动	:n1,n2 co n3	将从 n1 开始到 n2 为止的所有内容复制到 n3 后面
	:n1,n2 m n3	将从 n1 开始到 n2 为止的所有内容移动到 n3 后面
	:d	删除当前行
	:nd	删除第 n 行
	:n1,n2 d	删除从 n1 开始到 n2 为止的所有内容
	:.,$ d	删除从当前行到结尾的所有内容
	:/str1/,/str2/d	删除从 str1 开始到 str2 为止的所有内容
执行 Shell 命令	:!Cmd	运行 Shell 命令 Cmd
	:n1,n2 w! Cmd	将 n1 到 n2 行的内容作为 Cmd 命令的输入。如果不指定 n1 和 n2，则将整个文件的内容作为命令 Cmd 的输入
	:r ! Cmd	将命令运行的结果写入当前行位置

这些命令看似复杂，其实使用时非常简单。例如，删除也带有剪切的意思，当删除文字

时,可以把光标移动到某处,按 Shift+P 组合键把内容贴在原处;然后移动光标到某处,再按 P 键或 Shift+P 组合键把内容又贴上。

```
P                       //光标之后粘贴
Shift+P                 //在光标之前粘贴
```

当进行查找和替换时,按 Esc 键进入命令模式,然后输入/或?就可以进行查找。例如: 在一个文件中查找 swap 单词,首先按 Esc 键,进入命令模式,然后输入

```
/swap
```

或

```
?swap
```

若把光标所在的行中的所有单词 the 替换成 THE,则需输入

```
:s /the/THE/g
```

仅仅是把第 1 行到第 10 行中的 the 替换成 THE,则需输入

```
:1,10  s /the/THE/g
```

这些编辑指令非常灵活,基本上可以说是由指令与范围所构成。需要注意的是,此处采用 PC 的键盘来说明 Vim 的操作,但在具体的环境中还要参考相应的资料。

3.3　练习题

一、填空题

1. 由于核心在内存中是受保护的区块,因此必须通过_____将输入的命令与 Kernel 沟通,以便让 Kernel 可以控制硬件正确无误地工作。

2. 系统合法的 Shell 均写在_____文件中。

3. 用户默认登录取得的 Shell 记录于_____的最后一个字段。

4. bash 的功能主要有_____、_____、_____、_____、_____。

5. Shell 变量有其规定的作用范围,可以分为_____与_____。

6. _____可以观察目前 bash 环境下的所有变量。

7. 通配符主要有_____、_____、_____等。

8. 正则表示法就是处理字符串的方法,是以_____为单位来进行字符串的处理的。

9. 正则表示法通过一些特殊符号的辅助可以让使用者轻易地_____、_____、_____某个或某些特定的字符串。

10. 正则表示法与通配符是完全不一样的。_____代表的是 bash 操作接口的一个功能,而_____是一种字符串处理的表示方式。

二、简述题

1. Vim 的 3 种运行模式是什么？如何切换？

2. 什么是重定向？什么是管道？什么是命令替换？

3. Shell 变量有哪两种？分别如何定义？

4. 用户如何设置自己的工作环境？

5. 关于正则表达式的练习,首先要设置好环境,输入以下命令。

```
$ cd
$ cd /etc
$ ls -a >~/data
$ cd
```

这样,/etc 目录下的所有文件的列表就会保存在主目录下的 data 文件中。

再写出可以在 data 文件中查找满足条件的所有行的正则表达式。

(1) 以 P 开头。

(2) 以 y 结尾。

(3) 以 m 开头,以 d 结尾。

(4) 以 e、g 或 l 开头。

(5) 包含 o,它后面跟着 u。

(6) 包含 o,隔一个字母之后是 u。

(7) 以小写字母开头。

(8) 包含一个数字。

(9) 以 s 开头,包含一个 n。

(10) 只含有 4 个字母。

(11) 只含有 4 个字母,但不包含 f。

3.4 项目实录

项目实录一: Shell 编程

1. 观看视频

做实训前请扫描二维码观看视频。

2. 项目实训目的及内容

(1) 掌握 Shell 环境变量、管道、输入/输出重定向的使用方法。

(2) 熟悉 Shell 程序设计的方法。

3. 项目背景

(1) 如果想利用循环计算 $1+2+3+\cdots+100$ 的值,该怎样编写程序？

如果想要让用户自行输入一个数字,让程序由 $1+2+\cdots$ 直到你输入的数字为止,该如何编写程序呢？

(2) 创建一个脚本,名为/root/batchusers,此脚本能为系统创建本地用户,并且这些用户的用户名来自一个包含用户名列表的文件。同时满足下列要求。

- 此脚本要求提供一个参数,此参数就是包含用户名列表的文件。
- 如果没有提供参数,此脚本应该给出提示信息"Usage:/root/batchusers",然后退出并返回相应的值。
- 如果提供一个不存在的文件名,此脚本应该给出提示信息"input file not found",然后退出并返回相应的值。
- 创建的用户登录 Shell 为/bin/false。
- 此脚本需要为用户设置默认密码 123456。

4. 做一做

根据项目实录视频进行项目的实训,检查学习效果。

项目实录二:Vim 编辑器

1. 观看视频

做实训前请扫描二维码观看视频。

2. 项目实训目的及内容

(1) 掌握 Vim 编辑器的启动与退出方法。

(2) 掌握 Vim 编辑器的 3 种模式及使用方法。

(3) 熟悉 C/C++ 编译器 gcc 的使用方法。

3. 项目背景

在 Linux 操作系统中设计一个 C 语言程序,当程序运行时显示如图 3-4 所示的运行结果。

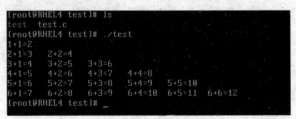

图 3-4 程序运行结果

4. 做一做

根据项目实录视频进行项目的实训,检查学习效果。

3.5 实训

实训一:Shell 的使用

1. 实训目的及内容

练习使用 Shell 的各项功能。

2. 实训练习

（1）命令补齐功能。

- 用 date 命令查看系统当前的时间，在输入 da 后，按 Tab 键，让 Shell 自动补齐命令的后半部分。
- 用 mkdir 命令创建新的目录。首先输入第一个字母 m，然后按 Tab 键。由于以 m 开头的命令太多，Shell 会提示是否显示全部的可能命令，再输入 n。
- 接着输入一个字母 k，按 Tab 键，让 Shell 列出以 mk 开头的所有命令。
- 在列表中查找 mkdir 命令，看看还需要多输入几个字母才能确定 mkdir 这个命令，然后输入需要的字母，再按 Tab 键，让 Shell 补齐剩下的命令。
- 最后输入要创建的目录名，按 Enter 键执行命令。
- 多试几个命令并利用 Tab 键补齐。

（2）命令别名功能。

- 输入 alias 命令，显示目前已经设置好的命令的别名。
- 设置别名 ls 为 ls -l，以长格式显示文件列表。
- 显示别名 ls 代表的命令，确认设置生效。
- 使用别名 ls 显示当前目录中的文件列表。
- 在使定义的别名不失效的情况下，使用系统的 ls 命令显示当前目录中的命令列表。
- 删除别名。
- 显示别名 ls，确认删除别名已经生效。
- 用命令 ls 显示当前目录中的文件列表。

（3）输出重定向。

- 用 ls 命令显示当前目录中的文件列表。
- 使用输出重定向，把 ls 命令在终端上显示的当前目录中的文件列表重定向到文件 list 中。
- 查看文件 list 中的内容，注意在列表中会多出一个文件 list，其长度为 0。这说明 Shell 首先创建了一个空文件，然后再运行 ls 命令。
- 再次使用输出重定向，把 ls 命令在终端上显示的当前目录中的文件列表重定向到文件 list 中。这次使用管道符号＞＞进行重定向。
- 查看文件 list 的内容，可以看到用＞＞进行重定向是把新的输出内容附加在文件的末尾，注意其中两行 list 文件的信息中文件大小的区别。

（4）输入重定向。

- 使用输入重定向，把上面生成的文件 list 用 mail 命令发送给自己。
- 查看新邮件，看看收到的新邮件中其内容是否为 list 文件中的内容。

（5）管道。

- 利用管道和 grep 命令在上面建立的文件 list 中查找字符串 list。
- 利用管道和 wc 命令计算文件 list 中的行数、单词数和字符数。

（6）查看和修改 Shell 变量。

- 用 echo 命令查看环境变量 PATH 的值。
- 设置环境变量 PATH 的值，把当前目录加入命令搜索路径中。

- 用 echo 命令查看环境变量 PATH 的值。
- 比较前后两次的变化。

3. 实训报告

按要求完成实训报告。

实训二：Vim 编辑器的使用

1. 实训目的及内容

通过练习两个 C 程序学习 Vim 的启动、存盘、文本输入、现有文件的打开、光标移动、复制/剪贴、查找/替换等命令。

2. 实训练习

（1）在 Vim 中编写一个 abc.c 程序，对程序进行编译、链接、运行。程序具体如下：

```
[student@server1 student]$cd abc
[student@server1 abc]$vim abc.c
main()
{
     int i,sum=0;
     for(i=0;i<=100;i++)
     {
          sum=sum+i;
     }
     printf("\n1+2+3+…+99+100=%d\n",sum);
}
[student@server1 abc]$gcc -o abc abc.c
[student@server1 abc]$ls
     abc abc.c
[student@server1 abc]$./abc
     1+2+3+…+99+100=5050
[student@server1 abc]$
```

从如上内容的基础上总结 Vim 的启动、存盘、文本输入、现有文件的打开、光标移动、复制/剪贴、查找/替换等命令。

（2）编写一个程序解决"鸡兔同笼"问题。

参考程序如下：

```
#include<stdio.h>
main()
{
    int h,f;
    int x,y;
    printf("请输入头数和脚数:");
    scanf("%d,%d",&h,&f);
    x=(4*h-f)/2;
    y=(f-2*h)/2;

    printf("鸡=%d 兔子=%d",x,y);
}
```

运行结果如下：

请输入头数和脚数：18,48
鸡＝12 兔子＝6

鸡＋兔子＝头，2 鸡＋4 兔子＝脚；即 x＋y＝h，2x＋4y＝f。

3. 实训思考题

（1）输出重定向＞和＞＞的区别是什么？

（2）什么是 Shell？Shell 分为哪些种类？

（3）某用户登录 Linux 系统后得到的 Shell 命令提示符为"［root@long ～］#"，请根据此提示符给出登录的用户名、主机名、当前目录。

4. 实训报告

按要求完成实训报告。

第 4 章
学习 Shell Script

如果想要管理好主机,一定要好好学习 Shell Script。Shell Script 有点像早期的批处理,即将一些命令汇总起来一次运行。但是 Shell Script 拥有更强大的功能,那就是它可以进行类似程序的撰写,并且不需要经过编译就能够运行,非常方便。同时,用户还可以通过 Shell Script 来简化日常的工作管理。在整个 Linux 的环境中,一些服务的启动都是通过 Shell Script 来运行的,如果对 Shell Script 不了解,一旦发生问题,就会误事。

4.1 初识 Shell Script

4.1.1 了解 Shell Script

什么是 Shell Script? 从字面含义可以将其分为两部分。在 Shell 部分,第 3 章中已经提到过,是在命令行界面下让用户与系统沟通的一个工具接口。那么 Script 是什么呢? 从字面含义来说,是脚本、剧本的意思。

Shell Script 是利用 Shell 的功能所写的一个程序。这个程序使用纯文本文件,将一些 Shell 的语法与命令(含外部命令)写在里面,搭配正则表达式、管道命令与数据流重定向等功能,以达到所要的处理目的。

所以,简单地说,Shell Script 就像是早期 DOS 年代的批处理文件(.bat),最简单的功能就是将许多命令写在一起,让用户能够轻松处理复杂的操作(运行一个 Shell Script,就能够一次运行多个命令)。Shell Script 能提供数组、循环、条件与逻辑判断等重要功能,让用户可以直接以 Shell 来撰写程序,而不必使用类似 C 语言程序等传统程序撰写的语法。

Shell Script 可以被简单地看成批处理文件,也可以被说成是一个程序语言,并且这个程序语言都是利用 shell 与相关工具命令组成的,所以不需要编译即可运行。另外,Shell Script 还具有不错的排错(debug)工具,所以,它可以帮助系统管理员快速地管理好主机。

4.1.2 编写与执行一个 Shell Script

1. 脚本的内容

Shell 脚本是以行为单位，在执行脚本的时候会分解成一行一行依次执行。脚本中所包含的成分主要有注释、命令、Shell 变量和流程控制语句。

- 注释：用于对脚本进行解释和说明，在注释行的前面加上符号"♯"，这样在执行脚本的时候 Shell 就不会对该行进行解释。
- 命令：在 Shell 脚本中可以出现任何在交互方式下能够使用的命令。
- Shell 变量：Shell 支持具有字符串值的变量。Shell 变量不需要专门的说明语句，通过赋值语句完成变量说明并予以赋值。在命令行或 Shell 脚本文件中使用 $name 的形式引用变量 name 的值。
- 流程控制语句：主要为一些用于流程控制的内部命令。

表 4-1 列出了 Shell 中用于流程控制的内置命令。

表 4-1　Shell 中用于流程控制的内置命令

命 令	说 明
text expr 或［expr］	用于测试一个表达式 expr 值的真假
if expr then command-table fi	用于实现单分支结构
if expr then command-table else command-table fi	用于实现双分支结构
case…case	用于实现多分支结构
for…do…done	用于实现 for 型循环
while…do…done	用于实现当型循环
until…do…done	用于实现直到型循环
Break	用于跳出循环结构
Continue	用于重新开始下一轮循环

2. 脚本的建立与执行

用户可以使用任何文本编辑器编辑 Shell 脚本文件，如 Vim、gedit 等。

Shell 对 Shell 脚本文件的调用可以采用以下 3 种方式。

（1）将文件名作为 Shell 命令的参数。其语法格式如下：

```
$bash script_file
```

当要被执行的脚本文件没有可执行权限时只能使用这种调用方式。

（2）先将脚本文件的访问权限改为可执行，以便该文件可以作为执行文件调用。具体方法如下：

```
$chmod +x script_file
$PATH=$PATH:$PWD
$script_file
```

（3）当执行一个脚本文件时，Shell 就产生一个子 Shell（即一个子进程）去执行文件中的命令。因此，脚本文件中的变量值不能传递到当前 Shell（即父进程）。为了使脚本文件中的变量值传递到当前 Shell，必须在命令文件名前面加“.”命令。即

```
$./script_file
```

“.”命令的功能是在当前 Shell 中执行脚本文件中的命令，而不是产生一个子 Shell 执行命令文件中的命令。

3. 在 Shell Script 撰写中的注意事项
- 命令的执行是从上至下、从左至右进行的。
- 命令、选项与参数间的多个空格都会被忽略。
- 空白行也将被忽略，并且按 Tab 键所生成的制表格同样被视为空白行。
- 如果读取到一个 Enter 符号，就尝试开始运行该行（或该串）命令。
- 如果一行的内容太多，则可以使用“\[Enter]”来延伸至下一行。
- “♯”可作为注释。任何加在“♯”后面的数据将全部被视为注释文字而被忽略。

4. 运行 Shell Script 程序
现在假设程序文件名是/home/dmtsai/shell.sh，那么如何运行这个文件呢？很简单，可以使用下面几个方法。

（1）直接下达命令，此时 shell.sh 文件必须要具备可读与可运行（rx）的权限。
- 绝对路径：使用/home/dmtsai/shell.sh 来下达命令。
- 相对路径：假设工作目录在/home/dmtsai/，则使用./shell.sh 来运行程序。
- 变量 PATH 的功能：将 shell.sh 放在 PATH 指定的目录内，如～/bin/。

（2）以 bash 程序来运行。通过 bash shell.sh 或 sh shell.sh 来运行程序。由于 Linux 默认用户将 home 目录下的“～/bin”目录设置到 $PATH 内，所以也可以将 shell.sh 创建在/home/dmtsai/bin/下面（“～/bin”目录需要自行设置）。此时，若 shell.sh 在“～/bin”内且具有 rx 的权限，直接输入 shell.sh 即可运行该脚本程序。

为什么 sh shell.sh 也可以运行呢？因为/bin/sh 其实就是/bin/bash，使用 sh shell.sh 即告诉系统，用户想直接以 bash 的功能来运行 shell.sh 文件内的相关命令，所以此时 shell.sh 只要有 r 的权限即可运行。也可以利用 sh 的参数，如利用-n 及-x 来检查与追踪 shell.sh 的语法是否正确。

5. 编写第一个 Shell Script 程序

```
[root@RHEL7-1 ~]              #cd; mkdir scripts;cd scripts
[root@RHEL7-1 scripts]        #vim sh01.sh
#!/bin/bash
#Program:
#This program shows "Hello World!" in your screen.
#History:
#2023/06/23BobbyFirst release
PATH=/bin:/sbin:/usr/bin:/usr/sbin:/usr/local/bin:/usr/local/sbin:~/bin
```

```
export PATH
echo -e "Hello World! \a \n"
exit 0
```

在本小节中，请将撰写的所有脚本放置到 home 目录的"～/scripts"目录内，以利于管理。下面分析一下程序。

（1）第三行"♯！/bin/bash"在宣告这个脚本使用的 Shell 名称。因为使用的是 bash，所以必须要以"♯！/bin/bash"来宣告这个文件内的语法使用 bash 的语法。那么当这个程序被运行时，就能够加载 bash 的相关环境配置文件（一般来说就是免登录 Shell 的"～/.bashrc"），并且运行 bash 使下面的命令能够继续运行，这点很重要。在很多情况下，如果没有设置好这一行，那么该程序很可能会无法运行，因为系统可能无法判断该程序需要使用什么 Shell 来运行。

（2）程序内容的说明。整个脚本中，除了第三行的"♯"后的内容是用来声明 Shell 之外，第四行及以下行"♯"后的内容就是用来说明整个程序的基本数据。

建议：一定要养成说明一个脚本的内容与功能、版本信息、作者与联络方式、建立日期、历史记录等的习惯，这将有助于未来程序的改写与调试。

（3）主要环境变量的声明。务必将一些重要的环境变量设置好，其中 PATH 与 LANG（如果使用与输出相关的信息时）是最重要的。这样就可以让这个程序在运行时直接执行一些外部命令，而不必写绝对路径。

（4）主要程序部分。在这个例子中，主要程序部分就是 echo 那一行。

（5）运行成果告知（定义回传值）。

一个命令的运行成功与否，可以使用"＄?"变量查看；也可以利用 exit 命令让程序中断，并且回传一个数值给系统。在这个例子中，使用 exit 0 代表离开脚本并且回传一个 0 给系统。所以当运行完这个脚本后，若接着执行"echo ＄?"，则可得到 0 的值。另外，利用 exit n（n 是数字）的功能，还可以自定义错误信息，让程序变得更加智能。

该程序的运行结果如下：

```
[root@RHEL7-1 scripts]#sh  sh01.sh
Hello World !
```

运行上述程序应该还会听到"咚"的一声，这是因为 echo 加上了 -e 选项。另外，也可以利用"chmod a＋x sh01.sh；./sh01.sh"来运行这个脚本。

4.1.3 养成编写 Shell Script 的良好习惯

养成编写 Shell Script 的良好习惯很重要，但用户在刚开始撰写程序时，最容易忽略这一点，认为程序写出来就可以，其他的不重要。其实，如果程序的说明尽量清楚，对自己以后维护程序是有很大帮助的。

建议一定要养成良好的脚本撰写习惯，应在每个脚本的文件头处编写包含如下内容。

- 脚本的功能。
- 脚本的版本信息。

- 脚本的作者与联络方式。
- 脚本的版权声明方式。
- 脚本的历史记录。
- 脚本内较特殊的命令,使用"绝对路径"的方式来执行。
- 脚本运行时需要的环境变量预先声明与设置。

除了记录这些信息之外,在较为特殊的程序部分,建议务必加上注解说明。此外,程序的撰写建议使用嵌套方式,最好能以 Tab 键的空格缩排,这样程序会显得非常漂亮、有条理。另外,撰写脚本的工具最好使用 Vim 而不是 Vi,因为 Vim 有额外的语法检验机制,能够在撰写程序的第一阶段时就发现语法方面的问题。

4.2 练习简单的 Shell Script

4.2.1 完成简单范例

1. 对话式脚本:变量内容由用户决定

很多时候需要用户输入一些内容,以便让程序顺利运行。

要求:使用 read 命令撰写一个脚本。让用户输入 first name 与 last name 后,在屏幕上显示"Your full name is:"的内容:

```
[root@RHEL7-1 scripts]                                          #vim sh02.sh
#!/bin/bash
#Program:
#User inputs his first name and last name.  Program shows his full name.
#History:
#2023/06/23  Bobby  First release
PATH=/bin:/sbin:/usr/bin:/usr/sbin:/usr/local/bin:/usr/local/sbin:~/bin
export PATH

read -p "Please input your first name: " firstname      #提示用户输入
read -p "Please input your last name:  " lastname       #提示用户输入
echo -e "\nYour full name is: $firstname $lastname"      #结果由屏幕输出
[root@RHEL7-1 scripts]# sh   sh02.sh
```

2. 随日期变化:利用 date 创建文件

假设服务器内有数据库,数据库每天的数据都不一样,当备份数据库时,希望将每天的数据都备份成不同的文件名,这样才能让旧的数据也保存下来而不被覆盖。应该怎么做呢?

考虑到每天的日期都不相同,可以将文件名改成除日期以外,其他内容类似。

例如,假设想要创建 3 个空的文件,文件名开头假设用户输入 filename,而当天的日期是 2023/06/15,若想要以前天、昨天、当天的日期来创建这些文件,则分别为 filename_20230613、filename_20230614、filename_20230615。程序如下:

```
[root@RHEL7-1 scripts]                                          #vim sh03.sh
#!/bin/bash
```

```
# Program:
# Program creates three files, which named by user's input and date command.
# History:
#2023/06/13  Bobby  First release
PATH=/bin:/sbin:/usr/bin:/usr/sbin:/usr/local/bin:/usr/local/sbin:~/bin
export PATH
#让用户输入文件名称,并取得 fileuser 这个变量
echo -e "I will use 'touch' command to create 3 files."      #只显示信息
read -p "Please input your filename: "  fileuser             #提示用户输入文件名称
#为了避免用户随意按 Enter 键,利用变量功能分析文件名是否设置
filename=${fileuser:-"filename"}
#开始判断是否设置了文件名。如果在上面输入文件名时直接按下了 Enter 键,那么 fileuser 值
   为空,这时系统会将 filename 的值赋给变量 filename,否则将 fileuser 的值赋给变
   量 filename
#开始利用 date 命令来取得所需要的文件名
date1=$(date --date='2 days ago'  +%Y%m%d)    #前两天的日期,注意+号前面有一个空格
date2=$(date --date='1 days ago'  +%Y%m%d)    #前一天的日期,注意+号前面有一个空格
date3=$(date +%Y%m%d)                         #当天的日期
file1=${filename}${date1}                     #以下三行设置文件名
file2=${filename}${date2}
file3=${filename}${date3}
#创建文件
touch "$file1"
touch "$file2"
touch "$file3"
[root@RHEL7-1 scripts]                        #sh sh03.sh
[root@RHEL7-1 scripts]                        #ll
```

可以分两种情况运行 sh03.sh：①直接按 Enter 键来查阅文件名是什么；②可以输入一些字符,这样可以判断脚本是否设计正确。

3. 数值运算：简单的加、减、乘、除

可以使用 declare 来定义变量的类型,利用"$((计算式))"来进行数值运算。不过 bash Shell 系统默认仅支持到整数。下面的例子要求用户输入两个变量,然后将两个变量的内容相乘,最后输出相乘的结果。

```
[root@RHEL7-1 scripts]                    #vim sh04.sh
#!/bin/bash
#Program:
#User inputs 2 integer numbers; program will cross these two numbers.
#History:
#2023/06/23  Bobby  First release
PATH=/bin:/sbin:/usr/bin:/usr/sbin:/usr/local/bin:/usr/local/sbin:~/bin
export PATH
echo -e "You SHOULD input 2 numbers, I will cross them! \n"
read -p "first number:  " firstnu
read -p "second number: " secnu
total=$(($firstnu * $secnu))
```

```
echo -e "\nThe result of $firstnu× $secnu is ==> $total"
[root@RHEL7-1 scripts]              #sh sh04.sh
```

在数值的运算上,可以使用"declare -i total＝$firstnu * $secnu",也可以使用上面的
方式来表示,还可以使用下面的方式进行运算:

```
var=$((运算内容))
```

这样不但容易记忆,而且比较方便。因为两个小括号内可以加上空白字符。至于数值
运算上的处理,则有＋、－、*、/、%等,其中%是取余数。

```
[root@RHEL7-1 scripts]              #echo $((13%3))
1
```

4.2.2　了解脚本运行方式的差异

不同脚本的运行方式会造成不一样的结果,尤其对 bash 的环境影响很大。脚本的运行
方式除了 4.2.1 小节讲到的方式之外,还可以利用 source 或小数点(.)来运行。

1. 直接运行脚本

当使用直接命令(不论是绝对路径/相对路径还是＄PATH 内的路径),或者是利用
bash(或 sh)来执行脚本时,该脚本都会使用一个新的 bash 环境来运行脚本内的命令。也就
是说,使用这种执行方式时,其实脚本是在子程序的 bash 内运行的,并且当子程序完成后,
在子程序内的各项变量或动作将会结束而不会传回到父程序中。

下面以刚刚提到过的 sh02.sh 这个脚本来说明以上内容。这个脚本可以让用户自行配
置两个变量,分别是 firstname 与 lastname。想一想,如果直接运行该命令,该命令配置的
firstname 会不会生效呢? 请看下面的运行结果:

```
[root@RHEL7-1 scripts]#echo $firstname $lastname#确认变量并不存在
[root@RHEL7-1 scripts]#sh sh02.sh
Please input your first name: Bobby            #这个名字是用户自己输入的
Please input your last name: Yang


Your full name is: Bobby Yang                  #在运行脚本时用户配置的两个变量会生效
[root@RHEL7-1 scripts]#echo $firstname $lastname
#事实上,这两个变量在父程序的 bash 中不存在
```

从上面的结果可以看出,sh02.sh 配置好的变量竟然在 bash 环境下面无效,原因结合
图 4-1 来说明。当用直接运行的方法来处理程序
时,系统会开辟一个新的 bash 来运行 sh02.sh 里面
的命令,因此 firstname、lastname 等变量其实是在
图 4-1 中的子程序 bash 内运行的。当 sh02.sh 运行
完毕,子程序 bash 内的所有数据便被移除,因此上
面的练习中,在父程序下面执行 echo ＄firstname

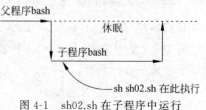

图 4-1　sh02.sh 在子程序中运行

时,就会看不到任何东西。

2. 利用 source 运行脚本：在父程序中运行

如果使用 source 来运行命令,那么会出现什么情况呢？请看下面的运行结果：

```
[root@RHEL7-1 scripts]#source sh02.sh
Please input your first name: Bobby        #这个名字是用户自己输入的
Please input your last name: Yang

Your full name is: Bobby Yang              #在运行脚本时用户定义的两个变量会生效
[root@RHEL7-1 scripts]#echo $firstname $lastname
Bobby Yang                                 #有数据产生
```

变量竟然生效了。用图 4-2 来说明 source 对 Shell Script 的运行方式。sh02.sh 会在父程序中运行,因此各项操作都会在原来的 bash 内生效。这也是为什么当用户不注销系统而要让写入"~/.bashrc"的某些设置生效时,需要使用"source ~/.bashrc"而不能使用"bash ~/.bashrc"的原因。

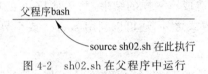

图 4-2   sh02.sh 在父程序中运行

4.3   用好判断式

在 Linux 中有更简单的方式可以进行"条件判断"——test 命令。

4.3.1   利用 test 命令的测试功能

当需要检测系统上面某些文件或者是相关的属性时,可以使用 test 命令。例如,要检查/dmtsai 是否存在时,使用以下命令：

```
[root@RHEL7-1 ~]#test  -e  /dmtsai
```

运行结果并不会显示任何信息,但最后可以通过"$?"、&& 或||来显示结果。例如,可以将上面的例子改写成(也可以试试/etc 目录是否存在)：

```
[root@RHEL7-1 ~]#test  -e  /dmtsai  &&  echo  "exist"  ||  echo  "Not exist"
Not exist  #结果不存在
```

最终的结果会显示 exist 还是 Not exist。

其中,-e 是用来测试一个"文件或目录"是否存在,如果还想测试一下文件名,可以用表 4-2 的选项进行判断。

表 4-2　test 命令各选项的作用

测试标志	意　义
1. 检测某个文件名是否存在并进行"文件类型"的判断,如 test -e filename 表示文件名是否存在	
-e	判断"文件名"是否存在(常用)
-f	判断"文件名"是否存在,存在则为普通文件(常用)
-d	判断"文件名"是否存在,存在则为目录(常用)
-b	判断"文件名"是否存在,存在则为一个块设备
-c	判断"文件名"是否存在,存在则为一个字符设备
-S	判断"文件名"是否存在,存在则为一个 Socket 文件
-p	判断"文件名"是否存在,存在则为一个 FIFO 文件
-L	判断"文件名"是否存在,存在则为一个联结文档
2. 检测文件的权限,如 test -r filename 表示是否可读(但 root 权限常有例外)	
-r	判断文件名是否存在,存在则具有可读权限
-w	判断文件名是否存在,存在则具有可写权限
-x	判断文件名是否存在,存在则具有可运行权限
-u	判断文件名是否存在,存在则具有 SUID 属性
-g	判断文件名是否存在,存在则具有 SGID 属性
-k	判断文件名是否存在,存在则具有粘着位(sticky bit)属性
-s	判断文件名是否存在,存在则为非空白文件
3. 进行两个文件之间的比较,如 test file1 -nt file2	
-nt	判断 file1 是否比 file2 新
-ot	判断 file1 是否比 file2 旧
-ef	判断 file1 与 file2 是否为同一文件,可用在硬链接的判定上。主要判定两个文件是否均指向同一个索引节点
4. 进行两个整数之间的判定,如 test n1 -eq n2	
-eq	两数值相等
-ne	两数值不等
-gt	n1 大于 n2
-lt	n1 小于 n2
-ge	n1 大于或等于 n2
-le	n1 小于或等于 n2
5. 判定字符串数据	
test -z string	判定字符串是否为 0,若为空字符串,则为 true
test -n string	判定字符串是否非 0,若为空字符串,则为 false(注:-n 也可省略)

测试标志	意 义
test str1 = str2	判断 str1 是否等于 str2，若相等，则回传 true
test str1 ! = str2	判断 str1 是否不等于 str2，若相等，则回传 false

6. 多重条件判定，如 test -r filename -a -x filename

-a	两状况同时成立。例如，test -r file -a -x file 中 file 同时具有 r 与 x 权限时才回传 true
-o	两状况任何一个成立即可。例如，test -r file -o -x file 中 file 具有 r 或 x 权限时就可回传 true
!	反相状态，如 test ! -x file 中当 file 不具有 x 时，回传 true

现在写几个简单的 test 例子。首先输入一个文件名，然后进行如下判断。

- 判断一个文件是否存在，若不存在，则给出 Filename does not exist 的信息，并中断程序。
- 若文件存在，则判断是文件还是目录，结果输出 Filename is regular file 或 Filename is directory。
- 判断用户的身份对当前文件或目录所拥有的权限，并输出权限数据。

示例代码如下：

```
[root@RHEL7-1 scripts]#vim  sh05.sh
#!/bin/bash
#Program:
#User input a filename, program will check the flowing:
#1) exist? 2) file/directory? 3) file permissions
#History:
#2023/06/25  Bobby  First release
PATH=/bin:/sbin:/usr/bin:/usr/sbin:/usr/local/bin:/usr/local/sbin:~/bin
export PATH

#让用户输入文件名，并且判断用户是否输入了字符串
echo -e "Please input a filename, I will check the filename's type and \
permission. \n\n"
read -p "Input a filename : " filename
test -z $filename && echo "You MUST input a filename." && exit 0
#判断文件是否存在，若不存在则显示信息并结束脚本
test ! -e $filename && echo "The filename '$filename' DO NOT exist" && exit 0
#开始判断文件类型与属性
test -f $filename && filetype="regulare file"
test -d $filename && filetype="directory"
test -r $filename && perm="readable"
test -w $filename && perm="$perm writable"
test -x $filename && perm="$perm executable"
#开始输出信息
echo "The filename: $filename is a $filetype"
echo "And the permissions are : $perm"
```

运行结果如下：

```
[root@RHEL7-1 scripts]#sh  sh05.sh
```

运行这个脚本后，会依据输入的文件名进行检查。先看文件是否存在，再看是文件还是目录类型，最后判断权限。

　　　由于很多权限的限制对 root 用户都是无效的，使用 root 运行这个脚本时，常常会发现与 ls -l 观察到的结果并不相同，所以建议用一般用户权限来运行这个脚本。不过必须使用 root 用户的身份先将这个脚本转移给其他用户，否则一般用户无法进入 /root 目录。

4.3.2　利用判断符号 []

除了使用 test 之外，还可以利用判断符号"[]"（中括号）进行数据的判断。例如，如果想知道 $HOME 这个变量是否为空，代码如下：

```
[root@RHEL7-1 ~]#[  -z  "$HOME"  ]  ; echo $?
```

-z 选项和字符串的含义是：若字符串长度为零，则结果为真。使用中括号必须要特别注意，因为中括号用在很多地方，包括通配符与正则表达式等，所以如果要在 Bash 的语法中使用中括号作为 Shell 的判断式，必须要注意中括号的两端需要有空格字符来分隔。假设空格键使用 □ 符号来表示，那么，在下面这些地方都需要有空格键：

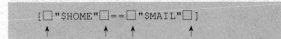

　　　上面的判断式中使用了两个等号"=="。其实在 bash 中使用一个等号与两个等号的结果是一样的。不过在一般程序的写法中，一个等号代表"变量的设置"，两个等号则代表"逻辑判断（即是或否）"。由于在中括号内重点在于"判断"而非"设置变量"，因此建议使用两个等号。

上面的例子说明，两个字符串 $HOME 与 $MAIL 是否有相同的意思，相当于 test $HOME = $MAIL 的意思。而如果没有空格分隔，例如写成 [$HOME==$MAIL] 时，bash 就会显示错误信息。因此，需要注意以下几点。

- 中括号内的每个组件都需要有空格键来分隔。
- 中括号内的变量最好都以双引号括起来。
- 中括号内的常数最好都以单引号或双引号括起来。

例如，假如设置了 name="Bobby Yang"，然后这样判定：

```
[root@RHEL7-1 ~]#name="Bobby Yang"
[root@RHEL7-1 ~]#[ $name == "Bobby" ]
bash: [: too many arguments
```

程序显示错误。bash 显示的错误信息是参数太多。因为 $name 如果没有使用双引号括起来，那么上面的判断式会变成：

```
[ Bobby Yang == "Bobby" ]
```

上面的表达式肯定不对。因为一个判断式仅能比对两个数据，Bobby、Yang 及 "Bobby" 是3 个数据。正确的应该是：

```
[ "Bobby Yang" == "Bobby" ]
```

另外，中括号的使用方法与 test 一模一样。只是中括号经常用在条件判断式 if...then...fi 中。

现在使用中括号的判断来做一个小案例，案例要求如下。

- 当运行一个程序的时候，这个程序会让用户选择 Y 或 N。
- 如果用户输入 Y 或 y，就显示"OK，continue"。
- 如果用户输入 n 或 N，就显示"Oh，interrupt！"
- 如果不是 Y/y/N/n 之内的其他字符，就显示"I don't know what your choice is"。

 需要利用中括号、&& 与 ||。

```
[root@RHEL7-1 scripts]#vim sh06.sh
#!/bin/bash
#Program:
#This program shows the user's choice
#History:
#2023/06/25  Bobby  First release
PATH=/bin:/sbin:/usr/bin:/usr/sbin:/usr/local/bin:/usr/local/sbin:~/bin
export PATH

read -p "Please input (Y/N): " yn
[ "$yn" == "Y" -o "$yn" == "y" ] && echo "OK, continue" && exit 0
[ "$yn" == "N" -o "$yn" == "n" ] && echo "Oh, interrupt!" && exit 0
echo "I don't know what your choice is" && exit 0
```

运行结果如下：

```
[root@RHEL7-1 scripts]#sh sh06.sh
```

 由于没有大小写之分，不论输入大写 Y 或小写 y 都是可以的，此时判断式内要有两个判断才行。由于是任何一个输入成立即可，这里使用-o（或）联结两个判断。

4.3.3　使用 Shell Script 的默认变量

命令可以带有选项与参数,例如,ls -la 可以查看包含隐藏文件的所有属性与权限。那么 Shell Script 能不能在脚本文的件名后面带有参数呢?

假如用户要依据程序的运行让一些变量执行不同的任务,本章一开始是使用 read 的功能来完成的,但 read 需要手动由键盘输入。如果通过命令后面跟参数的方式来完成 read 的功能,那么当命令执行时就不需要手动再次输入一些变量,这样执行命令更简单、方便。

那么脚本是怎么实现这个功能的呢? 其实脚本针对参数已经设置好了一些变量名称。对应如下:

```
/path/to/scriptname  opt1  opt2  opt3  opt4
      $0                $1    $2    $3    $4
```

这样运行的脚本文件名为 $0,第一个连接的参数就是 $1,所以只要在脚本里用好 $1,就可以很简单地执行某些命令功能。除了这些数字的变量之外,还有以下一些较为特殊的变量可以在脚本内作为参数使用。

- $#:代表后面所接参数的个数,上式显示为 4。
- $@:代表"$1"、"$2"、"$3"、"$4",每个变量是独立的(要用双引号括起来)。
- $*:代表"$1c$2c$3c$4"。其中 c 为分隔字符,默认为空格键。

$@与 $* 的用法不同,不过一般情况下可以直接写成 $@。下面完成一个例子。

假设要运行一个可以携带参数的脚本,运行该脚本后屏幕上会显示如下内容。

- 程序的文件名。
- 有几个参数。
- 若参数的个数小于 2,则告诉用户参数数量太少。
- 全部的参数内容。
- 第一个参数。
- 第二个参数。

```
[root@RHEL7-2 scripts]# vim sh07.sh
#!/bin/bash
#Program:
#Program shows the script name, parameters...
#History:
#2023/02/17  Bobby  First release
PATH=/bin:/sbin:/usr/bin:/usr/sbin:/usr/local/bin:/usr/local/sbin:~/bin
export PATH

echo "The script name is        ==> $0"
echo "Total parameter number is ==> $#"
[ "$#" -lt 2 ] && echo "The number of parameter is less than 2.  Stop here." \
   && exit 0
echo "Your whole parameter is   ==> '$@'"
echo "The 1st parameter         ==> $1"
echo "The 2nd parameter         ==> $2"
```

运行结果如下（第一次使用 1 个参数 par1 运行，第二次使用 4 个参数运行）：

```
[root@rhel7-2 scripts]# sh sh07.sh par1
The script name is           #sh07.sh
Total parameter number is    #1
The number of parameter is less than 2. Stop here.
[root@rhel7-2 scripts]# sh sh07.sh  par1  par2  par3 par4
The script name is           #sh07.sh
Total parameter number is    #4
Your whole parameter is      #'par1 par2 par3 par4'
The 1st parameter            #par1
The 2nd parameter            #par2
```

4.4 使用条件判断式

很多时候，我们都必须依据某些数据来判断程序该如何进行。举例来说，在前面的 sh06.sh 范例中，练习当用户输入 Y/N 时输出不同的信息，简单的方式可以利用 && 与 ||，但如果还想要运行更多命令，就要用到 if...then 语句。

4.4.1 子任务 1 利用 if...then 判断式

if...then 是最常见的条件判断式。简单地说，就是当符合某个条件判断的时候，就进行某项工作。if...then 的判断还有多层次的情况，下面将分别介绍。

1. 单层、简单条件判断式

如果只有一个判断式要进行，那么可以简单地这样做：

```
if [条件判断式]; then
        当条件判断式成立时，可以进行的命令工作内容；
fi   #将 if 反过来写，就成为 fi，即结束 if 之意
```

至于条件判断式的判断方法，与 4.3 节介绍的相同。不同的是，如果有多个条件要判断，除了 sh06.sh 案例所写的"将多个条件写入一个中括号内的情况"之外，还可以有多个中括号隔开。而括号与括号之间则以 && 或 || 隔开，其中，&& 代表 AND，|| 代表 or。

所以，是否使用中括号，&& 与 || 命令执行的状态会有所不同。举例来说，sh06.sh 里面的判断式可以这样修改：

```
[ "$yn" == "Y" -o "$yn" == "y" ]
```

上式可替换为

```
[ "$yn" == "Y" ] || [ "$yn" == "y" ]
```

之所以这样改，有的人是因为个人习惯，还有的人则是因为喜欢一个中括号仅有一个判断式的原因。下面将 sh06.sh 修改为 if...then 的样式：

```
[root@RHEL7-1 scripts]#cp sh06.sh sh06-2.sh    #这样改得比较快
[root@RHEL7-1 scripts]#vim sh06-2.sh
#!/bin/bash
#Program:
#This program shows the user's choice
#History:
#2023/06/25    Bobby    First release
PATH=/bin:/sbin:/usr/bin:/usr/sbin:/usr/local/bin:/usr/local/sbin:~/bin
export PATH

read -p "Please input (Y/N): " yn

if [ "$yn" == "Y" ] || [ "$yn" == "y" ]; then
     echo "OK, continue"
     exit 0
fi
if [ "$yn" == "N" ] || [ "$yn" == "n" ]; then
     echo "Oh, interrupt!"
     exit 0
fi
echo "I don't know what your choice is" && exit 0
```

运行结果如下：

```
[root@RHEL7-1 scripts]#sh sh06-2.sh
```

sh06.sh 还算比较简单。但是如果从逻辑概念上看，在上面的范例中使用了两个条件判断。

2. 多重、复杂的条件判断式

在同一个数据的判断中，如果该数据需要进行多种不同的判断，那么应该怎么做呢？举例来说，上面的 sh06.sh 脚本中，只要进行一次 $yn 的判断（仅用一次 if），不想做多次 if 的判断，此时必须用到下面的语法：

```
#一个条件判断,分成功进行与失败进行两种情况
if [条件判断式]; then
     当条件判断式成立时,可以进行的命令工作内容;
else
     当条件判断式不成立时,可以进行的命令工作内容;
fi
```

如果考虑更复杂的情况，则可以使用以下语法：

```
#多个条件判断 (if...elif...elif...else)分多种情况运行
if [条件判断式一]; then
```

```
            当条件判断式一成立时,可以进行的命令工作内容;
elif [条件判断式二]; then
            当条件判断式二成立时,可以进行的命令工作内容;
else
            当条件判断式一、二均不成立时,可以进行的命令工作内容;
fi
```

 注意　　elif 也是一个判断式,当出现 elif 时,后面都要接 then 来处理。但是 else 已经是最后的没有成立的结果了,所以 else 后面并没有 then。

将 sh06-2.sh 改写成如下代码:

```
[root@RHEL7-1 scripts]#cp sh06-2.sh sh06-3.sh
[root@RHEL7-1 scripts]#vim sh06-3.sh
#!/bin/bash
#Program:
#This program shows the user's choice
#History:
#2023/06/25    Bobby   First release
PATH=/bin:/sbin:/usr/bin:/usr/sbin:/usr/local/bin:/usr/local/sbin:~/bin
export PATH

read -p "Please input (Y/N): " yn
if [ "$yn" == "Y" ] || [ "$yn" == "y" ]; then
     echo "OK, continue"
elif [ "$yn" == "N" ] || [ "$yn" == "n" ]; then
     echo "Oh, interrupt!"
else
     echo "I don't know what your choice is"
fi
```

运行结果如下:

```
[root@RHEL7-1 scripts]#sh sh06-3.sh
```

程序变得很简单,而且依序判断,可以避免重复判断的情况,这样很容易设计程序。

下面再来进行另外一个案例的设计。一般来说,如果你不希望用户手动用键盘输入额外的数据,那么可以使用 4.3 节提到的参数功能($1),让用户在执行命令时就将参数带进去。现在如果让用户输入 hello 这个关键字时,利用参数的方法可以按照以下内容依序设计。

• 判断 $1 是否为 hello,如果是,就显示"Hello, how are you?"。

• 如果没有加任何参数,就提示用户必须要使用的参数。

• 如果加入的参数不是 hello,就提醒用户仅使用 hello 为参数。

整个程序是这样的:

```
[root@RHEL7-1 scripts]#vim sh09.sh
#!/bin/bash
#Program:
#Check $1 is equal to "hello"
#History:
#2023/06/28  Bobby  First release
PATH=/bin:/sbin:/usr/bin:/usr/sbin:/usr/local/bin:/usr/local/sbin:~/bin
export PATH

if [ "$1" == "hello" ]; then
     echo "Hello, how are you ? "
elif [ "$1" == "" ]; then
     echo "You MUST input parameters, ex> {$0 someword}"
else
     echo "The only parameter is 'hello', ex> {$0 hello}"
fi
```

运行结果如下：

```
[root@RHEL7-1 scripts]#sh sh9.sh
```

然后可以执行这个程序，在 $1 的位置输入 hello，没有输入或随意输入就可以看到不同的输出。下面继续完成较复杂的例子。

前面已经学习过 grep 命令，现在学习 netstat 命令，该命令可以查询到目前主机开启的网络服务端口。可以利用 netstat -tuln 取得目前主机启动的服务，例如：

```
[root@RHEL7-1 ~]#netstat -tuln
Active Internet connections (only servers)
Proto     Recv-Q   Send-Q  Local Address    Foreign Address    State
tcp        0        0      0.0.0.0:111      0.0.0.0: *         LISTEN
tcp        0        0      127.0.0.1:631    0.0.0.0: *         LISTEN
tcp        0        0      127.0.0.1:25     0.0.0.0: *         LISTEN
tcp        0        0      :::22            ::: *              LISTEN
udp        0        0      0.0.0.0:111      0.0.0.0: *
udp        0        0      0.0.0.0:631      0.0.0.0: *
#封包格式                  本地 IP:端口      远程 IP:端口        是否监听
```

上面的重点是 Local Address(本地主机的 IP 与端口对应)那一列，代表的是本机所启动的网络服务。IP 部分说明的是该服务位于哪个接口，若为 127.0.0.1，则是仅针对本机开放；若是 0.0.0.0 或"：：："，则代表对整个 Internet 开放。每个端口都有其特定的网络服务，几个常见的端口与相关网络服务的关系如下。

- 端口 80：WWW 服务器。
- 端口 22：SSH 服务器。
- 端口 21：FTP 服务器。
- 端口 25：E-mail 服务器。
- 端口 111：RPC 服务器(远程程序呼叫)。

- 端口 631：CUPS 服务器（列印服务功能）。

假设需要检测的是比较常见的端口 21、22、25 及 80，那么如何通过 netstat 检测主机是否开启了这 4 个主要的网络服务端口呢？由于每个服务的关键字都是接在冒号"："后面，所以可以选取类似"：80"的格式来检测。请看下面的程序：

```
[root@RHEL7-1 scripts]#vim sh10.sh
#!/bin/bash
#Program:
#Using netstat and grep to detect WWW,SSH,FTP and Mail services.
#History:
#2023/05/28    Bobby    First release
PATH=/bin:/sbin:/usr/bin:/usr/sbin:/usr/local/bin:/usr/local/sbin:~/bin
export PATH

#先做一些提示动作
echo "Now, I will detect your Linux server's services!"
echo -e "The www, ftp, ssh, and mail will be detect! \n"

#开始进行一些测试工作,并且输出一些信息
testing=$(netstat -tuln | grep ":80 ")      #检测端口 80 是否存在
if [ "$testing" != "" ]; then
     echo "WWW is running in your system."
fi
testing=$(netstat -tuln | grep ":22 ")      #检测端口 22 是否存在
if [ "$testing" != "" ]; then
     echo "SSH is running in your system."
fi
testing=$(netstat -tuln | grep ":21 ")      #检测端口 21 是否存在
if [ "$testing" != "" ]; then
     echo "FTP is running in your system."
fi
testing=$(netstat -tuln | grep ":25 ")      #检测端口 25 是否存在
if [ "$testing" != "" ]; then
     echo "Mail is running in your system."
fi
```

运行结果如下：

```
[root@RHEL7-1 scripts]#sh sh10.sh
```

实际运行这个程序就可以看到主机有没有启动相应的服务。

4.4.2 利用 case…in…esac 判断式

"if…then…fi"对于变量的判断是以"比较"的方式进行的，如果符合状态就进行某些行为，并且通过较多层次（就是 elif…）的方式进行含多个变量的程序撰写，例如 sh09.sh 程序就是用这样的方式来撰写的。但是，假如有多个既定的变量内容，例如 sh09.sh 中所需要的两个变量就是 hello 及空字符，那么这时只要针对这两个变量设置即可，此时使用 case…in…

esac 更方便。

```
case  $变量名称 in           #关键字为 case,变量前有$符
  "第一个变量内容")          #每个变量内容建议用双引号括起来,关键字则为右括号")"
       程序段
       ;;                  #每个类别结尾使用两个连续的分号来处理
"第二个变量内容")
       程序段
       ;;
  *)                       #最后一个变量内容都会用"＊"代表其他值
       不包含第一个变量内容与第二个变量内容的其他程序运行段
       exit 1
       ;;
esac                       #最终的 case 结尾。可以思考一下 case 反过来写是什么
```

注 意

以上语句以 case 开头,结尾自然是将 case 的英文反过来写。另外,每一个变量内容的程序段最后都需要两个分号(;;)来代表该程序段的结束。之所以把 "＊"这个变量放在最后,是因为如果用户输入的内容不是第一、二个变量,则可以显示相关的提示信息。将 sh09.sh 的案例进行如下修改:

```
[root@RHEL7-1 scripts]#vim  sh09-2.sh
#!/bin/bash
#Program:
#Show "Hello" from $1... by using case ... esac
#History:
#2023/05/29  Bobby  First release
PATH=/bin:/sbin:/usr/bin:/usr/sbin:/usr/local/bin:/usr/local/sbin:~/bin
export PATH

case $1 in
  "hello")
      echo "Hello, how are you ? "
      ;;
  "")
      echo "You MUST input parameters, ex> {$0 someword}"
      ;;
  *)     #相当于通配符,"0~"表示无穷个任意字符
      echo "Usage $0 {hello}"
      ;;
esac
```

运行结果如下:

```
[root@RHEL7-1 scripts]#sh sh09-2.sh
You MUST input parameters, ex> {sh09-2.sh someword}
[root@RHEL7-1 scripts]#sh sh09-2.sh smile
Usage sh09-2.sh {hello}
[root@RHEL7-1 scripts]#sh sh09-2.sh hello
Hello, how are you ?
```

在上面这个 sh09-2.sh 的案例中，如果输入 sh sh09-2.sh smile 运行程序，那么屏幕上就会出现 Usage sh09-2.sh ｛hello｝的内容，告诉用户仅能够使用 hello。这样的方式对于需要某些固定字符作为变量内容来执行的程序就显得更加方便。另外，系统很多服务的启动脚本都是使用这种写法。

一般来说，使用"case 变量 in"时，当中的"＄变量"一般有以下两种取得方式。

- 直接执行式：例如利用 script.sh variable 的方式直接给 ＄1 这个变量赋值内容，这也是在/etc/init.d 目录下大多数程序的设计方式。
- 互动式：通过 read 命令让用户输入变量的内容。

下面以一个例子来进一步说明。让用户输入 one、two、three，并且将用户的变量显示到屏幕上。如果不是 one、two、three，就告诉用户仅有这 3 种选择。

```
[root@RHEL7-1 scripts]#vim sh12.sh
#!/bin/bash
#Program:
#This script only accepts the flowing parameter: one, two or three.
#History:
#2023/05/29  Bobby  First release
PATH=/bin:/sbin:/usr/bin:/usr/sbin:/usr/local/bin:/usr/local/sbin:~/bin
export PATH
echo "This program will print your selection !"
#read -p "Input your choice: " choice      #暂时取消,可以替换
#case $choice in                           #暂时取消,可以替换
case $1 in                                 #现在使用,但可以用上面两行替换
  "one")
      echo "Your choice is ONE"
      ;;
  "two")
      echo "Your choice is TWO"
      ;;
  "three")
      echo "Your choice is THREE"
      ;;
  *)
      echo "Usage $0 {one|two|three}"
      ;;
esac
```

运行结果如下：

```
[root@RHEL7-1 scripts]#sh sh12.sh two
This program will print your selection !
Your choice is TWO
[root@RHEL7-1 scripts]#sh sh12.sh test
This program will print your selection !
Usage sh12.sh {one|two|three}
```

此时可以使用 sh sh12.sh two 的方式执行命令。上面使用的是直接执行的方式。如果使用互动式，那么将上面第 10、11 行的 ♯ 去掉，并将 12 行加上注解（♯），就可以让用户输入参数了。

4.4.3　利用函数的功能

函数可以在 Shell Script 中实现类似自定义执行命令的功能,可以简化很多程序代码。例如,上面的 sh12.sh 中,输入 one、two、three 后的输出结果都一样,此时就可以使用函数来简化程序。

4.5　使用循环

除了 if...then...fi 这种条件判断式之外,循环可能是程序中另一个重要的结构。循环可以不停地运行某个程序段,直到使用者配置的条件达成为止。除了依据判断式形成不定循环之外,还有另外一种已知固定要运行多少次的固定循环。

4.5.1　while...do...done 与 until...do...done 不定循环

一般来说,不定循环最常见的方式有以下两种。
方式一:

```
while [ condition ]            #中括号内的状态就是判断式
do                            #do 是循环的开始
    程序段落
done                          #done 是循环的结束
```

while 的含义是“当……时”,所以,这种方式表示当 condition 条件成立时就进行循环,直到 condition 的条件不成立才停止。
方式二:

```
until [ condition ]
do
    程序段落
done
```

这种方式恰恰与 while 相反,表示当 condition 条件成立时就终止循环,否则就持续运行循环的程序段。下面以 while 来做个简单的练习。假设要让用户输入 yes 或者是 YES 才结束程序的运行,否则就一直运行程序并提示用户输入字符。

```
[root@RHEL7-1 scripts]#vim sh13.sh
#!/bin/bash
#Program:
#Repeat question until user input correct answer.
#History:
#2023/05/29  Bobby  First release
PATH=/bin:/sbin:/usr/bin:/usr/sbin:/usr/local/bin:/usr/local/sbin:~/bin
export PATH

while [ "$yn" != "yes" -a "$yn" != "YES" ]
```

```
do
     read -p "Please input yes/YES to stop this program: " yn
done
echo "OK! you input the correct answer."
```

上面的例题说明当 $yn 这个变量不是 yes 且 $yn 也不是 YES 时才运行循环内的代码,如果 $yn 是 yes 或 YES,就会离开循环。使用 until 可实现相同的功能。

```
[root@RHEL7-1 scripts]#vim sh13-2.sh
#!/bin/bash
#Program:
#Repeat question until user input correct answer.
#History:
#2023/05/29  Bobby  First release
PATH=/bin:/sbin:/usr/bin:/usr/sbin:/usr/local/bin:/usr/local/sbin:~/bin
export PATH

until [ "$yn" == "yes" -o "$yn" == "YES" ]
do
     read -p "Please input yes/YES to stop this program: " yn
done
echo "OK! you input the correct answer."
```

提示

仔细比较以上两个程序的不同。

如果要计算 $1+2+3+\cdots+100$ 的值,利用循环计算的程序如下:

```
[root@RHEL7-1 scripts]#vim sh14.sh
#!/bin/bash
#Program:
#Use loop to calculate "1+2+3+···+100" result.
#History:
#2023/05/29  Bobby  First release
PATH=/bin:/sbin:/usr/bin:/usr/sbin:/usr/local/bin:/usr/local/sbin:~/bin
export  PATH

s=0                              #累加的数值变量
i=0                              #累计的数值,即 1, 2, 3···
while [ "$i" != "100" ]
do
    i=$(($i+1))                  #每次 i 都会加 1
    s=$(($s+$i))                 #每次都会累加一次
done
echo "The result of '1+2+3+···+100' is ==> $s"
```

当运行 sh sh14.sh 后,就可以得到 5050 这个数据。

```
[root@RHEL7-1 scripts]#sh sh14.sh
The result of '1+2+3+…+100' is ==> 5050
```

思考:如果想让用户自行输入一个数字,让程序计算从 1＋2＋… 直到你输入的数字为止,该如何编写代码呢?

4.5.2 for...do...done 固定循环

while、until 循环必须要符合某个条件,而 for 循环则是已经知道要进行几次循环。for 循环的语法如下:

```
for var in con1 con2 con3 ...
do
    程序段
done
```

以上面的例子来说,$var 的变量内容在循环工作时会发生以下改变。
- 第一次循环时,$var 的内容为 con1。
- 第二次循环时,$var 的内容为 con2。
- 第三次循环时,$var 的内容为 con3。
- ……

下面可以做一个简单的练习。假设有三种动物,分别是 dog、cat、elephant,如果每一行都要求按"There are dogs..."的样式输出,则程序如下:

```
[root@RHEL7-1 scripts]#vim sh15.sh
#!/bin/bash
#Program:
#Using for ... loop to print 3 animals
#History:
#2023/05/29  Bobby  First release
PATH=/bin:/sbin:/usr/bin:/usr/sbin:/usr/local/bin:/usr/local/sbin:~/bin
export PATH

for animal in dog cat elephant
do
    echo "There are ${animal}s... "
done
```

运行结果如下:

```
[root@RHEL7-1 scripts]#sh sh15.sh
There are dogs...
There are cats...
There are elephants...
```

假如有另外一种情况。由于系统里面的各种账号都是写在/etc/passwd 内的第一列，能不能在通过管道命令 cut 找出单纯的账号名称后，以 id 及 finger 分别检查用户的识别码与特殊参数呢？由于不同的 Linux 系统里面的账号都不一样，此时去找/etc/passwd 并使用循环处理就成为一个可行的方案。

提示　　　　默认情况下，finger 在 RHEL 7 中没有安装，需要通过 yum 进行安装。

通过 yum 安装 finger 的步骤如下。

```
[root@RHEL7-1 scripts]                    #vim /etc/yum.repos.d/dvd.repo
[root@RHEL7-1 scripts]                    #mkdir /iso
[root@RHEL7-1 scripts]                    #mount /dev/cdrom /iso
mount: /dev/sr0 is write-protected, mounting read-only
[root@RHEL7-1 scripts]                    #yum info finger -y
```

程序如下：

```
[root@RHEL7-1 scripts]                    #vim sh16.sh
#!/bin/bash
#Program
#Use id, finger command to check system account's information.
#History
#2023/02/18    Bobby   first release
PATH=/bin:/sbin:/usr/bin:/usr/sbin:/usr/local/bin:/usr/local/sbin:~/bin
export PATH
users=$(cut -d ':' -f1 /etc/passwd)       #获取账号名称
for username in $users                    #开始循环
do
    id $username
    finger $username
done
```

运行上面的脚本后，系统账号就会被找出来检查。这个动作还可以用在每个账号的删除和重整上。

换个角度来看，如果现在需要一连串的数字进行循环呢？例如，想要利用 ping 这个可以判断网络状态的命令进行网络状态的实际检测，要侦测的域是本机所在的 192.168.10.1～192.168.10.100。由于有 100 台主机，此时可以编写的程序如下：

```
[root@RHEL7-1 scripts]#vim  sh17.sh
#!/bin/bash
#Program
#Use ping command to check the network's PC state.
#History
#2023/02/18    Bobby   first release
PATH=/bin:/sbin:/usr/bin:/usr/sbin:/usr/local/bin:/usr/local/sbin:~/bin
```

```
export PATH
network="192.168.10"                    #先定义一个网络号(网络 ID)
for sitenu in $(seq 1 100)              #seq 为 sequence(连续)的缩写
do
    #下面的语句确定取得 ping 的回传值是正确的还是失败的
    ping -c 1 -w 1 ${network}.${sitenu} &> /dev/null && result=0  || result=1
    #开始显示结果是正确的启动(UP)还是错误的没有连通(DOWN)
    if [ "$result" == 0 ]; then
        echo "Server ${network}.${sitenu} is UP."
    else
        echo "Server ${network}.${sitenu} is DOWN."
    fi
done
```

上面的程序运行之后,就可以显示出 192.168.10.1～192.168.10.100 共 100 台主机目前是否能与你的机器连通。其实这个范例的重点是 $(seq 1 100),后面接的两个数值表示一直是连续的,这样就能够轻松地将连续数字带入程序中。

最后,可以尝试使用判断式加上循环的功能编写程序。如果想让用户输入某个目录名,然后找出该目录内文件的权限,程序如下:

```
[root@RHEL7-1 scripts]#vim sh18.sh
#!/bin/bash
#Program:
#User input dir name, I find the permission of files.
#History:
#2023/05/29  Bobby  First release
PATH=/bin:/sbin:/usr/bin:/usr/sbin:/usr/local/bin:/usr/local/sbin:~/bin
export PATH

#先判断这个目录是否存在
read -p "Please input a directory: " dir
if [ "$dir" == ""  -o  ! -d  "$dir" ]; then
    echo "The $dir is NOT exist in your system."
    exit 1
fi

#开始测试文件
filelist=$(ls $dir)                   #列出在该目录下的所有文件名称
for filename in $filelist
do
    perm=""
    test -r "$dir/$filename" && perm="$perm readable"
    test -w "$dir/$filename" && perm="$perm writable"
    test -x "$dir/$filename" && perm="$perm executable"
    echo "The file $dir/$filename's permission is $perm "
done
```

运行结果如下:

```
[root@RHEL7-1 scripts]#sh sh18.sh
Please input a directory: /var
```

4.5.3 用 for...do...done 进行数值处理

除了 4.5.2 小节所述的方法之外，for 循环还有另外一种写法：

```
for (( 初始值; 限制值; 执行步长 ))
do
    程序段
done
```

这种语法适合于数值方式的运算。for 后面括号内参数的意义如下。

- 初始值：某个变量在循环中的起始值，直接以类似 i=1 的形式设置。
- 限制值：当变量的值在这个限制值的范围内，就继续进行循环，例如 i<=100。
- 执行步长：每执行一次循环时，变量的变化量。例如，i=i+1 表示步长为 1。

"执行步长"的设置如果每次增加 1，则可以使用类似"i＋＋"的方式。下面以这种方式完成从 1 累加到用户输入的数值。

```
[root@RHEL7-1 scripts]#vim sh19.sh
#!/bin/bash
#Program:
#Try do calculate 1+2+…+${your_input}
#History:
#2023/05/29  Bobby  First release
PATH=/bin:/sbin:/usr/bin:/usr/sbin:/usr/local/bin:/usr/local/sbin:~/bin
export PATH

read -p "Please input a number, I will count for 1+2+…+your_input: " nu

s=0
for (( i=1; i<=$nu; i=i+1 ))
do
  s=$(($s+$i))
done
echo "The result of '1+2+3+…+$nu' is ==> $s"
```

运行结果如下：

```
[root@RHEL7-1 scripts]#sh sh19.sh
Please input a number, I will count for 1+2+…+your_input: 10000
The result of '1+2+3+…+10000' is ==> 50005000
```

4.6　对 Shell Script 进行追踪与调试

在运行脚本之前,尽量避免出现语法错误。有没有办法不需要运行脚本就可以判断出是否有问题呢？当然有。下面就直接以 Bash 的相关参数来进行判断。

```
[root@RHEL7-1 scripts]#sh  [-nvx] scripts.sh
```

选项如下。

-n：不执行脚本,仅查询语法问题。

-v：在执行脚本前,先将脚本的内容输出到屏幕上。

-x：将使用到的脚本内容显示到屏幕上,这是很有用的参数。

【例 4-1】　测试 sh16.sh 有无语法问题。

```
[root@RHEL7-1 scripts]#sh -n sh16.sh
#若没有语法问题,则不会显示任何信息
```

【例 4-2】　将 sh15.sh 的运行过程全部列出来。

```
[root@RHEL7-1 scripts]#sh -x sh15.sh
+ PATH=/bin:/sbin:/usr/bin:/usr/sbin:/usr/local/bin:/usr/local/sbin:/root/bin
+ export PATH
+ for animal in dog cat elephant
+ echo 'There are dogs... '
There are dogs...
+ for animal in dog cat elephant
+ echo 'There are cats... '
There are cats...
+ for animal in dog cat elephant
+ echo 'There are elephants... '
There are elephants...
```

注意

例 4-2 中执行的结果并不会有颜色的显示。为了便于说明,在加号之后的数据都加深了。在输出的信息中,在加号后面的数据其实都是命令串,使用 sh -x 可以将命令的执行过程也显示出来,用户可以判断程序代码执行到哪一段时会出现哪些相关的信息。这个功能非常好,通过显示完整的命令串,就能够依据输出的错误信息来订正脚本了。

4.7　练习题

一、填空题

1. Shell Script 是利用_____的功能所写的一个程序,这个程序使用纯文本文档,将一些_____写在里面,搭配_____、_____与_____等功能,以达到用户所想要的处理目的。

2. 在 Shell Script 的文件中，命令是从_____至_____、从_____至_____进行分析与执行的。

3. Shell Script 的运行至少需要有_____的权限。若需要直接执行命令，则需要拥有_____的权限。

4. 养成良好的程序撰写习惯，第一行要声明_____，第二行以后则声明_____、_____、_____等。

5. 对话式脚本可使用_____命令达到目的。要创建每次执行脚本都有不同结果的数据，可使用_____命令来完成。

6. 若以 source 执行脚本，代表在_____的 Bash 内运行。

7. 若需要判断式，可使用_____或_____来处理。

8. 条件判断式可使用_____判断。若在固定变量内容的情况下，可使用_____处理。

9. 循环主要分为_____和_____，配合 do、done 来完成所需任务。

10. 假如脚本文件名为 script.sh，可使用_____命令来进行程序的调试。

二、实践习题

1. 创建一个脚本，当运行该脚本时可以显示你目前的身份（用 whoami）及目前所在的目录（用 pwd）。

2. 自行创建一个程序，该程序可以用来计算"你还有几天可以过生日"。

3. 让用户输入一个数字，程序可以由 1＋2＋3…一直累加到用户输入的数字为止。

4. 编写一个程序，先查看一下/root/test/logical 这个名称是否存在；若不存在，则创建一个文件，使用 touch 来创建，创建完成后离开；如果存在，判断该名称是否为文件，若为文件则将其删除后创建一个目录，文件名为 logical，之后离开；如果该名称为目录，则移除此目录。

5. /etc/passwd 中以"："分隔内容，第一栏为账号名称。请编写一个程序，可以将/etc/passwd 的第一栏取出，而且每一栏都以一行字符串 The 1 account is "root" 显示，其中 1 表示行数。

4.8 项目实录：使用 Shell Script 编程

1. 观看视频

请扫描二维码观看视频。

2. 项目实训目的及内容

（1）掌握 Shell 中环境变量、管道、输入/输出重定向的使用方法。

（2）熟悉 Shell 中程序设计的方法。

（3）练习 Shell 程序设计的方法及环境变量、管道、输入/输出重定向的使用方法。

3. 项目背景

（1）如果想要计算 1＋2＋3＋…＋100 的值，利用循环该怎样编写程序？

　　如果想要让用户自行输入一个数字，让程序由 1＋2＋…直到你输入的数字为止，该如何编写程序？

　　(2) 创建一个名为/root/batchusers 的脚本，此脚本能为系统创建本地用户，并且这些用户的用户名来自一个包含用户名列表的文件，同时满足下列要求。

- 此脚本要求提供一个参数，此参数就是包含用户名列表的文件。
- 如果没有提供参数，此脚本应该给出提示信息"Usage：/root/batchusers"，然后退出并返回相应的值。
- 如果提供一个不存在的文件名，此脚本应该给出提示信息 input file not found，然后退出并返回相应的值。
- 创建的用户登录 Shell 为/bin/false。
- 此脚本需要为用户设置默认密码"123456"。

4. 做一做

根据项目实录视频进行项目的实训，检查学习效果。

第 5 章
用户和组管理

学习要点

- 了解用户和组群配置文件。
- 熟练掌握 Linux 下用户的创建与维护管理。
- 熟练掌握 Linux 下组群的创建与维护管理。
- 熟悉用户账户管理器的使用方法。

　　Linux 是多用户多任务的网络操作系统,作为网络管理员,掌握用户和组的创建与管理至关重要。本章将主要介绍利用命令行和图形工具对用户和组群进行创建与管理等内容。

5.1　理解用户账户和组群

　　Linux 操作系统是多用户多任务的操作系统,它允许多个用户同时登录到系统,使用系统资源。用户账户是用户的身份标识,用户通过用户账户可以登录到系统,并且访问已经被授权的资源。系统依据账户来区分属于每个用户的文件、进程、任务,并给每个用户提供特定的工作环境(如用户的工作目录、Shell 版本以及图形化的环境配置等),使每个用户都能各自独立、不受干扰地工作。

　　Linux 系统下的用户账户分为两种:普通用户账户和超级用户账户(root)。普通用户账户在系统中只能进行普通工作,只能访问它们拥有的或者有权限执行的文件。超级用户账户也叫管理员账户,它的任务是对普通用户账户和整个系统进行管理。超级用户账户对系统具有绝对的控制权,能够对系统进行一切操作,如操作不当则很容易对系统造成损坏。

　　因此,即使系统只有一个用户使用,也应该在超级用户账户之外再建立一个普通用户账户,在用户进行普通工作时以普通用户账户登录系统。

　　在 Linux 系统中为了方便管理员的管理和用户工作的方便,产生了组群的概念。组群是具有相同特性的用户的逻辑集合,使用组群有利于系统管理员按照用户的特性组织和管理用户,提高工作效率。有了组群,在做资源授权时可以把权限赋予某个组群,组群中的成员即可自动获得这种权限。一个用户账户可以同时是多个组群的成员,其中某个组群是该用户的主组群(私有组群),其他组群为该用户的附属组群(标准组群)。表 5-1 列出了与用户和组群相关的一些基本概念。

表 5-1 与用户和组群相关的基本概念

概 念	描 述
用户名	用来标识用户的名称,可以是字母、数字组成的字符串,区分大小写
密码	用于验证用户身份的特殊验证码
用户标识(UID)	用来表示用户的数字标识符
用户主目录	用户的私人目录,也是用户登录系统后默认所在的目录
登录 Shell	用户登录后默认使用的 Shell 程序,默认为/bin/bash
组群	具有相同属性的用户属于同一个组群
组群标识(GID)	用来表示组群的数字标识符

系统用户的 UID 为 1~999;普通用户的 UID 可以在创建时由管理员指定,如果不指定,用户的 UID 默认从 1000 开始顺序编号。在 Linux 系统中,创建用户账户的同时也会创建一个与用户同名的组群,该组群是用户的主组群。普通组群的 GID 默认也是从 1000 开始编号。

5.2 理解用户账户文件和组群文件

用户账户信息和组群信息分别存储在用户账户文件和组群文件中。

5.2.1 理解用户账户文件

1. /etc/passwd 文件

准备工作:新建用户 bobby、user1、user2,将 user1 和 user2 加入 bobby 群组。(后面章节有详解。)

```
[root@server1 ~]#useradd bobby
[root@server1 ~]#useradd user1
[root@server1 ~]#useradd user2
[root@server1 ~]#usermod -G bobby user1
[root@server1 ~]#usermod -G bobby user2
```

在 Linux 系统中,所创建的用户账户及其相关信息(密码除外)均放在/etc/passwd 配置文件中。用 Vim 编辑器(或者使用 cat /etc/passwd)打开 passwd 文件,内容格式如下:

```
root:x:0:0:root:/root:/bin/bash
bin:x:1:1:bin:/bin:/sbin/nologin
daemon:x:2:2:daemon:/sbin:/sbin/nologin
user1:x:1002:1002::/home/user1:/bin/bash
```

文件中的每一行代表一个用户账户的资料,可以看到第一个用户是 root。然后是一些标准账户,此类账户的 Shell 为/sbin/nologin,代表无本地登录权限。最后一行是由系统管理员创建的普通账户 user1。

passwd 文件的每一行用“:”分隔为 7 个域,每一行各域的内容如下:

用户名:加密口令:UID:GID:用户的描述信息:主目录:命令解释器(登录 Shell)

passwd 文件中各字段说明如表 5-2 所示,其中少数字段的内容是可以为空的,但仍需使用":"进行占位来表示该字段。

表 5-2　passwd 文件各字段说明

字　　段	说　　明
用户名	用户账号名称,用户登录时所使用的用户名
加密口令	用户口令,出于安全性考虑,现在已经不使用该字段保存口令,而用字母 x 填充该字段,真正的密码保存在 shadow 文件中
UID	用户号,唯一表示某用户的数字标识
GID	用户所属的私有组号,该数字对应 group 文件中的 GID
用户描述信息	可选的关于用户全名、电话等描述性信息
主目录	用户的宿主目录,用户成功登录后的默认目录
命令解释器	用户所使用的 Shell,默认为/bin/bash

2. /etc/shadow 文件

由于所有用户对/etc/passwd 文件均有读取权限,为了增强系统的安全性,用户经过加密之后的口令都存放在/etc/shadow 文件中。/etc/shadow 文件只对 root 用户可读,因而大大提高了系统的安全性。shadow 文件的内容形式如下(cat /etc/shadow):

```
root:$6$PQxz7W3s$Ra7Akw53/n7rntDgjPNWdCG66/5RZgjhoe1zT2F00ouf2iDM.
AVvRIYoez10hGG7kBHEaah.oH5U1t6OQj2Rf.:17654:0:99999:7:::
bin:*:16925:0:99999:7:::
daemon:*:16925:0:99999:7:::
bobby:!!:17656:0:99999:7:::
user1:!!:17656:0:99999:7:::
```

shadow 文件保存投影加密之后的口令以及与口令相关的一系列信息,每个用户的信息在 shadow 文件中占用一行,并且用":"分隔为 9 个域,各域的含义如表 5-3 所示。

表 5-3　shadow 文件字段说明

字　　段	说　　明
1	用户登录名
2	加密后的用户口令,"*"表示非登录用户,"!!"表示没设置密码
3	从 1970 年 1 月 1 日起到用户最近一次口令被修改的天数
4	从 1970 年 1 月 1 日起到用户可以更改密码的天数,即最短口令存活期
5	从 1970 年 1 月 1 日起到用户必须更改密码的天数,即最长口令存活期
6	口令过期前几天提醒用户更改口令

字　段	说　明
7	口令过期后几天账户被禁用
8	口令被禁用的具体日期(相对日期,从 1970 年 1 月 1 日起至禁用时的天数)
9	保留域,用于功能扩展

3. /etc/login.defs 文件

建立用户账户时会根据/etc/login.defs 文件的配置设置用户账户的某些选项。该配置文件的有效设置内容及中文注释如下(cat /etc/login.defs):

```
MAIL_DIR /var/spool/mail          //用户邮箱目录

MAIL_FILE .mail
PASS_MAX_DAYS 99999               //账户密码最长有效天数
PASS_MIN_DAYS 0                   //账户密码最短有效天数
PASS_MIN_LEN  5                   //账户密码的最小长度
PASS_WARN_AGE 7                   //账户密码过期前提前警告的天数
UID_MIN                   1000    //用 useradd 命令创建账户时自动产生的最小 UID 值
UID_MAX                   60000   //用 useradd 命令创建账户时自动产生的最大 UID 值
GID_MIN                   1000    //用 groupadd 命令创建组群时自动产生的最小 GID 值
GID_MAX                   60000   //用 groupadd 命令创建组群时自动产生的最大 GID 值
USERDEL_CMD /usr/sbin/userdel_local  //如果已定义目录,将在删除用户时执行,以删除
                                      相应用户的计划作业和打印作业等
CREATE_HOME   yes                //创建用户账户时是否为用户创建主目录
```

5.2.2　理解组群文件

组群账户的信息存放在/etc/group 文件中,而关于组群管理的信息(组群口令、组群管理员等)则存放在/etc/gshadow 文件中。

1. /etc/group 文件

group 文件位于/etc 目录,用于存放用户的组账户信息,对于该文件的内容任何用户都可以读取。每个组群账户在 group 文件中占用一行,并且用":"分隔为 4 个域。每一行各域的内容如下(使用 cat /etc/group):

```
组群名称:组群口令(一般为空,用 x 占位):GID:组群成员列表
```

group 文件的内容形式如下:

```
root:x:0:
bin:x:1:
daemon:x:2:
bobby:x:1001:user1,user2
user1:x:1002:
```

可以看出，root 的 GID 为 0，没有其他组成员。group 文件的组群成员列表中如果有多个用户账户属于同一个组群，则各成员之间以"，"分隔。在/etc/group 文件中，用户的主组群并不把该用户作为成员列出，只有用户的附属组群才会把该用户作为成员列出。例如用户 bobby 的主组群是 bobby，但/etc/group 文件中组群 bobby 的成员列表中并没有用户 bobby，只有用户 user1 和 user2。

2. /etc/gshadow 文件

/etc/gshadow 文件用于存放组群的加密口令、组管理员等信息，该文件只有 root 用户可以读取。每个组群账户在 gshadow 文件中占用一行，并以"："分隔为 4 个域。每一行中各域的内容如下：

组群名称：加密后的组群口令(没有就！)：组群的管理员：组群成员列表

gshadow 文件的内容形式如下（使用 cat /etc/gshadow）：

```
root:::
bin:::
daemon:::
bobby:!::user1,user2
user1:!::
```

5.3 管理用户账户

用户账户管理包括新建用户、设置用户账户口令和维护用户账户等内容。

5.3.1 新建用户

在系统新建用户可以使用 useradd 或者 adduser 命令。useradd 命令的语法格式如下：

useradd ［选项］ <username>

useradd 命令有很多选项，如表 5-4 所示。

表 5-4 useradd 命令选项说明

选　项	说　明
-c comment	用户的注释性信息
-d home_dir	指定用户的主目录
-e expire_date	禁用账号的日期，格式为 YYYY-MM-DD
-f inactive_days	设置账户过期多少天后用户账户被禁用。如果为 0，账户过期后将立即被禁用；如果为－1，账户过期后将不被禁用
-g initial_group	用户所属主组群的组群名称或者 GID
-G group-list	用户所属的附属组群列表，多个组群之间用逗号分隔

续表

选　　项	说　　明
-m	若用户主目录不存在,则创建它
-M	不要创建用户主目录
-n	不要为用户创建用户私人组群
-p passwd	加密的口令
-r	创建 UID 小于 500 的不带主目录的系统账号
-s shell	指定用户的登录 Shell,默认为/bin/bash
-u UID	指定用户的 UID,它必须是唯一的,且大于 499

【例 5-1】　新建用户 user3,UID 为 1010,指定其所属的私有组为 group1(group1 组的标识符为 1010),用户的主目录为/home/user3,用户的 Shell 为/bin/bash,用户的密码为123456,账户永不过期。

```
[root@server1 ~]#groupadd -g 1010 group1
[root@server1 ~]#useradd -u 1010 -g 1000 -d /home/user3 -s /bin/bash -p 123456 -f
-1 user3
[root@server1 ~]#tail -1 /etc/passwd
user3:x:1010:1000::/home/user3:/bin/bash
```

如果新建用户已经存在,那么在执行 useradd 命令时,系统会提示该用户已经存在。

```
[root@server1 ~]#useradd user3
useradd: user user1 exists
```

5.3.2　设置用户账户口令

1. passwd 命令

指定和修改用户账户口令的命令是 passwd。超级用户可以为自己和其他用户设置口令,而普通用户只能为自己设置口令。passwd 命令的格式如下:

```
passwd  [选项]  [username]
```

passwd 命令的常用选项如表 5-5 所示。

表 5-5　passwd 命令的常用选项

选　　项	说　　明
-l	锁定(停用)用户账户
-u	口令解锁
-d	将用户口令设置为空,这与未设置口令的账户不同。未设置口令的账户无法登录系统,而口令为空的账户可以

选 项	说 明
-f	强迫用户下次登录时必须修改口令
-n	指定口令的最短存活期
-x	指定口令的最长存活期
-w	口令要到期前提前警告的天数
-i	口令过期后多少天停用账户
-S	显示账户口令的简短状态信息

【例 5-2】 假设当前用户为 root,则下面的两个命令分别为 root 用户修改自己的口令和 root 用户修改 user1 用户的口令。

```
//root 用户修改自己的口令,直接用 passwd 命令并按 Enter 键即可
[root@server1 ~]#passwd

//root 用户修改 user1 用户的口令
[root@server1 ~]#passwd user1
```

需要注意的是,普通用户修改口令时,passwd 命令会首先询问原来的口令,只有验证通过才可以修改。而 root 用户为用户指定口令时,不需要知道原来的口令。为了系统安全,用户应选择包含字母、数字和特殊符号组合的复杂口令,且口令长度应至少为 8 个字符。

如果密码复杂度不够,系统会提示"无效的密码:密码未通过字典检查——它基于字典单词"。这时有两种处理方法:一种方法是再次输入刚才输入的简单密码,系统也会接受;另一种方法是更改为符合要求的密码,比如用 P@ssw02d,就包含大小写字母、数字、特殊符号等 8 位或以上的字符组合。

2. chage 命令

要修改用户账户口令也可以用 chage 命令实现。chage 命令的常用选项如表 5-6 所示。

表 5-6 chage 命令的常用选项

选 项	说 明	选 项	说 明
-l	列出账户口令属性的各个数值	-I	口令过期后多少天停用账户
-m	指定口令最短存活期	-E	用户账户到期作废的日期
-M	指定口令最长存活期	-d	设置口令上一次修改的日期
-W	口令要到期前提前警告的天数		

【例 5-3】 设置 user1 用户的最短口令存活期为 6 天,最长口令存活期为 60 天,口令到期前 5 天提醒用户修改口令。设置完成后查看各属性值。

```
[root@server1 ~]#chage -m 6 -M 60 -W 5 user1
[root@server1 ~]#chage -l user1
```

最近一次密码修改时间	: 2023-5-4
密码过期时间	: 2023-6-3
密码失效时间	: 从不
账户过期时间	: 从不
两次改变密码之间相距的最小天数	: 6
两次改变密码之间相距的最大天数	: 60
在密码过期之前警告的天数	: 5

5.3.3　维护用户账户

1. 修改用户账户

usermod 命令用于修改用户的属性。usermod 命令的语法格式如下：

```
usermod [选项] 用户名
```

前文曾反复强调，Linux 系统中的一切都是文件，因此在系统中创建用户也就是修改配置文件的过程。用户的信息保存在/etc/passwd 文件中，可以直接用文本编辑器修改其中的用户参数项目，也可以用 usermod 命令修改已经创建的用户信息，诸如用户的 UID、基本/扩展用户组、默认终端等。usermod 命令中的参数及作用如表 5-7 所示。

表 5-7　usermod 命令中的参数及作用

参　数	作　　用
-c	填写用户账户的备注信息
-d、-m	参数-m 与参数-d 连用，可重新指定用户的家目录并自动把旧的数据转移过去
-e	账户的到期时间，格式为 YYYY-MM-DD
-g	变更所属用户组
-G	变更扩展用户组
-L	锁定用户，禁止其登录系统
-U	解锁用户，允许其登录系统
-s	变更默认终端
-u	修改用户的 UID

（1）先来看一下账户用户 user1 的默认信息。

```
[root@server1 ~]#id user1
uid=1002(user1) gid=1002(user1) 组=1002(user1),1001(bobby)
```

（2）然后将用户 user1 加入 root 用户组中，这样扩展组列表中则会出现 root 用户组的字样，而基本组不会受到影响。

```
[root@server1 ~]#usermod -G root user1
[root@server1 ~]#id user1
uid=1002(user1) gid=1002(user1) 组=1002(user1),0(root)
```

（3）再来试试用-u 参数修改 user1 用户的 UID 号码值。除此之外，我们还可以用-g 参数修改用户的基本组 ID，用-G 参数修改用户扩展组 ID。

```
[root@server1 ~]#usermod -u 8888 user1
[root@server1 ~]#id user1
uid=8888(user1) gid=1002(user1) 组=1002(user1),0(root)
```

（4）修改用户 user1 的主目录为/var/user1，把启动 Shell 修改为/bin/tcsh，完成后恢复到初始状态。可以用如下操作。

```
[root@server1 ~]#usermod -d /var/user1 -s /bin/tcsh user1
[root@server1 ~]#tail -3 /etc/passwd
user1:x:8888:1002::/var/user1:/bin/tcsh
user2:x:1003:1003::/home/user2:/bin/bash
user3:x:1010:1000::/home/user3:/bin/bash
[root@server1 ~]#usermod -d /home/user1 -s /bin/bash user1
```

2. 禁用和恢复用户账户

有时需要临时禁用一个账户而不删除它。禁用用户账户可以用 passwd 或 usermod 命令实现，也可以直接修改/etc/passwd 或/etc/shadow 文件来实现。

例如，暂时禁用和恢复 user3 账户，可以使用以下 3 种方法实现。

（1）使用 passwd 命令。

```
//使用 passwd 命令禁用 user3 账户。利用 tail 命令查看，可以看到被锁定的账户密码栏前面会加上
[root@server1 ~]#passwd -l user3
//锁定用户 user3 的密码
passwd: 操作成功
[root@server1 ~]#tail -1 /etc/shadow
user3:123456:17656:0:99999:7:::

//利用 passwd 命令的-u 选项解除账户锁定，重新启用 user3 账户
[root@server1 ~]#passwd -u user3
```

（2）使用 usermod 命令。

```
//禁用 user1 账户
[root@server1 ~]#usermod -L user1
//解除 user1 账户的锁定
[root@server1 ~]#usermod -U user1
```

（3）直接修改用户账户配置文件。可将/etc/passwd 文件或/etc/shadow 文件中关于 user1 账户的 passwd 域的第一个字符前面加上一个"*"，达到禁用账户的目的。在需要恢复的时候只要删除字符"*"即可。

如果只是禁止用户账户登录系统，可以将其启动 Shell 设置为/bin/false 或者/dev/null。

3. 删除用户账户

要删除一个账户，可以直接编辑删除/etc/passwd 和/etc/shadow 文件中要删除的用户

所对应的行,或者用 userdel 命令删除。userdel 命令的语法格式如下:

```
userdel [-r] 用户名
```

如果不加-r 选项,userdel 命令会在系统中所有与账户有关的文件中(例如/etc/passwd、/etc/shadow、/etc/group)将用户的信息全部删除。

如果加-r 选项,则在删除用户账户的同时,还将用户主目录以及其下的所有文件和目录全部删除。另外,如果用户使用 E-mail,同时也将/var/spool/mail 目录下的用户文件删除。

5.4 管理组群

组群管理包括新建组群、维护组群账户和为组群添加用户等内容。

5.4.1 维护组群账户

创建组群和删除组群的命令与创建、维护账户的命令相似。创建组群可以使用命令 groupadd 或者 addgroup。

例如,创建一个新的组群,组群的名称为 testgroup,可用以下命令。

```
[root@server1 ~]#groupadd testgroup
```

要删除一个组可以用 groupdel 命令。例如删除刚创建的 testgroup 组,可用以下命令:

```
[root@server1 ~]#groupdel testgroup
```

需要注意的是,如果要删除的组群是某个用户的主组群,则该组群不能被删除。

修改组群的命令是 groupmod,其命令的语法格式如下:

```
groupmod [选项] 组名
```

常见的 groupmod 命令选项如表 5-8 所示。

表 5-8　常见的 groupmod 命令选项

选　项	说　明	选　项	说　明
-g gid	把组群的 GID 改成 gid	-o	强制接受更改的组的 GID 为重复的号码
-n group-name	把组群的名称改为 group-name		

5.4.2 为组群添加用户

在 Red Hat Linux 中使用不带任何参数的 useradd 命令创建用户时,会同时创建一个和用户账户同名的组群,称为主组群。当一个组群中必须包含多个用户时,则需要使用附属组群。在附属组中增加、删除用户都用 gpasswd 命令。gpasswd 命令的语法格式如下:

```
gpasswd [选项] [用户] [组]
```

只有 root 用户和组管理员才能够使用这个命令，命令选项如表 5-9 所示。

表 5-9 gpasswd 命令选项

选 项	说 明	选 项	说 明
-a	把用户加入组	-r	取消组的密码
-d	把用户从组中删除	-A	给组指派管理员

例如，要把 user1 用户加入 testgroup 组，并指派 user1 为管理员，可以执行下列命令。

```
[root@server1 ~]#groupadd  testgroup
[root@server1 ~]#gpasswd -a user1 testgroup
[root@server1 ~]#gpasswd -A user1 testgroup
```

5.5 使用 su 命令与 sudo 命令

读者在实验环境中很少遇到安全问题，并且为了避免因权限因素导致配置服务失败，从而建议使用 root 管理员来学习本书，但是在生产环境中还是要注意安全，不要用 root 管理员去做所有事情。因为一旦执行了错误的命令，可能会直接导致系统崩溃。尽管 Linux 系统为了安全性考虑，使得许多系统命令和服务只能被 root 管理员使用，但是这也让普通用户受到了更多的权限束缚，从而导致无法顺利完成特定的工作任务。

5.5.1 使用 su 命令

su 命令可以解决切换用户身份的需求，使得当前用户在不退出登录的情况下，顺畅地切换到其他用户，比如从 root 管理员切换至普通用户。

```
[root@server1 ~]#id
uid=0(root) gid=0(root) 组=0(root) 环境=unconfined_u:unconfined_r:unconfined_
t:s0-s0:c0.c1023
[root@server1 ~]#useradd -G testgroup  test
[root@server1 ~]#su -test
[test@server1 ~]$id
uid=8889(test) gid=8889(test) 组=8889(test),1011(testgroup) 环境=unconfined_u:
unconfined_r:unconfined_t:s0-s0:c0.c1023
```

细心的读者一定会发现，上面的 su 命令与用户名之间有一个减号（—），这意味着完全切换到新的用户，即把环境变量信息也变更为新用户的相应信息，而不是保留原始的信息。强烈建议在切换用户身份时添加这个减号（—）。

另外，当从 root 管理员切换到普通用户时是不需要密码验证的，而从普通用户切换成 root 管理员就需要进行密码验证了。这也是一个必要的安全检查。

```
[test@server1 ~]$su root
Password:
[root@server1 test]#su -test
上一次登录:日 5月   6 05:22:57 CST 2018pts/0 上
[test@server1 ~]$exit
logout
[root@server1 test]#
```

5.5.2　使用 sudo 命令

尽管像上面这样使用 su 命令后,普通用户可以完全切换到 root 管理员身份来完成相应的工作,但这将暴露 root 管理员的密码,从而增大了系统密码被黑客获取的概率。这并不是最安全的方案。

用 sudo 命令把特定命令的执行权限赋给指定用户,这样既可保证普通用户能够完成特定的工作,也可以避免泄露 root 管理员密码。我们要做的就是合理配置 sudo 服务,以便兼顾系统的安全性和用户的便捷性。sudo 服务的配置原则也很简单——在保证普通用户完成相应工作的前提下,尽可能少地赋予额外的权限。

sudo 命令用于给普通用户提供额外的权限来完成原本 root 管理员才能完成的任务,其语法格式如下:

sudo [参数] 命令名称

sudo 服务中的可用参数以及相应的作用如表 5-10 所示。

表 5-10　sudo 服务中的可用参数以及相应的作用

参　　数	作　　用
-h	列出帮助信息
-l	列出当前用户可执行的命令
-u 用户名或 UID 值	以指定的用户身份执行命令
-k	清空密码的有效时间,下次执行 sudo 时需要再次进行密码验证
-b	在后台执行指定的命令
-p	更改询问密码的提示语

sudo 命令具有以下功能。

- 限制用户执行指定的命令。
- 记录用户执行的每一条命令。
- 配置文件(/etc/sudoers)提供集中的用户管理、权限与主机等参数。
- 验证密码的后 5min 内(默认值)无须再让用户再次验证密码。

当然,如果担心直接修改配置文件会出现问题,则可以使用 sudo 命令提供的 visudo 命令来配置用户权限。这条命令在配置用户权限时将禁止多个用户同时修改 sudoers 配置文件,还可以对配置文件内的参数进行语法检查,并在发现参数错误时进行报错。

注意　　　　　只有 root 管理员才可以使用 visudo 命令编辑 sudo 服务的配置文件。

使用 visudo 命令配置 sudo 命令的配置文件时，其操作方法与 Vim 编辑器中用到的方法一致（执行 visudo 后，直接输入命令":set number"或者":set nu"，可以对配置文件加行号），因此在编写完成后记得在末行模式下保存并退出。在 sudo 命令的配置文件中，按照下面的格式将第 93 行（大约）填写上指定的信息（按 i 键进入编辑状态才可更改配置文件内容）。

谁可以使用 允许使用的主机 =（以谁的身份） 可执行命令的列表

```
[root@server1 ~]#visudo
 90 ##
 91 ##Allow root to run any commands anywhere
 92 root ALL=(ALL) ALL
 93 test ALL=(ALL) ALL
```

在填写完毕后记得要先保存再退出（按 Esc 键，输入":wq"，按 Enter 键），然后切换至指定的普通用户身份，此时就可以用 sudo -l 命令查看所有可执行的命令了（下面的命令中，验证的是该普通用户的密码，而不是 root 管理员的密码，请读者不要搞混了）。

```
[root@server1 ~]# su  -test
上一次登录：日 5月  6 05:27:06 CST 2023pts/0 上
[test@server1 ~]$sudo -l
[sudo] test 的密码：此处输入 test 用户的密码
匹配 %2$s 上 %1$s 的默认条目：
!visiblepw, always_set_home, match_group_by_gid, env_reset,
env_keep="COLORS DISPLAY HOSTNAME HISTSIZE KDEDIR LS_COLORS",
env_keep+="MAIL PS1 PS2 QTDIR USERNAME LANG LC_ADDRESS LC_CTYPE",
env_keep+="LC_COLLATE LC_IDENTIFICATION LC_MEASUREMENT LC_MESSAGES",
env_keep+="LC_MONETARY LC_NAME LC_NUMERIC LC_PAPER LC_TELEPHONE",
env_keep+="LC_TIME LC_ALL LANGUAGE LINGUAS _XKB_CHARSET XAUTHORITY",
secure_path=/sbin\:/bin\:/usr/sbin\:/usr/bin
```

用户 test 可以在 rhel7-1 上运行以下命令。

(ALL) ALL

作为一名普通用户，是肯定不能看到 root 管理员的家目录（/root）中的文件信息的，但是，只需要在想执行的命令前面加上 sudo 命令就可以了。

```
[test@server1 ~]$ ls  /root
ls: 无法打开目录/root: 权限不够
[test@server1 ~]$ sudo  ls  /root
560_file anaconda-ks.cfg initial-setup-ks.cfg  公共  视频  文档  音乐
aa   etc.tar.gz  wordpress.zip  模板  图片  下载  桌面
```

但是考虑到生产环境中不允许某个普通用户拥有整个系统中所有命令的最高执行权（这也不符合前文提到的权限赋予原则，即尽可能少地赋予权限），则 ALL 参数就有些不合适了。因此只能赋予普通用户具体的命令以满足工作需求，这也受到了必要的权限约束。如果需要让某个用户只能使用 root 管理员的身份执行指定的命令，切记一定要给出该命令的绝对路径,否则系统会识别不出来。可以先使用 whereis 命令找出命令所对应的保存路径,然后把配置文件第 93 行的用户权限参数修改成对应的路径即可。

```
[test@server1 ~]$exit
logout
[root@server1 ~]#whereis cat
cat: /usr/bin/cat /usr/share/man/man1/cat.1.gz /usr/share/man/man1p/cat.1p.gz
[root@server1 ~]#visudo
 90 ##
 91 ##Allow root to run any commands anywhere
 92 root ALL=(ALL) ALL
 93 test ALL=(ALL) /usr/bin/cat
```

在编辑好后依然是先保存再退出。再次切换到指定的普通用户,然后尝试正常查看某个文件的内容,此时系统提示没有权限。这时再使用 sudo 命令就可以顺利地查看文件内容了。

```
[root@server1 ~]#su -test
上一次登录: 日 5 月   6 05:58:08 CST 2023pts/0 上
[test@server1 ~]$cat /etc/shadow
cat: /etc/shadow: 权限不够
[test@server1 ~]$sudo cat /etc/shadow
root:$6$COUDHrgV$rgwr.H.4yWTNWBfeeQKQf.vUscfCAYDWucOrzgj80ClfIvX3gFqmdVt87s
YulQvMicUMI4GhoebcfOaW3lpoA1:17656:0:99999:7:::
bin: * :16925:0:99999:7:::
daemon: * :16925:0:99999:7:::
adm: * :16925:0:99999:7:::
lp: * :16925:0:99999:7:::
sync: * :16925:0:99999:7:::
shutdown: * :16925:0:99999:7:::
...
```

不知大家是否发觉在每次执行 sudo 命令后都会要求验证一下密码。虽然这个密码就是当前登录用户的密码,但是每次执行 sudo 命令都要输入一次密码也很麻烦,这时可以添加 NOPASSWD 参数,使得用户执行 sudo 命令时不再需要密码验证。

```
[test@server1 ~]$exit
logout
[root@server1 ~]#whereis poweroff
poweroff: /usr/sbin/poweroff /usr/share/man/man8/poweroff.8.gz
[root@server1 ~]#visudo
...
 90 ##
 91 ##Allow root to run any commands anywhere
 92 root ALL=(ALL) ALL
 93 test ALL=NOPASSWD: /usr/sbin/poweroff
...
```

当切换到普通用户后再执行命令时,就不用再频繁地验证密码,这样在日常工作中就方便多了。

```
[root@server1 ~]#su -test
上一次登录: 日 5月   6 06:08:20 CST 2023pts/0 上
[test@server1 ~]$poweroff
User root is logged in on seat0.
Please retry operation after closing inhibitors and logging out other users.
Alternatively, ignore inhibitors and users with 'systemctl poweroff -i'.
[test@server1 ~]$sudo poweroff
```

5.6　使用用户管理器管理用户和组群

默认图形界面的用户管理器是没有安装的,需要安装 system-config-users 工具。

5.6.1　安装 system-config-users 工具

(1) 检查是否安装 system-config-users。

```
[root@server1 ~]#rpm -qa|grep system-config-users
```

表示没有安装 system-config-users。
(2) 如果没有安装,则执行以下操作。

说明

如果能够连接互联网,并且有较高网速,则可以直接使用系统自带的 yum 源文件,不需要单独编辑 yum 源文件。这时请直接跳到"③使用 yum 命令查看……",忽略前两步。后面在使用 yum 安装软件时也依据此原则,不再赘述。

另外,如果制作并使用本地 yum 安装源文件,比如 dvd.repo,请将该文件所在目录的其他 repo 文件改名或备份后再删除,以免 yum 源文件互相影响。

① 挂载 ISO 安装镜像。

```
//挂载光盘到 /iso 目录下
[root@server1~]#mkdir /iso
[root@server1~]#mount /dev/cdrom /iso
mount: /dev/sr0 写保护,将以只读方式挂载
```

② 制作用于安装的 yum 源文件。

```
[root@server1~]#vim /etc/yum.repos.d/dvd.repo
```

dvd.repo 文件的内容如下(后面不再赘述):

```
#/etc/yum.repos.d/dvd.repo
#or for ONLY the media repo, do this:
#yum --disablerepo=\* --enablerepo=c6-media [command]
[dvd]
name=dvd
#特别注意本地源文件的表示,3 个"/"
```

```
baseurl=file:///iso
gpgcheck=0
enabled=1
```

③ 使用 yum 命令查看 system-config-users 软件包的信息,如图 5-1 所示。

```
[root@server1~]#yum info system-config-users
```

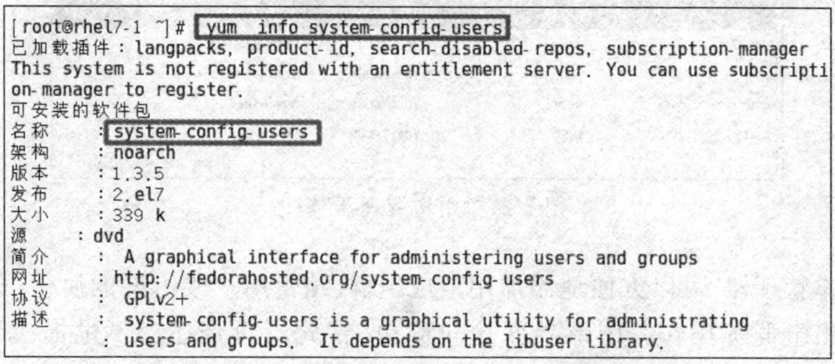

图 5-1　使用 yum 命令查看 system-config-users 软件包的信息

④ 使用 yum 命令安装 system-config-users。

```
[root@server1 ~]#yum clean all              //安装前先清除缓存
[root@server1 ~]#yum install system-config-users -y
```

正常安装完成后,最后的提示信息是:

```
...
已安装:
  system-config-users.noarch 0:1.3.5-2.el7
作为依赖被安装:
  system-config-users-docs.noarch 0:1.0.9-6.el7
完毕!
```

所有软件包安装完毕,可以使用 rpm 命令再一次进行查询:

```
rpm -qa | grep system-config-users
[root@server1 etc]#rpm -qa | grep system-config-users
system-config-users-1.3.5-2.el7.noarch
system-config-users-docs-1.0.9-6.el7.noarch
```

5.6.2　使用用户管理器

```
[root@server1 etc]#rpm -qa | grep system-config-users
```

使用命令 system-config-users 会打开如图 5-2 所示的“用户管理器”窗口。

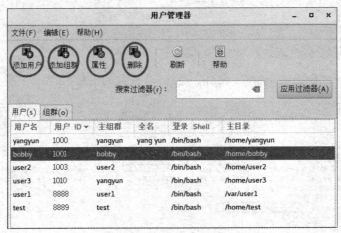

图 5-2 "用户管理器"窗口

使用"用户管理器"可以方便地添加用户或组群、编辑用户或组群的属性、删除用户或组群、加入或退出组群等操作。图形界面比较简单，在此不再赘述。不过提醒读者，system-config 有许多其他应用，大家可以试着安装并应用。

5.7 使用常用的账户管理命令

账户管理命令可以在非图形化操作中对账户进行有效管理。

1. vipw 命令

vipw 命令用于直接对用户账户文件/etc/passwd 进行编辑，使用的默认编辑器是 vi。在对/etc/passwd 文件进行编辑时将自动锁定该文件，编辑结束后对该文件进行解锁，保证了文件的一致性。vipw 命令在功能上等同于"vi /etc/passwd"命令，但是比直接使用 vi 命令更安全。vipw 命令的语法格式如下：

```
[root@server1 ~]#vipw
```

2. vigr 命令

vigr 命令用于直接对组群文件/etc/group 进行编辑。在用 vigr 命令对/etc/group 文件进行编辑时将自动锁定该文件，编辑结束后对该文件进行解锁，保证了文件的一致性。vigr 命令在功能上等同于"vi /etc/group"命令，但是比直接使用 vi 命令更安全。vigr 命令的语法格式如下：

```
[root@server1 ~]#vigr
```

3. pwck 命令

pwck 命令用于验证用户账户文件认证信息的完整性。该命令检测/etc/passwd 文件和/etc/shadow 文件每行中字段的格式和值是否正确。pwck 命令的语法格式如下：

```
[root@server1 ~]#pwck
```

4. grpck 命令

grpck 命令用于验证组群文件认证信息的完整性。该命令检测/etc/group 文件和/etc/gshadow 文件每行中字段的格式和值是否正确。grpck 命令的语法格式如下：

```
[root@server1 ~]#grpck
```

5. id 命令

id 命令用于显示一个用户的 UID 和 GID 以及用户所属的组列表。在命令行输入 id 直接按 Enter 键将显示当前用户的 ID 信息。id 命令的语法格式如下：

```
id [选项] 用户名
```

例如，显示 user1 用户的 UID、GID 信息的实例如下：

```
[root@server1 ~]#id user1
uid=8888(user1) gid=1002(user1) 组=1002(user1),0(root),1011(testgroup)
```

6. finger、chfn、chsh 命令

使用 finger 命令可以查看用户的相关信息，包括用户的主目录、启动 Shell、用户名、地址、电话等存放在/etc/passwd 文件中的记录信息。管理员和其他用户都可以用 finger 命令来了解用户。直接使用 finger 命令可以查看当前用户信息。finger 命令格式及实例如下（需要安装软件包）：

```
finger [选项] 用户名
```

```
[root@server1 ~]#yum install finger -y
[root@server1 ~]#finger
Login  Name  Tty    Idle  Login   Time    Office  Office Phone
root   root  tty1   4     Sep   1 14:22
root   root  pts/0        Sep   1 14:39
```

finger 命令常用的选项及说明如表 5-11 所示。

表 5-11　finger 命令常用的选项及说明

选项	说　　明
-l	以长格式显示用户信息，这是默认选项
-m	关闭以用户姓名查询账户的功能，如不加此选项，用户可以用一个用户的姓名来查询该用户的信息
-s	以短格式查看用户的信息
-p	不显示 plan(plan 信息是用户主目录下的.plan 等文件)

用户自己可以使用 chfn 和 chsh 命令来修改 finger 命令显示的内容。chfn 命令可以修改用户的办公地址、办公电话和住宅电话等。chsh 命令用来修改用户的启动 Shell。用户在

用 chfn 和 chsh 命令修改个人账户信息时会被提示输入密码。例如：

```
[root@server1 ~]#su -user1
[user1@Server1 ~]#chfn
Changing finger information for user1.
Password:
Name [oneuser]:oneuser
Office []: network
Office Phone []: 66773007
Home Phone []: 66778888
Finger information changed.
```

用户可以直接输入 chsh 命令或使用-s 选项来指定要更改的启动 Shell。例如，用户 user1 想把自己的启动 Shell 从 bash 改为 tcsh，可以使用以下两种方法。

```
[user1@Server ~]$chsh
Changing shell for user1.
Password:
New shell [/bin/bash]: /bin/tcsh
Shell changed.
```

或

```
[user1@Server ~]$chsh -s /bin/tcsh
Changing shell for user1.
```

7. whoami 命令

whoami 命令用于显示当前用户的名称。whoami 与命令"id -un"作用相同。

```
[user1@Server ~]$whoami
User1
[user1@server1 ~]$exit
logout
```

8. newgrp 命令

newgrp 命令用于转换用户的当前组到指定的主组群。对于没有设置组群口令的组群账户，只有组群的成员才可以使用 newgrp 命令改变主组群身份到该组群。如果组群设置了口令，其他组群的用户只要拥有组群口令，也可以将主组群身份改变到该组群。应用实例如下：

```
[root@server1 ~]#id                   //显示当前用户的 gid
uid=0(root) gid=0(root) groups=0(root),1(bin),2(daemon),3(sys),4(adm),
6(disk),10(wheel)
[root@server1 ~]#newgrp group1     //改变用户的主组群
[root@server1 ~]#id
uid=0(root) gid=500(group1) groups=0(root),1(bin),2(daemon),3(sys),4(adm),
6(disk),10(wheel)
[root@server1 ~]#newgrp                //newgrp 命令不指定组群时转换为用户的私有组群
[root@server1 ~]#id
uid=0(root) gid=0(root) groups=0(root),1(bin),2(daemon),3(sys),4(adm),
6(disk),10(wheel)
```

使用 groups 命令可以列出指定用户的组群。例如：

```
[root@server1 ~]#whoami
root
[root@server1 ~]#groups
root group1
```

5.8 企业实战与应用——账号管理实例

1. 情境

假设需要的账号数据如表 5-12 所示，该如何操作？

表 5-12 账号数据

账号名称	账号全名	支持次要群组	是否可登录主机	口 令
myuser1	1st user	mygroup1	可以	Password
myuser2	2nd user	mygroup1	可以	Password
myuser3	3rd user	无额外支持	不可以	password

2. 解决方案

解决方案对应的代码如下。

```
#先处理账号相关属性的数据
[root@server1 ~]#groupadd mygroup1
[root@server1 ~]#useradd -G mygroup1 -c "1st user" myuser1
[root@server1 ~]#useradd -G mygroup1 -c "2nd user" myuser2
[root@server1 ~]#useradd -c "3rd user" -s /sbin/nologin myuser3

#再处理账号的口令相关属性的数据
[root@server1 ~]#echo "password" | passwd --stdin myuser1
[root@server1 ~]#echo "password" | passwd --stdin myuser2
[root@server1 ~]#echo "password" | passwd --stdin myuser3
```

注意   myuser1 与 myuser2 都支持次要群组，但该群组不一定存在，因此需要先手动创建。再者，myuser3 是"不可登录系统"的账号，因此需要使用 /sbin/nologin 来设置，这样该账号就成为非登录账户了。

5.9 练习题

一、填空题

1. Linux 操作系统是_____的操作系统，它允许多个用户同时登录到系统，使用系统资源。

2. Linux 系统下的用户账户分为两种,即_____和_____。

3. root 用户的 UID 为_____,普通用户的 UID 可以在创建时由管理员指定。如果不指定,用户的 UID 默认从_____开始按顺序编号。

4. 在 Linux 系统中,创建用户账户的同时也会创建一个与用户同名的组群,该组群是用户的_____。普通组群的 GID 默认也从_____开始编号。

5. 一个用户账户可以同时是多个组群的成员,其中某个组群是该用户的_____(私有组群),其他组群为该用户的_____(标准组群)。

6. 在 Linux 系统中,所创建的用户账户及其相关信息(密码除外)均放在_____配置文件中。

7. 由于所有用户对/etc/passwd 文件均有_____权限,为了增强系统的安全性,用户经过加密之后的口令都存放在_____文件中。

8. 组群账户的信息存放在_____文件中,关于组群管理的信息(组群口令、组群管理员等)则存放在_____文件中。

二、选择题

1. 存放用户密码信息的目录是( )。

　　A. /etc　　　　　　　B. /var　　　　　　　C. /dev　　　　　　　D. /boot

2. 创建用户 ID 是 200、组 ID 是 1000、用户主目录为/home/user01 的正确命令是( )。

　　A. useradd -u:200 -g:1000 -h:/home/user01 user01

　　B. useradd -u=200 -g=1000 -d=/home/user01 user01

　　C. useradd -u 200 -g 1000 -d /home/user01 user01

　　D. useradd -u 200 -g 1000 -h /home/user01 user01

3. 用户登录系统后首先进入( )目录。

　　A. /home　　　　　　　　　　　　　B. /root 的主目录

　　C. /usr　　　　　　　　　　　　　　D. 用户自己的家目录

4. 在使用了 shadow 口令的系统中,/etc/passwd 和/etc/shadow 两个文件的权限正确的是( )。

　　A. -rw-r-----, -r--------　　　　　　　　B. -rw-r--r--, -r--r--r--

　　C. -rw-r--r--, -r--------　　　　　　　　D. -rw-r--rw-, -r-----r--

5. 可以删除一个用户并同时删除用户的主目录的参数是( )。

　　A. rmuser -r　　　　B. deluser -r　　　　C. userdel -r　　　　D. usermgr -r

6. 系统管理员应该采用的安全措施是( )。

　　A. 把 root 密码告诉每一位用户

　　B. 设置 telnet 服务来提供远程系统维护

　　C. 经常检测账户数量、内存信息和磁盘信息

　　D. 当员工辞职后,立即删除该用户账户

7. 在/etc/group 中有一行 students::600:z3,l4,w5,表示有( )用户在 student组里。

　　A. 3 个　　　　　　B. 4 个　　　　　　C. 5 个　　　　　　D. 不知道

8. 下列可以用来检测用户 lisa 的信息的命令是(　　)。

　　A. finger lisa　　　　　　　　　　　B. grep lisa /etc/passwd

　　C. find lisa /etc/passwd　　　　　　D. who lisa

5.10　项目实录：管理用户和组

1. 观看视频

做实训前请扫描二维码观看视频。

2. 项目实训目的及内容

(1) 熟悉 Linux 用户的访问权限。

(2) 掌握在 Linux 系统中增加、修改、删除用户或用户组的方法。

(3) 掌握用户账户管理及安全管理的方法。

3. 项目背景

某公司有 60 个员工,分别在 5 个部门工作,每个人的工作内容不同。需要在服务器上为每个人创建不同的账号,把相同部门的用户放在一个组中,每个用户都有自己的工作目录,并且需要根据工作性质对每个部门和每个用户在服务器上的可用空间进行限制。

4. 做一做

根据项目视频进行项目的实训,检查学习效果。

第6章
文件系统和磁盘管理

作为 Linux 系统的网络管理员，学习 Linux 文件系统和磁盘管理是至关重要的。本章主要介绍 Linux 文件系统和磁盘管理的相关内容。

6.1 了解文件系统

文件系统(file system)是磁盘上有特定格式的一片区域，操作系统利用文件系统保存和管理文件。

6.1.1 认识文件系统

用户在硬件存储设备中执行的文件建立、写入、读取、修改、转存与控制等操作都是依靠文件系统来完成的。文件系统的作用是合理规划硬盘，以保证用户正常的使用需求。Linux 系统支持数十种的文件系统，而最常见的文件系统如下。

- ext3：这是一款日志文件系统，能够在系统异常宕机时避免文件系统资料丢失，并能自动修复数据的不一致与错误。然而，当硬盘容量较大时，所需的修复时间也会很长，而且不能百分之百地保证资料不会丢失。它会把整个磁盘的每个写入动作的细节都预先记录下来，以便在发生异常宕机后能回溯追踪到被中断的部分，然后尝试进行修复。

- ext4：这是 ext3 的改进版本。作为 RHEL 6 系统中的默认文件管理系统，它支持的存储容量高达 1EB(1EB＝1073741824GB)，且能够有无限多的子目录。另外，ext4 文件系统能够批量分配 block 块，从而极大地提高了读写效率。

- XFS：这是一种高性能的日志文件系统，而且是 CentOS 7 中默认的文件管理系统，它的优势在发生意外宕机后尤其明显，即可以快速地恢复可能被破坏的文件，而且强大的日志功能只用花费极低的计算和存储性能。并且它最大可支持的存储容量为 18EB，这几乎满足了所有需求。

CentOS 7 系统中一个比较大的变化就是使用了 XFS 作为文件系统，XFS 文件系统可支持高达 18EB 的存储容量。

日常在硬盘需要保存的数据实在太多了，因此 Linux 系统中有一个名为 super block 的"硬盘地图"。Linux 并不是把文件内容直接写入这个"硬盘地图"里面，而是在里面记录着整个文件系统的信息。因为如果把所有的文件内容都写入，它的体积将变得非常大，而且文件内容的查询与写入速度也会变得很慢。Linux 只是把每个文件的权限与属性记录在 inode 中，而且每个文件占用一个独立的 inode 表格，该表格的大小默认为 128 字节，里面记录着以下信息。

- 该文件的访问权限（read、write、execute）。
- 该文件的所有者与所属组（owner、group）。
- 该文件的大小（size）。
- 该文件的创建或内容修改时间（ctime）。
- 该文件的最后一次访问时间（atime）。
- 该文件的修改时间（mtime）。
- 文件的特殊权限（SUID、SGID、SBIT）。
- 该文件的真实数据地址（point）。

而文件的实际内容则保存在 block 块中（大小可以是 1KB、2KB 或 4KB），一个 inode 的默认大小仅为 128B（Ext3），记录一个 block 则消耗 4B。当文件的 inode 被写满后，Linux 系统会自动分配出一个 block 块，专门用于像 inode 那样记录其他 block 块的信息，这样把各个 block 块的内容串到一起，就能够让用户读到完整的文件内容了。对于存储文件内容的 block 块，有下面两种常见情况（以 4KB 的 block 大小为例进行说明）。

情况 1：文件很小（1KB），但依然会占用一个 block，因此会潜在地浪费 3KB。

情况 2：文件很大（5KB），那么会占用两个 block（5KB－4KB 后剩下的 1KB 也要占用一个 block）。

计算机系统在发展过程中产生了众多的文件系统，为了使用户在读取或写入文件时不用关心底层的硬盘结构，Linux 内核中的软件层为用户程序提供了一个 VFS（Virtual File System，虚拟文件系统）接口，这样用户实际上在操作文件时就是统一对这个虚拟文件系统进行操作了。图 6-1 所示为 VFS 的架构示意图。从图中可见，实际文件系统在 VFS 下隐藏了自己的特性和细节，这样用户在日常使用时会觉得"文件系统都是一样的"，也就可以随意使用各种命令在任何文件系统中进行各种操作了（如使用 cp 命令来复制文件）。

6.1.2　理解 Linux 文件系统的目录结构

在 Linux 系统中，目录、字符设备、块设备、套接字、打印机等都被抽象成了文件；Linux 系统中一切都是文件。既然平时打交道的都是文件，那么又该如何找到它们呢？在 Windows 操作系统中，想要找到一个文件，首先要依次进入该文件所在的磁盘分区（假设这里是 D 盘），然后再进入该分区下的具体目录，最终找到这个文件。但是在 Linux 系统中并不存在 C、D、E、F 等盘符，Linux 系统中的一切文件都是从"根（/）"目录开始的，并按照文件系统层次化标准（FHS）采用树形结构来存放文件，以及定义了常见目录的用途。另外，Linux 系

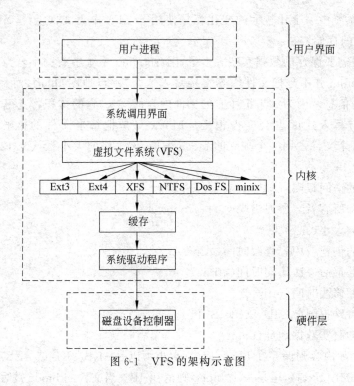

图 6-1　VFS 的架构示意图

统中的文件和目录名称是严格区分大小写的。例如，root、rOOt、Root、rooT 均代表不同的目录，并且文件名称中不得包含斜杠（/）。Linux 系统中的文件存储结构如图 6-2 所示。

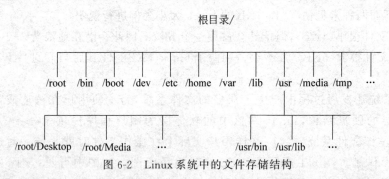

图 6-2　Linux 系统中的文件存储结构

在 Linux 系统中常见的目录名称及所对应的存放内容如表 6-1 所示。

表 6-1　Linux 系统中常见的目录名称及所对应的存放内容

目录名称	应放置文件的内容
/	Linux 文件的最上层根目录
/boot	开机所需文件——内核、开机菜单以及所需配置文件等
/dev	以文件的形式存放任何设备与接口
/etc	配置文件
/home	用户家目录

续表

目录名称	应放置文件的内容
/bin	Binary 的缩写,存放用户的可运行程序,如 ls、cp 等;也包含其他 Shell,如 bash 和 cs 等
/lib	开机时用到的函数库,以及/bin 与/sbin 下面的命令要调用的函数
/sbin	开机过程中需要的命令
/media	用于挂载设备文件的目录
/opt	放置第三方的软件
/root	系统管理员的家目录
/srv	一些网络服务的数据文件目录
/tmp	任何人均可使用的"共享"临时目录
/proc	虚拟文件系统,例如系统内核、进程、外部设备及网络状态等
/usr/local	用户自行安装的软件
/usr/sbin	Linux 系统开机时不会使用到的软件、命令、脚本
/usr/share	帮助与说明文件,也可放置共享文件
/var	主要存放经常变化的文件,如日志
/lost＋found	当文件系统发生错误时,将一些丢失的文件片段存放在这里

6.1.3　理解绝对路径与相对路径

(1) 绝对路径:由根目录(/)开始写起的文件名或目录名称,例如,/home/dmtsai/basher。

(2) 相对路径:相对于目前路径的文件名写法,例如,./home/dmtsai 或../home/dmtsai/等。

> 说明　　开头不是"/"的就属于相对路径的写法。

相对路径是以当前所在路径的相对位置来表示的。举例来说,目前在/home 这个目录下,如果想要进入/var/log 这个目录时,可以怎么写呢? 有以下两种方法。

```
cd /var/log(绝对路径)
```

```
cd ../var/log(相对路径)
```

因为目前在/home 下,所以要回到上一层(../)之后,才能进入/var/log 目录。特别注意以下两个特殊的目录。

- ".":代表当前的目录,也可以使用"./"来表示。

• "."：代表上一层目录，也可以用"../"来代表。

"."和".."目录的概念是很重要的，常常看到的 cd.. 或./command 之类的指令表达方式就是代表上一层与目前所在目录的工作状态。

6.1.4　Linux 文件权限管理

1. 文件和文件权限概述

文件是操作系统用来存储信息的基本结构，是一组信息的集合。文件通过文件名来唯一标识。Linux 中的文件名称最长允许 255 个字符，这些字符可用"A～Z、0～9、.、_、-"等符号表示。与其他操作系统相比，Linux 没有"扩展名"的概念，也就是说文件的名称和该文件的种类并没有直接的关联，例如 sample.txt 可能是一个运行文件，而 sample.exe 也有可能是文本文件，甚至可以不使用扩展名。Linux 的另一个特性是文件名区分大小写。例如，sample.txt、Sample.txt、SAMPLE.txt、samplE.txt 在 Linux 系统中代表不同的文件，但在 DOS 和 Windows 平台却是指同一个文件。在 Linux 系统中，如果文件名以"."开始，表示该文件为隐藏文件，需要使用 ls -a 命令才能显示。

在 Linux 中的每一个文件或目录都包含访问权限，这些访问权限决定了谁能访问和如何访问这些文件和目录。

通过设定权限可以用以下 3 种访问方式限制访问权限：只允许用户自己访问；允许一个预先指定的用户组中的用户访问；允许系统中的任何用户访问。同时，用户能够控制一个给定的文件或目录的访问程度。一个文件或目录可能有读、写及执行权限。当创建一个文件时，系统会自动赋予文件所有者读和写的权限，这样可以允许文件所有者查看文件内容和修改文件。文件所有者可以将这些权限改变为任何他想指定的权限。文件也许只有读权限，禁止任何修改。文件也可能只有执行权限，允许它像一个程序一样执行。

3 种不同的用户类型能够访问一个目录或者文件：所有者、用户组或其他用户。所有者是创建文件的用户，文件的所有者能够授予所在用户组的其他成员及系统中除所属组之外的其他用户的文件访问权限。

每一个用户针对系统中的所有文件都有它自身的读、写和执行权限。第一套权限控制访问自己的文件权限，即所有者权限。第二套权限控制用户组访问其中一个用户的文件的权限。第三套权限控制其他所有用户访问一个用户的文件的权限，这 3 套权限赋予用户不同类型（即所有者、用户组和其他用户）的读、写及执行权限，就构成了一个有 9 种类型的权限组。

可以用 ls -l 或者 ll 命令显示文件的详细信息，其中包括权限，内容如下所示。

```
[root@server1 ~]#ll
total 84
drwxr-xr-x  2  root  root  4096   Aug  9  15:03  Desktop
-rw-r--r--  1  root  root  1421   Aug  9  14:15  anaconda-ks.cfg
-rw-r--r--  1  root  root  830    Aug  9  14:09  firstboot.1186639760.25
-rw-r--r--  1  root  root  45592  Aug  9  14:15  install.log
-rw-r--r--  1  root  root  6107   Aug  9  14:15  install.log.syslog
drwxr-xr-x  2  root  root  4096   Sep  1  13:54  webmin
```

在上面的显示结果中从第二行开始,每一行的第一个字符一般用来区分文件的类型,一般取值为 d、-、l、b、c、s、p。具体含义如下。

- d:表示是一个目录,在 ext 文件系统中目录也是一种特殊的文件。
- -:表示该文件是一个普通的文件。
- l:表示该文件是一个符号链接文件,实际上它指向另一个文件。
- b、c:分别表示该文件为区块设备或其他的外围设备,是特殊类型的文件。
- s、p:分别表示这些文件关系到系统的数据结构和管道,通常很少见到。

下面详细介绍权限的种类和设置权限的方法。

2. 一般权限

在 ll 命令的显示结果中,左边一栏每一行的第 2～10 个字符表示文件的访问权限。这 9 个字符每 3 个为一组,左边 3 个字符表示所有者权限,中间 3 个字符表示与所有者同一组的用户的权限,右边 3 个字符是其他用户的权限。

(1) 9 个字符的意义。

- 字符 2、3、4 表示该文件所有者的权限,有时也简称为 u(user)的权限。
- 字符 5、6、7 表示该文件所有者所属组的组成员的权限。例如,此文件拥有者属于 user 组群,该组群中有 6 个成员,表示这 6 个成员都有此处指定的权限。简称为 g (group)的权限。
- 字符 8、9、10 表示该文件所有者所属组群以外的权限,简称为 o(other)的权限。

(2) 9 个字符的权限种类。

- r(read,读取):对文件而言,具有读取文件内容的权限;对目录来说,具有浏览目录的权限。
- w(write,写入):对文件而言,具有新增、修改文件内容的权限;对目录来说,具有删除、移动目录内文件的权限。
- x(execute,执行):对文件而言,具有执行文件的权限;对目录来说,具有进入目录的权限。

提 示

"-"表示不具有该项权限。

下面举例说明不同文件的权限。

- brwxr---r--:该文件是块设备文件,文件所有者具有读、写与执行的权限,其他用户则具有读取的权限。
- -rw-rw-r-x:该文件是普通文件,文件所有者与同组用户对文件具有读写的权限,而其他用户仅具有读取和执行的权限。
- drwx--x--x:该文件是目录文件,目录所有者具有读写与进入目录的权限,其他用户能进入该目录,却无法读取任何数据。
- lrwxrwxrwx:该文件是符号链接文件,文件所有者、同组用户和其他用户对该文件都具有读、写和执行权限。

每个用户都拥有自己的主目录，通常在/home 目录下，这些主目录的默认权限为 rwx------。执行 mkdir 命令所创建的目录，其默认权限为 rwxr-xr-x，用户可以根据需要修改目录的权限。

此外，默认的权限可用 umask 命令修改，用法非常简单，只需执行 umask 777 命令，便代表屏蔽所有的权限，因而之后建立的文件或目录，其权限都变成 000，以此类推。通常 root 账号搭配 umask 命令的数值为 022、027 和 077，普通用户则是采用 002，这样所产生的默认权限依次为 755、750、700、775。有关权限的数字表示法后面将会详细说明。

用户登录系统时，用户环境就会自动执行 rmask 命令来决定文件、目录的默认权限。

3. 特殊权限

文件与目录设置还有特殊权限。由于特殊权限会拥有一些"特权"，因而用户若无特殊需求，不应该启用这些权限，避免安全方面出现严重漏洞，造成黑客入侵，甚至摧毁系统。

（1）s 或 S(SUID，set UID)。可执行的文件搭配这个权限便能得到特权。请注意，具备 SUID 权限的文件，黑客会经常利用这种权限，以 SUID 配上 root 账号拥有者，无声无息地在系统中开个"后门"，供日后进出使用。

（2）s 或 S(SGID，set GID)。设置在文件上面，其效果与 SUID 相同，只不过将文件所有者换成用户组，该文件就可以任意存取整个用户组所能使用的系统资源。

（3）T 或 T(STICKY)。/tmp 和/var/tmp 目录供所有用户暂时存取文件，即每位用户皆拥有完整的权限进入该目录，去浏览、删除和移动文件。

因为 SUID、SGID、Sticky 占用 x 的位置来表示，所以在表示上会有大小写之分。假如同时开启执行权限和 SUID、SGID、Sticky，则权限表示字符是小写：

```
-rwsr-sr-t 1 root root 4096 6月 23 08：17 conf
```

如果关闭执行权限，则权限表示字符是大写：

```
-rwSr-Sr-T 1 root root 4096 6月 23 08：17 conf
```

4. 文件权限修改

在文件建立时系统会自动设置权限，如果这些默认权限无法满足需要，可以使用 chmod 命令来修改权限。通常在权限修改时可以用两种方式来表示权限类型：数字表示法和文字表示法。

chmod 命令的语法格式如下：

```
chmod 选项 文件
```

（1）以数字表示法修改权限。数字表示法是指将读取(r)、写入(w)和执行(x)分别以 4、2、1 的形式表示，没有授予的部分就表示为 0，然后再把所授予的权限相加而成。表 6-2 所示的是几个示范的例子。

表 6-2　以数字表示法修改权限的例子

原 始 权 限	转换为数字	数字表示法
rwxrwxr-x	(421)(421)(401)	775
rwxr-xr-x	(421)(401)(401)	755
rw-rw-r--	(420)(420)(400)	664
rw-r--r--	(420)(400)(400)	644

例如，为文件/yy/file 设置权限，赋予拥有者和组群成员读取和写入的权限，而其他人只有读取权限。应该将权限设为 rw-rw-r--，而该权限的数字表示法为 664，因此可以输入下面的命令来设置权限。

```
[root@server1 ~]#mkdir /yy
[root@server1 ~]#cd /yy
[root@server1 yy]#touch file
[root@server1 yy]#chmod 664 file
[root@server1 yy]#ll
总用量 0
-rw-r--r--.1 root root 0 10月  3 21:43 file
```

（2）以文字表示法修改访问权限。使用权限的文字表示法时，系统用 4 种字母来表示不同的用户。

- u：即 user，表示所有者。
- g：即 group，表示属组。
- o：即 others，表示其他用户。
- a：即 all，表示以上 3 种用户。

操作权限使用下面 3 种字符的组合表示法。

- r：即 read，读取。
- w：即 write，写入。
- x：即 execute，执行。

操作符号包括以下几种类型。

- ＋：添加某种权限。
- －：减去某种权限。
- ＝：赋予给定权限并取消原来的权限。

以文字表示法修改文件权限时，上例中的权限设置命令如下：

```
[root@server1 yy]#chmod u=rw,g=rw,o=r /yy/file
```

修改目录权限和修改文件权限相同，都是使用 chmod 命令。但不同的是，要使用通配符“＊”来表示目录中的所有文件。

例如，要同时将/yy 目录中的所有文件权限设置为所有人都可读取及写入，应该使用下面的命令。

```
[root@server1 yy]#chmod a=rw /yy/ *
```

或者

```
[root@server1 yy]#chmod 666 /yy/ *
```

如果目录中包含其他子目录,则必须使用-R(Recursive)参数来同时设置所有文件及子目录的权限。

利用 chmod 命令也可以修改文件的特殊权限。

例如,要设置/yy/file 文件的 SUID 权限的方法如下:

```
[root@server1 yy]#chmod u+s /yy/file
[root@server1 yy]#ll
总用量 0
-rwSrw-rw-.1 root root 0 10月  3 21:43 file
```

特殊权限也可以采用数字表示法。SUID、SGID 和 Sticky 权限分别为 4、2 和 1。使用 chmod 命令设置文件权限时,可以在普通权限的数字前面加上一位数字来表示特殊权限。例如:

```
[root@server1 yy]#chmod 6664 /yy/file
[root@server1 yy]#ll/yy
总用量 0
-rwSrwSr--.1 root root 0 10月  3 21:43 file
```

5. 文件所有者与属组修改

要修改文件的所有者可以使用 chown 命令。chown 命令的语法格式如下:

```
chown  选项 用户和属组 文件列表
```

用户和属组可以是名称,也可以是 UID 或 GID。多个文件之间用空格分隔。

例如,要把/yy/file 文件的所有者修改为 test 用户,程序如下:

```
[root@server1 yy]#chown test /yy/file
[root@server1 yy]#ll
总计 22
-rw-rwSr--  1 test root 22 11-27 11:42 file
```

chown 命令可以同时修改文件的所有者和属组,用“:”分隔。

例如,将/yy/file 文件的所有者和属组都改为 test 用户,程序如下:

```
[root@server1 yy]#chown test:test /yy/file
```

如果只修改文件的属组,可以使用下列命令。

```
[root@server1 yy]#chown :test /yy/file
```

修改文件的属组也可以使用 chgrp 命令。

```
[root@server1 yy]#chgrp test /yy/file
```

6.2　管理磁盘

在 Linux 系统安装时,其中有一个步骤是进行磁盘分区。可以采用 Disk Druid、RAID 和 LVM 等方式进行分区。除此之外,在 Linux 系统中还有 fdisk、cfdisk、parted 等分区工具。本节将介绍几种常见的磁盘管理相关内容。

6.2.1　常用的磁盘管理工具

　　　　由于读者的计算机的分区状况各不相同,显示的信息也不尽相同,后面的图形显示只作参考。读者应根据自己计算机的磁盘情况进行练习。

1. fdisk

fdisk 磁盘分区工具在 DOS、Windows 和 Linux 中都有相应的应用程序。在 Linux 系统中,fdisk 是基于菜单的命令。用 fdisk 对硬盘进行分区,可以在 fdisk 命令后面直接加上要分区的硬盘作为参数。例如,对第二块 SCSI 硬盘进行分区操作。

```
[root@server1 ~]#fdisk /dev/sdb
Command (m for help):
```

在 Command 提示后面输入相应的命令来选择需要的操作,输入 m 命令是列出所有可用命令。表 6-3 所示的是 fdisk 命令选项及其功能。

表 6-3　fdisk 命令选项及其功能

命令选项	功　　能	命令选项	功　　能
a	调整硬盘启动分区	q	不保存更改,退出 fdisk 命令
d	删除硬盘分区	t	更改分区类型
l	列出所有支持的分区类型	u	切换所显示的分区大小的单位
m	列出所有命令	w	把修改写入硬盘分区表,然后退出
n	创建新分区	x	列出高级选项
p	列出硬盘分区表		

在前面的安装部分,我们对硬盘分区时,预留了部分未分区空间,下面将会用到。

（1）查阅磁盘分区。

```
[root@server1 ~]#fdisk -l
```

（2）删除磁盘分区。下面在/dev/sda 上进行分区。通过几个实例进行说明。

① 运行 fdisk。

```
[root@server1 ~]#fdisk /dev/sda
```

② 查看整个分区表的情况。

```
Command (m for help): p

Disk /dev/sda: 41.1 GB, 41174138880 bytes
255 heads, 63 sectors/track, 5005 cylinders
Units =cylinders of 16065 * 512 =8225280 bytes

  Device   Boot  Start   End    Blocks   Id  System
/dev/sda1    *      1     13      104391  83  Linux
/dev/sda2          14   1288   10241437+  83  Linux
/dev/sda3         1289  1925    5116702+  83  Linux
/dev/sda4         1926  5005   24740100   5  Extended
/dev/sda5         1926  2052    1020096   82  Linux swap/Solaris
```

③ 使用 d 删除分区。

```
Command (m for help):d
Partition number (1-5): 4

Command (m for help): d
Partition number (1-4): 3

Command (m for help):p

Disk /dev/sda: 41.1 GB, 41174138880 bytes
255 heads, 63 sectors/track, 5005 cylinders
Units =cylinders of 16065 * 512 =8225280 bytes

Device   Boot  Start   End    Blocks   Id  System
/dev/sda1  *      1     13      104391  83  Linux
/dev/sda2         14   1288   10241437+  83  Linux
#因为 /dev/sda5 是由 /dev/sda4 所衍生出来的逻辑分区,因此 /dev/sda4 被删除,/dev/sda5
 就自动不见了,最终就会剩下两个分区

Command (m for help):q
#这里仅做一个练习,所以按下 q 键
```

（3）练习新增磁盘分区。新增磁盘分区有多种情况,因为新增 Primary/Extended/

Logical 磁盘分区的显示结果都不大相同。下面先将/dev/sda 全部删除成为干净未分区的磁盘,然后依次新增。

① 运行 fdisk 来删除所有分区。

```
[root@server1 ~]#fdisk /dev/sda
Command (m for help): d
Partition number (1-5): 4

Command (m for help): d
Partition number (1-4): 3

Command (m for help): d
Partition number (1-4): 2

Command (m for help): d
Selected partition 1
#由于最后仅剩下一个磁盘分区,因此系统主动选取这个磁盘分区进行删除
```

② 先新增一个 Primary 分区,且指定为 4 号分区。

```
Command (m for help): n
Command action                        //因为是全新磁盘,因此只会显示 extended/primary 分区
  e extended
  p primary partition (1-4)
p                                     //选择 Primary 分区
Partition number (1-4): 4             //配置为 4 号
First cylinder (1-5005, default 1):   //直接按下 Enter 键
Using default value 1                 //起始磁柱选用默认值
Last cylinder or +size or +sizeM or +sizeK (1-5005, default 5005): +512M
#这里需要注意,Partition 包含了由 n1 到 n2 的磁柱号码(cylinder),但不同磁盘磁柱的大小各
  不相同,可以填入"+512MB"让系统自动计算找出最接近 512MB 的那个磁柱号,因为不可能正好等
  于 512MB。如上所示,这个地方输入的方式有两种:①直接输入磁柱号,需要读者自己计算磁柱/分
  区的大小;②用+XXM 来输入分区的大小,让系统自己寻找磁柱号。其中,+与 M 是必须要有的,XX
  为数字

Command (m for help): p

Disk /dev/sda: 41.1 GB, 41174138880 bytes
255 heads, 63 sectors/track, 5005 cylinders
Units =cylinders of 16065 * 512 =8225280 bytes

Device     Boot  Start  End  Blocks  Id  System
/dev/sda4           1    63   506016  83  Linux
#注意,只有 4 号,1~3 号保留未用
```

③ 继续新增一个分区，这次新增 Extended 分区。

```
Command (m for help): n
Command action
    e extended
    p primary partition (1-4)
e                                              //选择的是 Extended 分区
Partition number (1-4): 1
First cylinder (64-5005, default 64):    //直接按 Enter 键
Using default value 64
Last cylinder or +size or +sizeM or +sizeK (64-5005, default 5005): //直接按 Enter 键
Using default value 5005
#扩展分区最好能够包含所有未分区空间,所以将所有未分配的磁柱都分配给这个分区。在开始/结
  束磁柱的位置上按两次 Enter 键,并使用默认值

Command (m for help): p

Disk /dev/sda: 41.1 GB, 41174138880 bytes
255 heads, 63 sectors/track, 5005 cylinders
Units =cylinders of 16065 * 512 =8225280 bytes


  Device    Boot   Start    End    Blocks    Id  System
/dev/sda1           64      5005   39696615  5   Extended
/dev/sda4           1       63     506016    83  Linux
#如上所示,所有的磁柱都在/dev/sda1 里面了
```

④ 随便新增一个 2GB 的分区。

```
Command (m for help): n
Command action
    l  logical (5 or over)            //因为已有扩展分区,所以出现逻辑分区
    p  primary partition (1-4)
p                                     //能否新增主要分区?可以试一试
Partition number (1-4): 2
No free sectors available             //肯定不行!因为没有多余的磁柱可供分配

Command (m for help): n
Command action
    l  logical (5 or over)
    p  primary partition (1-4)
l                                     //必须使用逻辑分区
First cylinder (64-5005, default 64):    //直接按 Enter 键
Using default value 64
Last cylinder or +size or +sizeM or +sizeK (64-5005, default 5005): +2048M

Command (m for help): p

Disk /dev/sda: 41.1 GB, 41174138880 bytes
255 heads, 63 sectors/track, 5005 cylinders
```

```
Units =cylinders of 16065 * 512 =8225280 bytes

  Device    Boot  Start   End    Blocks      Id  System
/dev/sda1          64     5005   39696615    5   Extended
/dev/sda4          1      63     506016      83  Linux
/dev/sda5          64     313    2008093+    83  Linux
#这样就新增了 2GB 的分区,且由于是逻辑分区,所以分区号从 5 号开始
Command (m for help): q
#这里仅做一个练习,所以按下 q 键离开
```

（4）分区实训训练。请依照你的系统情况创建一个大约 1GB 的分区,并显示该分区的相关信息。前面讲过/dev/sda 尚有剩余磁柱号码,因此可以有如下操作。

```
[root@server1 ~]#fdisk /dev/sda
Command (m for help): n
First cylinder (2495-2610, default 2495):              //直接按 Enter 键
Using default value 2495
Last cylinder or +size or +sizeM or +sizeK (2495-2610, default 2610): //直接按 Enter 键
Using default value 2610

Command (m for help): p
Disk /dev/sda: 21.4 GB, 21474836480 bytes
255 heads, 63 sectors/track, 2610 cylinders
Units =cylinders of 16065 * 512 =8225280 bytes
  Device    Boot  Start   End      Blocks    Id  System
/dev/sda1    *     1      13       104391    83  Linux
/dev/sda2          14     274      2096482+  83  Linux
/dev/sda3          275    535      2096482+  82  Linux swap/Solaris
/dev/sda4          536    2610     16667437+  5  Extended
/dev/sda5          536    1579     8385898+  83  Linux
/dev/sda6          1580   2232     5245191   83  Linux
/dev/sda7          2233   2363     1052226   83  Linux
/dev/sda8          2364   2494     1052226   83  Linux
/dev/sda9          2495   2610     931738+   83  Linux

Command (m for help): w
[root@server1 ~]#partprobe                            //强制重写分区表
```

以上的操作中重启系统后才能使命令生效。如果不想重启就使命令生效,只需要执行 partprobe 命令。

2. mkfs

硬盘分区后,下一步的工作就是建立文件系统。类似于 Windows 下的格式化硬盘,在硬盘分区上建立文件系统会冲掉分区上的数据,而且不可恢复,因此在建立文件系统之前要确认分区上的数据不再使用。建立文件系统的命令是 mkfs,其语法格式如下:

```
mkfs [参数] 文件系统
```

mkfs 命令的常用参数选项如下。

- -t：指定要创建的文件系统类型。
- -c：建立文件系统前首先检查坏块。
- -l file：从文件 file 中读磁盘坏块列表，file 文件一般是由磁盘坏块检查程序产生的。
- -V：输出建立文件系统的详细信息。

例如，在/dev/sdb1 上建立 ext3 类型的文件系统，建立时检查磁盘坏块并显示详细信息，命令如下：

```
[root@server1 ~]#mkfs -t ext3 -V -c /dev/sdb1
```

3. fsck

fsck 命令主要用于检查文件系统的正确性，并对 Linux 磁盘进行修复。fsck 命令的语法格式如下：

```
fsck [参数选项] 文件系统
```

fsck 命令的常用参数选项如下。

- -t：给定文件系统类型，若在/etc/fstab 中已有定义或 Kernel 本身已支持，则不需添加此项。
- -s：一个一个地执行 fsck 命令并进行检查。
- -A：对/etc/fstab 文件中所有列出来的分区进行检查。
- -C：显示完整的检查进度。
- -d：列出 fsck 命令的 debug 结果。
- -P：在同时有-A 选项时，多个 fsck 的检查一起执行。
- -a：如果检查中发现错误，则自动修复。
- -r：如果检查有错误，则询问是否修复。

例如，检查分区/dev/sdb1 上是否有错误，如果有错误则自动修复。命令程序如下：

```
[root@server1 ~]#fsck -a /dev/sdb1
fsck 1.35 (28-Feb-2004)
/dev/sdb1: clean, 11/26104 files, 8966/104388 blocks
```

4. df

df 命令用来查看文件系统的磁盘空间占用情况。可以利用该命令来获取硬盘被占用了多少空间，目前还有多少空间信息，还可以利用该命令获得文件系统的挂载位置。

df 命令的语法格式如下：

```
df [参数选项]
```

df 命令的常见参数选项如下。

- -a：显示所有文件系统的磁盘使用情况，包括 0 块的文件系统，如/proc 文件系统。
- -k：以 k 字节为单位显示。
- -i：显示 i 节点信息。
- -t：显示各指定类型的文件系统的磁盘空间使用情况。
- -x：列出不是某一指定类型文件系统的磁盘空间使用情况（与 t 选项相反）。
- -T：显示文件系统类型。

例如，列出各文件系统的占用情况。

```
[root@server1 ~]#df
Filesystem     1K-blocks     Used        Available     Use%     Mounted on
/dev/sda3      5842664       2550216     2995648       46%      /
/dev/sda1      93307         8564        79926         10%      /boot
none           63104         0           63104         0%       /dev/shm
```

列出各文件系统的 i 节点的使用情况。

```
[root@server1 ~]#df -ia
Filesystem     Inodes     IUsed      IFree      IUse%     Mounted on
/dev/sda3      743360     130021     613339     18%       /
none           0          0          0          -         /proc
usbfs          0          0          0          -         /proc/bus/usb
/dev/sda1      24096      34         24062      1%        /boot
none           15776      1          15775      1%        /dev/shm
nfsd           0          0          0          -         /proc/fs/nfsd
```

列出文件系统的类型。

```
[root@server1 ~]#df -T
Filesystem     Type     1K-blocks     Used        Available     Use%    Mounted on
/dev/sda3      ext3     5842664       2550216     2995648       46%     /
/dev/sda1      ext3     93307         8564        79926         10%     /boot
none           tmpfs    63104         0           63104         0%      /dev/shm
```

5. du

du 命令用于显示磁盘空间的使用情况。该命令逐级显示指定目录的每一级子目录占用文件系统数据块的情况。du 命令的语法格式如下：

```
du [参数选项] [name---]
```

du 命令的常用参数选项如下。

- -s：对每个 name 参数只给出占用的数据块总数。
- -a：递归显示指定目录中各文件以及子目录中各文件占用的数据块数。
- -b：以字节为单位列出磁盘空间使用情况（Advanced Server 4.0 中默认以 KB 为单位）。

- -k：以 1024B 为单位列出磁盘空间使用情况。
- -c：在统计后加上一个总计（系统默认设置）。
- -l：计算所有文件大小，对硬链接文件重复计算。
- -x：跳过在不同文件系统上的目录，不予统计。

例如，以字节为单位列出所有文件和目录的磁盘空间占用情况。命令程序如下：

```
[root@server1 ~]#du -ab
```

6. mount 与 umount

（1）mount 命令。在磁盘上建立好文件系统之后，还需要把新建立的文件系统挂载到系统上才能使用，这个过程称为挂载，文件系统所挂载到的目录称为挂载点（mount point）。Linux 系统中提供了/mnt 和/media 两个专门的挂载点。一般而言，挂载点应该是一个空目录，否则目录中原来的文件将被系统隐藏。通常将光盘挂载到/media/cdrom（或者/mnt/cdrom）中，其对应的设备文件名为/dev/cdrom。

文件系统的挂载可以在系统引导过程中自动挂载，也可以手动挂载。手动挂载文件系统的挂载命令是 mount。mount 命令的语法格式如下：

```
mount 选项 设备 挂载点
```

mount 命令的常见参数选项如下。
- -t：指定要挂载的文件系统的类型。
- -r：如果不想修改要挂载的文件系统，可以使用该选项以读取方式挂载。
- -w：以可写的方式挂载文件系统。
- -a：挂载/etc/fstab 文件中记录的设备。

把文件系统类型为 ext3 的磁盘分区/dev/sda2 挂载到/media/sda2 目录下，可以使用以下命令。

```
[root@server1 ~]#mount -t ext3 /dev/sda2 /media/sda2
```

挂载光盘到/media/cdrom 目录（该目录提前已建立好）可以使用下列命令。

```
[root@server1 ~]#mount -t iso9660 /dev/cdrom /media/cdrom
```

使用下面的命令也可以完成光盘的挂载。

```
[root@server1 ~]#mount /dev/cdrom /media/cdrom
```

 通常，使用 mount /dev/cdrom 命令挂载光盘后，在/media 目录下会有 cdrom 子目录。但如果使用的光驱是刻录机，此时/media 目录下为 cdrecorder 子目录而不是 cdrom 子目录。说明光盘是挂载到/media/cdrecorder 目录下。

（2）umount 命令。文件系统可以被挂载也可以被卸载。卸载文件系统的命令是 umount。

umount 命令的语法格式如下：

```
umount 设备 挂载点
```

例如，卸载光盘可以使用如下命令。

```
[root@server1 ~]#umount /dev/cdrom /media/cdrom
```

或者

```
[root@server1 ~]#umount /dev/cdrom
```

或者

```
[root@server1 ~]#umount /media/cdrom
```

 注意　光盘在没有卸载之前，无法从驱动器中弹出。

7. 文件系统的自动挂载

如果要实现每次开机自动挂载文件系统，可以通过编辑/etc/fstab 文件来实现。在 /etc/fstab 中列出了引导系统时需要挂载的文件系统，以及文件系统的类型和挂载参数。系统在引导过程中会读取/etc/fstab 文件，并根据该文件的配置参数挂载相应的文件系统。以下是一个 fstab 文件的内容。

```
[root@server1 ~]#cat /etc/fstab
#This file is edited by fstab-sync - see 'man fstab-sync' for details
LABEL=/            /              ext3     defaults                         1 1
LABEL=/boot        /boot          ext3     defaults                         1 2
none               /dev/pts       devpts   gid=5,mode=620                   0 0
none               /dev/shm       tmpfs    defaults                         0 0
none               /proc          proc     defaults                         0 0
none               /sys           sysfs    defaults                         0 0
LABEL=SWAP-sda2    swap           swap     defaults                         0 0
/dev/sdb2          /media/sdb2    ext3     rw,grpquota,usrquota             0 0
/dev/hdc           /media/cdrom   auto     pamconsole,exec,noauto,managed   0 0
/dev/fd0           /media/floppy  auto     pamconsole,exec,noauto,managed   0 0
```

/etc/fstab 文件的每一行代表一个文件系统，每一行又包含 6 列，这 6 列的内容如下：

```
fs_spec  fs_file  fs_vfstype  fs_mntops  fs_freq  fs_passno
```

以上内容的具体含义如下。

- fs_spec：将要挂载的设备文件。
- fs_file：文件系统的挂载点。
- fs_vfstype：文件系统类型。
- fs_mntops：挂载选项，传递给 mount 命令时决定如何挂载，各选项之间用逗号隔开。
- fs_freq：由 dump 程序决定文件系统是否需要备份，0 表示不备份，1 表示备份。
- fs_passno：由 fsck 程序决定引导时是否检查磁盘及检查次序，取值可以为 0、1、2。

例如，如果实现每次开机自动将文件系统类型为 vfat 的分区/dev/sdb3 挂载到/media/sdb3 目录下，需要在/etc/fstab 文件中添加下面一行。重新启动计算机后，/dev/sdb3 就能自动挂载了。

```
/dev/sdb3 /media/sdb3 vfat  defaults  0  0
```

6.2.2 Linux 中的软 RAID

RAID(redundant array of inexpensive disks，独立磁盘冗余阵列)用于将多个廉价的小型磁盘驱动器合并成一个磁盘阵列，以提高存储性能和容错功能。RAID 可分为软 RAID 和硬 RAID。软 RAID 是通过软件实现多块硬盘冗余的；硬 RAID 一般是通过 RAID 卡来实现 RAID 的。软 RAID 配置简单，管理比较灵活，对于中小企业来说不失为一种最佳选择；硬 RAID 在性能方面具有一定优势，但往往花费比较大。

RAID 作为高性能的存储系统，已经得到了越来越广泛的应用。RAID 的级别从 RAID 概念的提出到现在，已经发展了 6 个级别，分别是 0、1、2、3、4、5。其中最常用的是 0、1、3、5 这 4 个级别。

RAID 0 是将多个磁盘合并成一个大的磁盘，不具有冗余，采用并行 I/O，速度最快。RAID 0 也称为带区集。在存放数据时，其将数据按磁盘的个数来进行分段，同时将这些数据写进相应的磁盘中。由于 RAID 0 没有冗余功能，如果一个磁盘(物理)损坏，则所有的数据都无法使用。

RAID 1 把磁盘阵列中的硬盘分成相同的两组，互为镜像。当任一磁盘介质出现故障时，可以利用其镜像上的数据恢复，从而提高系统的容错能力。对数据的操作仍采用分块后并行传输方式。所以，RAID 1 不仅提高了读写速度，也加强了系统的可靠性。其缺点是硬盘的利用率低，只有 50%。

RAID 3 存放数据的原理和 RAID 0、RAID 1 不同，RAID 3 以一个硬盘来存放数据的奇偶校验位，数据则分段存储于其余的硬盘中。它像 RAID 0 一样以并行的方式来存放数据，但速度没有 RAID 0 快。如果硬盘(物理)损坏，只需将坏的硬盘换掉即可。RAID 控制系统会根据校验盘的数据校验位在新盘中重建坏盘上的数据。不过，如果校验盘(物理)损坏，则全部数据都无法使用。利用单独的校验盘来保护数据虽然没有镜像的安全性高，但是硬盘利用率得到了很大的提高，为 $n-1$(n 为硬盘数量，下同)。

RAID 5 向阵列中的磁盘写数据,奇偶校验数据存放在阵列中的各个磁盘上,允许单个磁盘出错。RAID 5 也是以数据的校验位来保证数据安全的,但它不是以单独硬盘来存放数据的校验位,而是将数据段的校验位交互存放于各个硬盘上。这样,任何一个硬盘损坏,都可以根据其他硬盘上的校验位来重建损坏的数据。硬盘的利用率为 $n-1$。

Red Hat Enterprise Linux 7.4 提供了对软 RAID 技术的支持。在 Linux 系统中,可以使用 mdadm 工具建立和管理 RAID 设备。

1. 实现软 RAID 的设计和准备

通过 VMware 虚拟机的"设置"→"添加"→"硬盘"→"SCSI 硬盘"命令添加一块 SCSI 硬盘。比如,某用户的计算机已经有了一块硬盘/dev/sda,所以新加的硬盘是/dev/sdb。创建该磁盘的扩展分区,同时将该扩展分区划分成 4 个逻辑分区。具体环境及要求如下。

- 每个逻辑分区大小为 1024MB,分区类型 id 为 fd(Linux raid autodetect)。
- 利用 4 个分区组成 RAID 5。
- 1 个分区设定为备用磁盘(spare disk),这个备用磁盘的大小与其他 RAID 所需分区一样大。
- 将此 RAID 5 装置挂载到/mnt/raid 目录下。

2. 创建 4 个磁盘分区

使用 fdisk 命令创建 4 个磁盘分区/dev/sdb5、/dev/sdb6、/dev/sdb7、/dev/sdb8,并设置分区类型 id 为 fd(Linux raid autodetect)。分区过程及结果如下:

```
[root@localhost ~]#fdisk /dev/sdb
The number of cylinders for this disk is set to 2610.
There is nothing wrong with that, but this is larger than 1024,
and could in certain setups cause problems with:
1) software that runs at boot time (e.g., old versions of LILO)
2) booting and partitioning software from other OSs
   (e.g., DOS FDISK, OS/2 FDISK)

Command (m for help): n        #创建磁盘分区
Command action
   e   extended
   p   primary partition(1-4)
e                              #创建磁盘分区的类型为 e(extended),即扩展分区
Partition number (1-4): 1      #扩展分区的分区号为 1,即扩展分区为/dev/sdb1
First cylinder (1-2610, default 1): #起始磁柱为 1
Using default value 1
Last cylinder or +size or +sizeM or +sizeK (1-2610, default 2610): +10240M  #容量为 10GB

Command (m for help): n        #开始创建 1GB 逻辑磁盘分区,由于是逻辑分区,所以起始号是 5
Command action
   l   logical (5 or over)
```

```
    p   primary partition (1-4)
l                                           #字母 l 键表示开始创建扩展分区的逻辑分区
First cylinder (1-1246, default 1):         #起始磁柱为 1,按 Enter 键取默认值
Using default value 1
#第一个逻辑分区是/dev/sdb5,容量为 1024MB
Last cylinder or +size or +sizeM or +sizeK (1-1246, default 1246): +1024M
Command (m for help): n                     #开始创建 1GB 的第二个逻辑磁盘分区,即/dev/sdb6
Command action
    l   logical (5 or over)
    p   primary partition (1-4)
l                                           #字母 l 键表示开始创建扩展分区的第二个逻辑分区
First cylinder (126-1246, default 126):     #起始磁柱为 126,按 Enter 键取默认值
Using default value 126
Last cylinder or +size or +sizeM or +sizeK (126-1246, default 1246): +1024M
#后面依次创建第 3~5 逻辑磁盘分区/dev/sdb7、/dev/sdb8、/dev/sdb9,不再显示创建过程

Command (m for help): t                     #更改逻辑磁盘分区的分区类型 id
Partition number (1-9): 5                   #更改 dev/sdb5 的分区类型 id
Hex code (type L to list codes): fd         #更改分区类型 id 为 fd
Changed system type of partition 5 to fd (Linux raid autodetect)

#后面依次更改第 3~5 逻辑磁盘分区/dev/sdb6-9 的分区类型 id 为 fd。过程省略

Command (m for help): p                     #划分成功后的磁盘分区

Disk /dev/sdb: 21.4 GB, 21474836480 bytes
255 heads, 63 sectors/track, 2610 cylinders
Units =cylinders of 16065 * 512 =8225280 bytes

  Device    Boot  Start  End   Blocks     Id   System
/dev/sdb1         1      1246  10008463+  5    Extended
/dev/sdb5         1      125   1003999+   fd   Linux raid autodetect
/dev/sdb6         126    250   1004031    fd   Linux raid autodetect
/dev/sdb7         251    375   1004031    fd   Linux raid autodetect
/dev/sdb8         376    500   1004031    fd   Linux raid autodetect
/dev/sdb9         501    625   1004031    fd   Linux raid autodetect

Command (m for help): w                     #存盘退出
The partition table has been altered!

Calling ioctl() to re-read partition table.

WARNING: Re-reading the partition table failed with error 16
The kernel still uses the old table.
The new table will be used at the next reboot.
Syncing disks.
[root@localhost ~]#partprobe                #不重启系统,强制更新分区的划分
```

3. 使用 mdadm 创建 RAID

程序代码如下：

```
[root@server1 ~]#mdadm --create --auto=yes  /dev/md0 --level=5  --raid-devices=4
--spare-devices=1 /dev/sdb{5,6,7,8,9}
```

上述命令中指定 RAID 设备名为/dev/md0,级别为 5,使用 4 个设备建立 RAID,空余一个留做备用。上面的代码中,最后面是装置文件名,这些装置文件名可以是整个磁盘,例如/dev/sdb;也可以是磁盘上的分区,例如/dev/sdb1 之类。不过,这些装置文件名的总数必须要等于--raid-devices 与--spare-devices 的个数总和。此例中,/dev/sdb{5,6,7,8,9}是一种简写,其中/dev/sdb9 为备用。

4. 查看建立的 RAID 5 的具体情况

程序代码如下：

```
[root@localhost ~]#mdadm  --detail  /dev/md0
/dev/md0:
        Version : 0.90
  Creation Time : Thu Feb 27 22:07:32 2014
     Raid Level : raid5
     Array Size : 3011712 (2.87 GiB 3.08 GB)
  Used Dev Size : 1003904 (980.54 MiB 1028.00 MB)
   Raid Devices : 4
  Total Devices : 5
Preferred Minor : 0
    Persistence : Superblock is persistent

    Update Time : Thu Feb 27 22:44:57 2014
          State : clean
 Active Devices : 4
Working Devices : 5
 Failed Devices : 0
  Spare Devices : 1

         Layout : left-symmetric
     Chunk Size : 64K

           UUID : 8ba5b38c:fc703d50:ae82d524:33ea7819
         Events : 0.2

    Number   Major   Minor   RaidDevice      State
       0       8       21        0        active sync /dev/sdb5
       1       8       22        1        active sync /dev/sdb6
       2       8       23        2        active sync /dev/sdb7
       3       8       24        3        active sync /dev/sdb8

       4       8       25        -        spare       /dev/sdb9
```

5. 格式化与挂载使用 RAID

程序代码如下：

```
[root@localhost ~]#mkfs  -t  ext4  /dev/md0
#/dev/md0 作为装置被格式化


[root@localhost ~]#mkdir  /mnt/raid
[root@localhost ~]#mount  /dev/md0  /mnt/raid
[root@localhost ~]#df
文件系统          1K-块        已用         可用      已用%     挂载点
/dev/sda2     2030768     477232    1448712     25%     /
/dev/sda8     1019208      92772     873828     10%     /var
/dev/sda7     1019208      34724     931876      4%     /tmp
/dev/sda6     5080796    2563724    2254816     54%     /usr
/dev/sda5     8123168     449792    7254084      6%     /home
/dev/sda1      101086      11424      84443     12%     /boot
tmpfs         517572          0     517572      0%     /dev/shm
/dev/scd0    2948686    2948686          0    100%     /media/RHEL_5.4 i386 DVD
/dev/md0     2964376      70024    2743768      3%     /mnt/raid
```

6.2.3　LVM

LVM(logical volume manager,逻辑卷管理器)最早应用在 IBM AIX 系统上,它的主要作用是动态分配磁盘分区及调整磁盘分区大小,并且可以让多个分区或者物理硬盘作为一个逻辑卷(相当于一个逻辑硬盘)来使用。这种机制可以让磁盘分区容量划分变得更灵活。

例如,有一个硬盘/dev/hda 划分了 3 个主分区为/dev/hda1、/dev/hda2、/dev/hda3,分别对应的挂载点是/boot、/和/home,除此之外,还有一部分磁盘空间没有划分。伴随着系统用户的增多,如果/home 分区空间不够了,怎么办？传统的方法是在未划分的空间中分割一个分区,挂载到/home 下,并且把 hda3 的内容复制到这个新分区上。或者把这个新分区挂载到另外的挂载点上,然后在/home 下创建超链接来链接到这个新挂载点。这两种方法都不理想,第一种方法浪费了/dev/hda3,并且如果后面的分区容量小于 hda3 时就不好办；第二种方法需要每次都额外创建超链接,比较麻烦。利用 LVM 可以很好地解决这个问题。LVM 的好处在于,可以动态调整逻辑卷(相当于一个逻辑分区)的容量大小。也就是说/dev/hda3 如果是一个 LVM 逻辑分区,比如/dev/rootvg/lv3,那么 lv3 会被动态放大,这样就解决了动态容量调整的问题。当然,前提是系统已设定好 LVM 支持,并且需要动态缩放的挂载点对应的设备是逻辑卷。

1. LVM 的基本概念

(1) PV(physical volume,物理卷)。物理卷处于 LVM 的底层,可以是整个物理磁盘,也可以是硬盘中的分区。

(2) VG(volume group,卷组)。VG 可以看成单独的逻辑磁盘,建立在 PV 之上,是 PV 的组合。一个卷组中至少要包括一个 PV,在卷组建立之后可以动态地添加 PV 到卷组中。

(3) LV(logical volume,逻辑卷)。LV 相当于物理分区的/dev/hdaX。逻辑卷建立在卷

组之上,卷组中的未分配空间可以用于建立新的逻辑卷,逻辑卷建立后可以动态地扩展或缩小空间。系统中的多个逻辑卷可以属于同一个卷组,也可以属于不同的多个卷组。

(4) PE(physical extent,物理区域)。物理区域是物理卷中可用于分配的最小存储单元,物理区域的大小可根据实际情况在建立物理卷时指定。物理区域大小一旦确定将不能更改,同一卷组中的所有物理卷的物理区域大小需要一致。当多个 PV 组成一个 VG 时,LVM 会在所有 PV 上做类似格式化的动作,将每个 PV 切成一块块的空间,这一块块的空间就称为 PE,通常是 4MB。

(5) LE(logical extent,逻辑区域)。逻辑区域是逻辑卷中可用于分配的最小存储单元,逻辑区域的大小取决于逻辑卷所在卷组中的物理区域大小。LE 的大小为 PE 的倍数(通常为 1:1)。

(6) VGDA(volume group descriptor area,卷组描述区域)。VGDA 存在于每个物理卷中,用于描述该物理卷本身、物理卷所属卷组、卷组中的逻辑卷及逻辑卷中物理区域的分配等所有的信息,卷组描述区域是在使用 pvcreate 命令建立物理卷时建立的。

LVM 进行逻辑卷的管理时,创建顺序是 pv→vg→lv。也就是说,首先创建一个物理卷(对应一个物理硬盘分区或者一个物理硬盘),然后把这些分区或者硬盘加入一个卷组中(相当于一个逻辑上的大硬盘),再在这个大硬盘上划分分区 lv(逻辑上的分区,就是逻辑卷),最后把 lv 逻辑卷格式化以后,就可以像使用一个传统分区那样,把它挂载到一个挂载点上,需要的时候,这个逻辑卷就可以被动态缩放。例如,可以用一个长方形的蛋糕来说明这种对应关系。物理硬盘相当于一个长方形蛋糕,把它切割成许多块,每个小块相当于一个 PV,然后把其中的某些 PV 重新放在一起,抹上奶油,那么这些 PV 的组合就是一个新的蛋糕,也就是 VG。最后,切割这个新蛋糕 VG,切出来的小蛋糕就叫作 LV。

　　　　　/boot 启动分区不可以是 LVM,因为 GRUB 和 LILO 引导程序并不能识别 LVM。

2. 物理卷、卷组和逻辑卷的建立

假设系统中新增加了一块硬盘/dev/sdb。下面以在/dev/sdb 上创建卷为例介绍物理卷、卷组和逻辑卷的建立(请在虚拟机系统中提前增加一块硬盘/dev/sdb)。

物理卷可以建立在整个物理硬盘上,也可以建立在硬盘分区中。如在整个硬盘上建立物理卷,则不要在该硬盘上建立任何分区;如使用硬盘分区建立物理卷,则需事先对硬盘进行分区并设置该分区为 LVM 类型,其类型 ID 为 0x8e。

(1) 建立 LVM 类型的分区。利用 fdisk 命令在/dev/sdb 上建立 LVM 类型的分区,程序代码如下:

```
[root@server1 ~]#fdisk /dev/sdb
//使用 n 子命令创建分区
Command (m for help): n
Command action
    e   extended
```

```
     p   primary partition (1-4)
p        //创建主分区
Partition number (1-4): 1
First cylinder (1-130, default 1):
Using default value 1
Last cylinder or +size or +sizeM or +sizeK (1-30, default 30): +100M
//查看当前分区的设置
Command (m for help): p
Disk /dev/sdb: 1073 MB, 1073741824 bytes
255 heads, 63 sectors/track, 130 cylinders
Units = cylinders of 16065 * 512 = 8225280 bytes
Device Boot   Start   End   Blocks   Id   System
/dev/sdb1      1       13    104391   83   Linux
/dev/sdb2      31      60    240975   83   Linux
//使用 t 命令修改分区类型
Command (m for help): t
Partition number (1-4): 1
Hex code (type L to list codes): 8e      //设置分区类型为 LVM 类型
Changed system type of partition 1 to 8e (Linux LVM)
//使用 w 命令保存对分区的修改,并退出 fdisk 命令
Command (m for help): w
```

利用同样的方法创建 LVM 类型的分区/dev/sdb3 和/dev/sdb4。

（2）建立物理卷。利用 pvcreate 命令可以在已经创建好的分区上建立物理卷。物理卷直接建立在物理硬盘或者硬盘分区上,所以物理卷的设备文件使用系统中现有的磁盘分区设备文件的名称。

```
//使用 pvcreate 命令创建物理卷
[root@server1 ~]#pvcreate /dev/sdb1
Physical volume "/dev/sdb1" successfully created
//使用 pvdisplay 命令显示指定物理卷的属性
[root@server1 ~]#pvdisplay /dev/sdb1
```

使用同样的方法建立/dev/sdb3 和/dev/sdb4。

（3）建立卷组。在创建好物理卷后,使用 vgcreate 命令建立卷组。卷组设备文件使用/dev 目录下与卷组同名的目录表示,该卷组中的所有逻辑设备文件都将建立在该目录下,卷组目录是在使用 vgcreate 命令建立卷组时创建的。卷组中可以包含多个物理卷,也可以只有一个物理卷。

```
//使用 vgcreate 命令创建卷组 vg0
[root@server1 ~]#vgcreate vg0 /dev/sdb1
Volume group "vg0" successfully created
//使用 vgdisplay 命令查看 vg0 信息
[root@server1 ~]#vgdisplay vg0
```

其中,vg0 为要建立的卷组名称。这里的 PE 值使用默认的 4MB。如果需要增大,可以使用-L 选项,但是一旦设定以后就不可更改 PE 的值。使用同样的方法创建 vg1 和 vg2。

（4）建立逻辑卷。建立好卷组后,可以使用 lvcreate 命令在已有的卷组上建立逻辑卷。逻辑卷设备文件位于其所在卷组的目录中,该文件是在使用 lvcreate 命令建立逻辑卷时创建的。

```
//使用 lvcreate 命令创建卷组
[root@server1 ~]#lvcreate -L 20M -n lv0 vg0
Logical volume "lv0" created
//使用 lvdisplay 命令显示创建的 lv0 的信息
[root@server1 ~]#lvdisplay /dev/vg0/lv0
```

其中,-L 选项用于设置逻辑卷大小,-n 选项用于指定逻辑卷的名称和卷组的名称。

3. LVM 逻辑卷的管理

（1）增加新的物理卷到卷组。当卷组中没有足够的空间分配给逻辑卷时,可以用给卷组增加物理卷的方法来增加卷组的空间。需要注意的是,下述命令中的/dev/sdb2 必须为 LVM 类型,而且必须为 PV。

```
[root@server1 ~]#vgextend vg0 /dev/sdb2
Volume group "vg0" successfully extended
```

（2）逻辑卷容量的动态调整。当逻辑卷的空间不能满足要求时,可以利用 lvextend 命令把卷组中的空闲空间分配到该逻辑卷以扩展逻辑卷的容量。当逻辑卷的空闲空间太大时,可以使用 lvreduce 命令减少逻辑卷的容量。

```
//使用 lvextend 命令增加逻辑卷容量
[root@server1 ~]#lvextend -L +10M /dev/vg0/lv0
Rounding up size to full physical extent 12.00 MB
Extending logical volume lv0 to 32.00 MB
Logical volume lv0 successfully resized
//使用 lvreduce 命令减少逻辑卷容量
[root@server1 ~]#lvreduce -L -10M /dev/vg0/lv0
  Rounding up size to full physical extent 8.00 MB
  WARNING: Reducing active logical volume to 24.00 MB
  THIS MAY DESTROY YOUR DATA (filesystem etc.)
Do you really want to reduce lv0 [y/n]: y
  Reducing logical volume lv0 to 24.00 MB
  Logical volume lv0 successfully resized
```

（3）删除逻辑卷、卷组、物理卷（必须按照先后顺序进行删除）。

```
//使用 lvremove 命令删除逻辑卷
[root@server1 ~]#lvremove /dev/vg0/lv0
Do you really want to remove active logical volume "lv0" [y/n]: y
  Logical volume "lv0" successfully removed
```

```
//使用 vgremove 命令删除卷组
[root@server1 ~]#vgremove vg0
  Volume group "vg0" successfully removed
//使用 pvremove 命令删除物理卷
[root@server1 ~]#pvremove /dev/sdb1
Labels on physical volume "/dev/sdb1" successfully wiped
```

4. 物理卷、卷组和逻辑卷的检查

（1）物理卷的检查。

```
[root@server1 ~]#pvscan
  PV /dev/sdb4   VG vg2   lvm2 [624.00 MB / 624.00 MB free]
  PV /dev/sdb3   VG vg1   lvm2 [100.00 MB / 88.00 MB free]
  PV /dev/sdb1   VG vg0   lvm2 [232.00 MB / 232.00 MB free]
  PV /dev/sdb2   VG vg0   lvm2 [184.00 MB / 184.00 MB free]
  Total: 4 [1.11 GB] / in use: 4 [1.11 GB] / in no VG: 0 [0]
```

（2）卷组的检查。

```
[root@server1 ~]#vgscan
  Reading all physical volumes.   This may take a while...
  Found volume group "vg2" using metadata type lvm2
  Found volume group "vg1" using metadata type lvm2
  Found volume group "vg0" using metadata type lvm2
```

（3）逻辑卷的检查。

```
[root@server1 ~]#lvscan
  ACTIVE     '/dev/vg1/lv3' [12.00 MB] inherit
  ACTIVE     '/dev/vg0/lv0' [24.00 MB] inherit
  ...
```

6.3 管理磁盘配额

Linux 是一个多用户的操作系统，为了防止某个用户或组群占用过多的磁盘空间，可以通过磁盘配额（disk quota）功能限制用户和组群对磁盘空间的使用。在 Linux 系统中可以通过索引节点数和磁盘块区数来限制用户和组群对磁盘空间的使用。

- 限制用户和组的索引节点数（inode）是指限制用户和组可以创建的文件数量。
- 限制用户和组的磁盘块区数（block）是指限制用户和组可以使用的磁盘容量。

设置系统的磁盘配额大体可以分为 4 个步骤。

（1）启动系统的磁盘配额（quota）功能。

（2）创建磁盘配额文件。

（3）设置用户和组群的磁盘配额。

（4）启动磁盘限额功能。

6.3.1　磁盘配额设置的设计与准备

1. 本次实训的环境要求

- 目的账号：5 个员工的账号分别是 myquotal、myquota2、myquota3、myquota4 和 myquota5，5 个用户的密码都是 password，且这 5 个用户所属的初始群组都是 myquotagrp。其他的账号属性则使用默认值。
- 账号的磁盘容量限制值：5 个用户都能够取得 300MB 的磁盘使用量（hard），文件数量则不予限制。此外，只要容量使用超过 250MB，就予以警告。
- 群组的限额：由于系统里面还有其他用户存在，因此限制 myquotagrp 这个群组最多仅能使用 1GB 的容量。也就是说，如果 myquota1、myquota2 和 myquota3 都用了280MB 的容量，那么其他两个用户最多只能使用 160MB（1000MB－280MB×3）的磁盘容量。这就是使用者与群组同时设定时会产生的效果。
- 宽限时间的限制：希望每个使用者在超过 soft 限制值之后，都还能够有 14 天的宽限时间。

本例中的 /home 必须是独立分区，并且文件系统是 ext4。

2. 使用脚本建立磁盘配额实训所需的环境

制作账号环境时，由于有 5 个账号，因此使用脚本创建环境。

```
[root@server1 ~]#vim addaccount.sh
#!/bin/bash
#使用脚本来建立实验磁盘配额所需的环境
groupadd myquotagrp
for username in myquota1 myquota2 myquota3 myquota4 myquota5
do
        useradd  -g  myquotagrp $username
        echo  "password"|passwd  --stdin $username
done

[root@server1 ~]# sh addaccount.sh
```

6.3.2　实施磁盘配额

1. 启动系统的磁盘配额

（1）文件系统支持。要使用磁盘配额，必须要有文件系统的支持。假设已经使用了预设支持磁盘配额的核心，那么接下来就是要启动文件系统的支持。不过，由于磁盘配额仅针对整个文件系统来进行规划，所以要先检查一下 /home 是否是独立的文件系统，这需要使用df 命令。

```
[root@server1 ~]#df  -h  /home
文件系统     容量    已用    可用    已用%    挂载点
/dev/sda3 7.5GB  37MB  7.5GB    1%    /home      //确定主机的/home是独立的
[root@server1 ~]#mount|grep home
/dev/sda3 on /home type ext4 (rw,relatime,seclabel,data=ordered)
```

从上面的数据来看,这台主机的/home 确实是独立的文件系统,因此可以直接限制 /dev/hda3。如果系统的/home 不是独立的文件系统,那么可能就要针对根目录(/)进行规范。不过,不建议在根目录设定磁盘配额。此外,由于 VFAT 文件系统并不支持 Linux 磁盘配额功能,所以要使用 mount 命令查询一下/home 的文件系统是什么,如果是 ext2/ext3/ext4/xfs,则支持磁盘配额。

(2) 如果只是想要在本次开机中测试磁盘配额,那么可以使用以下的方式来手动加入对磁盘配额的支持。

```
[root@server1 ~]#mount -o remount,usrquota,grpquota /home
[root@server1 ~]#mount|grep home
/dev/sda3 on /home type ext4 (rw,relatime,seclabel,quota,usrquota,grpquota,
data=ordered)
//重点就在于 usrquota 和 grpquota,注意写法
```

(3) 自动挂载。手动挂载的数据在下次重新挂载系统时就会消失,因此最好写入配置文件中。

```
[root@server1 ~]#vim  /etc/fstab
/dev/sda3 /home ext4 defaults,usrquota,grpquota 1 2
//其他项目并没有列出来,重点在于第 4 字段,在 default 后面应加上两个参数
[root@server1 ~]#umount  /home
[root@server1 ~]#mount|grep home
[root@server1 ~]#mount  -a
[root@server1 ~]#mount|grep home
/dev/sda3 on /home type ext4 (rw,relatime,seclabel,quota,usrquota,grpquota,
data=ordered)
```

再次强调,修改完/etc/fstab 后,务必要测试一下。若发生错误则必须尽快处理。因为这个文件如果修改错误,会造成无法完全开机的情况。最好使用 Vim 来修改,因为 Vim 会进行语法的检验。

2. 建立磁盘配额记录文件

其实磁盘配额是通过分析整个文件系统中每个使用者(群组)拥有的文件总数与总容量,再将这些数据记录在该文件系统的最顶层目录,然后在该记录文件中再使用每个账号(或群组)的限制值去规范磁盘使用量。所以,创建磁盘配额记录文件非常重要。可以使用 quotacheck 命令扫描文件系统并建立磁盘配额的记录文件。

当运行 quotacheck 命令时,系统会担心破坏原有的记录文件,所以会产生一些错误信息警告。如果确定没有任何人在使用磁盘配额时,可以强制重新执行 quotacheck 命令的相关动作(-mf)。强制执行的情况可以使用以下的选项功能。

```
#如果因为特殊需求需要强制扫描已挂载的文件系统时
[root@server1 ~]#quotacheck -avug -mf
quotacheck: Scanning /dev/sda5 [/home] quotacheck: Cannot stat old user quota
file: 没有那个文件或目录
quotacheck: Cannot stat old group quota file: 没有那个文件或目录
quotacheck: Cannot stat old user quota file: 没有那个文件或目录
quotacheck: Cannot stat old group quota file: 没有那个文件或目录
#没有找到文件系统,因为还没有制作记录文件
[root@server1 ~]#ll -d /home/a*
-rw------- 1 root root 7168 02-25 20:26 /home/aquota.group
-rw------- 1 root root 7168 02-25 20:26 /home/aquota.user   #记录文件已经建立
```

这样记录文件就建立起来了。不要手动去编辑那两个文件,因为那两个文件是磁盘配额自己的数据文件,并不是纯文本文件,并且该文件会一直变动,这是因为当对/home 这个文件系统进行操作时,操作的结果会影响磁盘,会同步记载到那两个文件中。所以要建立 aquota.user、aquota.group,记得使用 quotacheck 命令,不要手动编辑。

3. 磁盘配额的启动、关闭与限制值设定

制作好磁盘配额配置文件之后,就要启动磁盘配额了。启动的方式很简单,使用 quotaon 命令,如果要关闭,就用 quotaoff 命令。

(1) quotaon:启动磁盘配额的服务。

```
[root@server1 ~]#quotaon [-avug]
[root@server1 ~]#quotaon [-vug] [/mount_point]
```

quotaon 命令的选项与参数说明如下。

- -a:根据/etc/mtab 内的文件系统设定启动有关的磁盘配额。若不加-a,则后面就需要加上特定的那个文件系统。
- -v:显示启动过程的相关信息。
- -u:针对使用者启动磁盘配额(aquota.user)。
- -g:针对群组启动磁盘配额(aquota.group)。

```
#由于要启动 user/group 的磁盘配额,所以使用下面的语法即可
[root@server1 ~]#quotaon -auvg
/dev/sda3 [/home]: group quotas turned on
/dev/sda3 [/home]: user quotas turned on
```

quotaon -auvg 命令几乎只在第一次启动磁盘配额时才需要。因为下次重新启动系统时,系统的/etc/rc.d/rc.sysinit 这个初始化脚本就会自动下达该指令。因此只要在这次实例中进行一次即可,未来都不需要自行启动磁盘配额。

(2) quotaoff:关闭磁盘配额的服务。

在进行完本次操作前不要关闭该服务。

(3) edquota:编辑账号/群组的限值与宽限时间。

① 当进入 myquota1 的限额设定时,相应的显示如下。

```
[root@server1 ~]#edquota -u myquota1
Disk quotas for user myquota1 (uid 500):
  Filesystem  blocks   soft  hard  inodes  soft  hard
  /dev/sda5     64       0     0     8       0     0
```

② 当 soft/hard 为 0 时，表示没有限制的意思。依据我们的需求，需要设定的是 blocks 的 soft/hard，至于 inode 则不要去更改。

```
Disk quotas for user myquota1 (uid 1001):
  Filesystem  blocks   soft    hard    inodes  soft  hard
  /dev/sda3     28     250000  300000    7       0     0
```

提示

在 edquota 的显示中，每一行只要保持 7 个字段就可以了，并不需要排列整齐。

③ 其他 5 个用户的设定可以进行磁盘配额的复制。

```
#将 myquota1 的限制值复制给其他 4 个账号
[root@server1 ~]#edquota -p myquota1 -u myquota2
[root@server1 ~]#edquota -p myquota1 -u myquota3
[root@server1 ~]#edquota -p myquota1 -u myquota4
[root@server1 ~]#edquota -p myquota1 -u myquota5
```

④ 更改群组的磁盘配额限额。

```
[root @server1 ~]#edquota -g myquotagrp
Disk quotas for group myquotagrp (gid 1001):
  Filesystem  blocks   soft    hard     inodes  soft  hard
  /dev/sda3    140     900000  1000000    35      0     0
```

⑤ 将宽限时间改成 14 天。

```
#宽限时间原来为 7 天,现在改成 14 天
[root@server1 ~]#edquota -t
Grace period before enforcing soft limits for users:
Time units may be: days, hours, minutes, or seconds
  Filesystem      Block grace period     Inode grace period
  /dev/sda3          14days                 7days
```

4. repquota 命令针对文件系统的限额做报表

程序代码如下：

```
#查询本案例中所有使用者的磁盘配额的限制情况
[root@server1 ~]#repquota -auvs
*** Report for user quotas on device /dev/sda3
Block grace time: 14days; Inode grace time: 7days
```

```
                 Space limits                 File limits
User          used  soft  hard  grace    used  soft  hard  grace
-----------------------------------------------------------------
root          --    20K   0K    0K         2    0     0
yangyun       --    3788K 0K    0K       147    0     0
myquota1      --    28K   245M  293M       7    0     0
myquota2      --    28K   245M  293M       7    0     0
myquota3      --    28K   245M  293M       7    0     0
myquota4      --    28K   245M  293M       7    0     0
myquota5      --    28K   245M  293M       7    0     0

Statistics:
Total blocks: 7
Data blocks: 1
Entries: 7
Used average: 7.000000
```

5. 测试与管理

（1）利用 myquota1 的身份创建一个 270MB 的大文件，并观察结果。

myquota1 命令对自己的 /home 目录有写入权限，所以转到该目录，否则写入时会出现权限问题。

```
[root@server1 ~]# su myquota1
[myquota1@server1 root]$ cd /home/myquota1
[myquota1@server1 ~]$ dd if=/dev/zero of=bigfile bs=1M count=270
sda3: warning, user block quota exceeded.
记录了 270+0 的读入
记录了 270+0 的写出
283115520 字节 (283MB) 已复制, 0.605311s, 468MB/s
```

此处使用 myquota1 的账号去运行 dd 命令。

接下来看看报表，程序如下。

```
[myquota1@server1 ~]$ su -root
[root@server1 ~]# repquota -auv
* * * Report for user quotas on device /dev/sda3
Block grace time: 14days; Inode grace time: 7days
```

```
                     Block limits              File limits
User      used   soft   hard   grace   used   soft   hard   grace
----------------------------------------------------------------
root      --       20      0       0            2      0       0
yangyun   --     3788      0       0          147      0       0
myquota1  +-   276532 250000  300000 13days    14      0       0
myquota2  --       28 250000  300000           7      0       0
myquota3  --       28 250000  300000           7      0       0
myquota4  --       28 250000  300000           7      0       0
myquota5  --       28 250000  300000           7      0       0

Statistics:
Total blocks: 7
Data blocks: 1
Entries: 7
Used average: 7.000000
```
#这个命令是利用 root 账户去查阅的。可以发现 myquota1 的 grace 出现了,并且开始倒数

（2）再创建另外一个大文件,让总容量超过 300MB。

```
[root@server1 ~]#su myquota1
[myquota1@server1 root]$cd /home/myquota1
[myquota1@server1 ~]$dd if=/dev/zero of=bigfile2 bs=1M count=300
sda3: write failed, user block limit reached.
dd: 写入 bigfile2 出错：超出磁盘限额
记录了 23+0 的读入
记录了 22+0 的写出
24031232 字节(24MB)已复制,0.086637s,277MB/s

[myquota1@server1 ~]$du -sk
300000 .        //达到配额极限了
```

此时,myquota1 可以开始处理它的文件系统了。如果不处理,最后宽限时间会归零,然后出现以下内容。

```
[myquota1@server1 ~]$su - root
[root@server1 ~]#repquota -auv
* * * Report for user quotas on device /dev/hda3
Block grace time: 00:01; Inode grace time: 7days
                     Block limits              File limits
User      used   soft   hard   grace   used   soft   hard   grace
----------------------------------------------------------------
myquota1  +-   300000 250000  300000  none     11      0       0
```
#倒数整个归零,所以 grace 的部分就会变成 none,不继续倒数

6.4　练习题

一、填空题

1. 文件系统是磁盘上有特定格式的一片区域，操作系统利用文件系统和_____文件。

2. ext 文件系统在 1992 年 4 月完成，称为_____，是第一个专门针对 Linux 操作系统的文件系统。Linux 系统使用_____文件系统。

3. _____是光盘所使用的标准文件系统。

4. Linux 的文件系统是采用阶层式的_____结构，在该结构中的最上层是_____。

5. 默认的权限可用_____命令修改，用法非常简单，只需执行_____命令，便代表屏蔽所有的权限，因而之后建立的文件或目录的权限都变成_____。

6. 在 Linux 系统安装时，可以采用_____、_____和_____等方式进行分区。除此之外，在 Linux 系统中还有_____、_____、_____等分区工具。

7. RAID 的中文全称是_____，用于将多个小型磁盘驱动器合并成一个_____，以提高存储性能和_____功能。RAID 可分为_____和_____，软 RAID 通过软件实现多块硬盘_____。

8. LVM(logical volume manager)的中文全称是_____，最早应用在 IBM AIX 系统上。它的主要作用是_____及调整磁盘分区大小，并且可以让多个分区或者物理硬盘作为_____来使用。

9. 可以通过_____和_____来限制用户和组群对磁盘空间的使用。

二、选择题

1. 假定 Kernel 支持 vfat 分区，(　　)操作是将/dev/hda1(一个 Windows 分区)加载到/win 目录。

　　A. mount -t windows /win /dev/hda1

　　B. mount -fs＝msdos/dev/hda1 /win

　　C. mount -s win /dev/hda1 /win

　　D. mount -t vfat /dev/hda1 /win

2. 关于/etc/fstab 的正确描述是(　　)。

　　A. 启动系统后，由系统自动产生

　　B. 用于管理文件系统信息

　　C. 用于设置命名规则，设置是否可以使用 Tab 键来命名一个文件

　　D. 保存硬件信息

3. 存放 Linux 基本命令的目录是(　　)。

　　A. /bin　　　　　　B. /tmp　　　　　　C. /lib　　　　　　D. /root

4. 对于普通用户创建的新目录，(　　)是默认的访问权限。

　　A. rwxr-xr-x　　　　　　　　　　B. rw-rwxrw-

　　C. rwxrw-rw-　　　　　　　　　　D. rwxrwxrw-

5. 如果当前目录是/home/sea/china，那么 china 的父目录是(　　)。

　　A. /home/sea　　　B. /home/　　　　C. /　　　　　　D. /sea

6. 系统中有用户 user1 和 user2 同属于 users 组。在 user1 用户目录下有一文件 file1，它拥有 644 的权限，如果 user2 想修改 user1 用户目录下的 file1 文件，应拥有（　　）权限。

　　A. 744　　　　　　　B. 664　　　　　　　C. 646　　　　　　　D. 746

7. 在一个新分区上建立文件系统应该使用（　　）命令。

　　A. fdisk　　　　　　B. makefs　　　　　　C. mkfs　　　　　　D. format

8. 用 ls -al 命令列出下面的文件列表，其中（　　）文件是符号链接文件。

　　A. -rw------- 2 hel -s　　users　　　56　　Sep 09 11:05　　hello

　　B. -rw------- 2 hel -s　　users　　　56　　Sep 09 11:05　　goodbey

　　C. drwx----- 1 hel　　　users　　1024　　Sep 10 08:10　　zhang

　　D. lrwx----- 1 hel　　　users　　2024　　Sep 12 08:12　　cheng

9. Linux 文件系统的目录结构是一棵倒挂的树，文件都按其作用分门别类地放在相关的目录中。现有一个外围设备文件，应该将其放在（　　）目录中。

　　A. /bin　　　　　　B. /etc　　　　　　C. /dev　　　　　　D. lib

10. 如果 umask 设置为 022，默认的创建的文件权限为（　　）。

　　A. ----w--w-　　　B. -rwxr-xr-x　　　C. r-xr-x---　　　D. rw-r--r--

三、简答题

1. RAID 技术主要是为了解决什么问题？

2. RAID 0 和 RAID 5 哪个更安全？

3. 位于 LVM 最底层的是物理卷还是卷组？

4. LVM 对逻辑卷的扩容和缩容操作有何异同点？

5. LVM 的快照卷能使用几次？

6. 简述 LVM 的删除顺序。

6.5　项目实录

项目实录一：文件权限管理

1. 观看视频

做实训前请扫描二维码观看视频。

2. 项目实训目的及内容

（1）掌握利用 chmod 及 chgrp 等命令实现 Linux 文件权限管理的方法。

（2）掌握磁盘限额的实现方法。

3. 项目背景

某公司有 60 个员工，分别在 5 个部门工作，每个人的工作内容不同。需要在服务器上为每个人创建不同的账号，把相同部门的用户放在一个组中，每个用户都有自己的工作目录，并且需要根据工作性质给每个部门和每个用户在服务器上的可用空间进行限制。

假设有用户 user1，请设置 user1 对/dev/sdb1 分区的磁盘限额，将 user1 对 blocks 的

soft 设置为 5000，hard 设置为 10000；对 inodes 的 soft 设置为 5000，hard 设置为 10000。

4. 做一做

根据项目实录视频进行项目的实训，检查学习效果。

项目实录二：文件系统管理

1. 观看视频

做实训前请扫描二维码观看视频。

2. 项目实训目的及内容

（1）掌握 Linux 下文件系统的创建、挂载与卸载的方法。

（2）掌握文件系统的自动挂载的方法。

3. 项目背景

某企业的 Linux 服务器中新增了一块硬盘/dev/sdb，请使用 fdisk 命令新建/dev/sdb1 主分区和/dev/sdb2 扩展分区，在扩展分区中新建逻辑分区/dev/sdb5，并使用 mkfs 命令分别创建 vfat 和 ext3 文件系统。然后用 fsck 命令检查这两个文件系统，最后把这两个文件系统挂载到系统上。

4. 做一做

根据项目实录视频进行项目的实训，检查学习效果。

项目实录三：LVM 逻辑卷管理器

1. 观看视频

做实训前请扫描二维码观看视频。

2. 项目实训目的及内容

（1）掌握创建 LVM 分区类型的方法。

（2）掌握 LVM 逻辑卷管理的基本方法。

3. 项目背景

某企业在 Linux 服务器中新增了一块硬盘/dev/sdb，要求 Linux 系统的分区能自动调整磁盘容量。请使用 fdisk 命令新建/dev/sdb1、/dev/sdb2、/dev/sdb3 和/dev/sdb4 为 LVM 类型，并在这 4 个分区上创建物理卷、卷组和逻辑卷；最后将逻辑卷挂载。

4. 做一做

根据项目实录视频进行项目的实训，检查学习效果。

项目实录四：动态磁盘管理

1. 观看视频

做实训前请扫描二维码观看视频。

2. 项目实训目的及内容

掌握 Linux 系统中利用 RAID 技术实现磁盘阵列的管理方法。

3. 项目背景

某企业为了保护重要数据，购买了 4 块同一厂家的 SCSI 硬盘。要求在这 4 块硬盘上创建 RAID 5 卷，以实现磁盘容错。

4. 做一做

根据项目实录视频进行项目的实训，检查学习效果。

6.6　实训：文件系统和磁盘管理

1. 实训目的及内容

（1）掌握 Linux 下磁盘管理的方法。

（2）掌握文件系统的挂载与卸载的方法。

（3）掌握磁盘限额与文件权限管理的方法。

2. 实训环境

在虚拟机相应操作系统的硬盘剩余空间中，用 fdisk 命令创建两个分区，分区类型分别为 fat32 和 Linux；再用 mkfs 命令在上面分别创建 vfat 和 ext3 文件系统；然后用 fsck 命令检查这两个文件系统；最后把这两个文件系统挂载到系统上。

3. 实训练习

（1）使用 fdisk 命令进行硬盘分区。

- 以 root 用户登录到系统字符界面下，输入 fdisk 命令，把要进行分区的硬盘设备文件作为参数，例如 fdisk /dev/sda。
- 利用子命令 m 列出所有可使用的子命令。
- 输入子命令 p，显示已有的分区表。
- 输入子命令 n，创建扩展分区。
- 输入子命令 n，在扩展分区上创建新的分区。
- 输入子命令 l，选择创建逻辑分区。
- 输入新分区的起始扇区号，按 Enter 键使用默认值。
- 输入新分区的大小。
- 再次利用子命令 n 创建另一个逻辑分区，将硬盘所有剩余空间都分配给它。
- 输入子命令 p，显示分区表，查看新创建好的分区。
- 输入子命令 l，显示所有的分区类型的代号。
- 输入子命令 t，设置分区的类型。
- 输入要设置分区类型的分区代号，其中 fat32 为 b，Linux 为 83。
- 输入子命令 p，查看设置结果。
- 输入子命令 w，把设置写入硬盘分区表，退出 fdisk 并重新启动系统。

（2）用 mkfs 创建文件系统。在上述刚刚创建的分区上创建 ext3 文件系统和 vfat 文件系统。

（3）用 fsck 检查文件系统。

（4）挂载和卸载文件系统。

- 利用 mkdir 命令,在/mnt 目录下建立挂载点 mountpoint1 和 mountpoint2。
- 利用 mount 命令列出已经挂载到系统上的分区。
- 把上述新创建的 ext3 分区挂载到/mnt/mountpoint1 上。
- 把上述新创建的 vfat 分区挂载到/mnt/mountpoint2 上。
- 利用 mount 命令列出挂载到系统上的分区,查看挂载是否成功。
- 利用 umount 命令卸载上面的两个分区。
- 利用 mount 命令查看卸载是否成功。
- 编辑系统文件/etc/fstab,把上面两个分区加入此文件中。
- 重新启动系统,显示已经挂载到系统上的分区,检查设置是否成功。

(5) 使用光盘与 U 盘。

- 取一张光盘放入光驱中,将光盘挂载到/media/cdrom 目录下。
- 查看光盘中的文件和目录列表。
- 卸载光盘。
- 利用与上述相似的命令完成 U 盘的挂载与卸载。

(6) 磁盘配额。

- 启动 Vi 编辑/etc/fstab 文件。
- 为/etc/fstab 文件中的 home 分区添加用户和组的磁盘配额。
- 用 quotacheck 命令创建 aquota.user 和 aquota.group 文件。
- 给用户 user01 设置磁盘配额功能。
- 将 blocks 的 soft 设置为 5000,hard 设置为 10000;将 inodes 的 soft 设置为 5000, hard 设置为 10000,编辑完成后保存并退出。
- 重新启动系统。
- 用 quotaon 命令启用磁盘配额功能。
- 切换到用户 user01,查看自己的磁盘配额及使用情况。
- 尝试复制大小分别超过磁盘配额软限制和硬限制的文件到用户的主目录下,检验一下磁盘配额功能是否起作用。

(7) 设置文件权限。

- 在用户主目录下创建目录 test,进入 test 目录创建空文件 file1。
- 以长格式显示文件信息,注意文件的权限和所属用户与组。
- 对文件 file1 设置权限,使其他用户可以对此文件进行写操作。
- 查看设置结果。
- 取消同组用户对此文件的读取权限,查看设置结果。
- 用数字形式为文件 file1 设置权限,所有者可读取、可写、可执行;其他用户和所属组用户只有读取和执行的权限,设置完成后查看设置结果。
- 用数字形式更改文件 file1 的权限,使所有者只能读取此文件,其他任何用户都没有权限,查看设置结果。
- 为其他用户添加可写权限,查看设置结果。
- 回到上层目录,查看 test 的权限。
- 为其他用户添加对此目录的可写权限。

（8）改变所有者。

- 查看目录 test 及其中文件的所属用户和组。
- 把目录 test 及其下的所有文件的所有者改成 bin，所属组改成 daemon，查看设置结果。
- 删除目录 test 及其下的文件。

4. 实训报告

按要求完成实训报告。

第 7 章
DHCP 服务器配置

　　DHCP 服务器是常见的网络服务器。本章将详细讲解在 Linux 操作平台下 DHCP 服务器的配置。

7.1　了解 DHCP 服务

　　DHCP(dynamic host configuration protocol,动态主机配置协议)是一种简化主机 IP 地址分配管理的 TCP/IP 标准协议,是通过服务器集中管理网络上使用的 IP 地址及其他相关配置信息,以减少管理 IP 地址配置的复杂性。

7.1.1　DHCP 服务简介

　　在使用 TCP/IP 协议的网络上,每一台计算机都拥有唯一的 IP 地址。使用 IP 地址及其子网掩码来鉴别它所在的主机和子网。如采用静态 IP 地址的分配方法,当计算机从一个子网移动到另一个子网的时候,必须改变该计算机的 IP 地址,这将增加网络管理员的负担。而 DHCP 服务可以将 DHCP 服务器中的 IP 地址数据库中的 IP 地址动态地分配给局域网中的客户机,从而减轻了网络管理员的负担。

　　在使用 DHCP 服务分配 IP 地址时,网络中至少有一台服务器上安装了 DHCP 服务,其他要使用 DHCP 功能的客户机也必须设置成通过 DHCP 获得 IP 地址。客户机在向服务器请求一个 IP 地址时,如果还有 IP 地址没有被使用,则在数据库中登记该 IP 地址已被该客户机使用,然后回应这个 IP 地址及相关的选项给客户机。图 7-1 是一个支持 DHCP 服务的示意图。

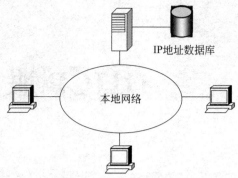

图 7-1 支持 DHCP 服务的示意图

7.1.2 DHCP 服务的工作原理

1. DHCP 客户首次获得 IP 地址租约

DHCP 客户首次获得 IP 地址租约，需要经过以下 4 个阶段与 DHCP 服务器建立联系，如图 7-2 所示。

图 7-2 DHCP 工作过程

（1）IP 租用请求。IP 租用请求也被称为 IP 发现（IP discover）。当发现以下情况中的任意一种时，即启动 IP 地址租用请求。

- 当客户端第一次以 DHCP 客户端的身份启动，也就是它第一次向 DHCP 服务器请求 TCP/IP 配置时。
- 该 DHCP 客户端所租用的 IP 地址已被 DHCP 服务器收回，并已提供给其他 DHCP 客户端使用，而该 DHCP 客户端重新申请新的 IP 地址租约时。
- DHCP 客户端自己释放掉原先所租用的 IP 地址，并且要求租用一个新的 IP 地址时。
- 客户端从固定 IP 地址方式转向使用 DHCP 方式时。

在应用 IP 发现的过程中，DHCP 客户端发出 TCP/IP 配置请求时，DHCP 客户端使用 0.0.0.0 作为自己的 IP 地址，255.255.255.255 作为服务器的 IP 地址，然后以 UDP 的方式在 67 或 68 端口广播出一个 DHCPDISCOVER 信息，该信息含有 DHCP 客户端网卡的 MAC 地址和计算机的 NetBIOS 名称。当第一个 DHCPDISCOVER 信息发送出去后，DHCP 客户端将等待 1s 的时间。如果在此期间内没有 DHCP 服务器对此做出响应，DHCP 客户端将分别在第 9 秒、第 13 秒和第 16 秒时重复发送一次 DHCPDISCOVER 信息。如果仍然没有得到 DHCP 服务器的应答,DHCP 客户端就会在以后每隔 5min 广播一次 DHCP 发现信息,直到得到一个应答为止。

(2) IP 地址租用提供。当网络中的任何一个 DHCP 服务器在收到 DHCP 客户端的 DHCPDISCOVER 信息后,都会对自身进行检查,如果该 DHCP 服务器能够提供空闲的 IP 地址,就从该 DHCP 服务器的 IP 地址池中随机选取一个没有出租的 IP 地址,然后利用广播的方式提供给 DHCP 客户端。在还没有将该 IP 地址正式租用给 DHCP 客户端之前,这个 IP 地址会暂时"隔离"起来,以免再分配给其他 DHCP 客户端。提供应答信息是 DHCP 服务器的第一个响应,它包含了 IP 地址、子网掩码、租用期和提供响应的 DHCP 服务器的 IP 地址。

(3) IP 地址租用选择。当 DHCP 客户端收到第一个由 DHCP 服务器提供的应答信息后,就以广播的方式发送一个 DHCP 请求信息给网络中所有的 DHCP 服务器。在 DHCP 请求信息中包含已选择的 DHCP 服务器返回的 IP 地址。

(4) IP 地址租用确认。一旦被选择的 DHCP 服务器接收到 DHCP 客户端的 DHCP 请求后,就将已保留的这个 IP 地址标识为已租用,然后也以广播的方式发送一个 DHCPACK 信息给 DHCP 客户端。该 DHCP 客户端在接收 DHCP 确认信息后,就完成了获得 IP 地址的整个过程。

2. DHCP 客户更新 IP 地址租约

取得 IP 地址租约后,DHCP 客户机必须定期更新租约,否则当租约到期,就不能再使用此 IP 地址。按照 RFC 默认规定,每当租用时间超过租约的 50% 和 87.5% 时,客户机就必须发出 DHCPREQUEST 信息包,向 DHCP 服务器请求更新租约。在更新租约时,DHCP 客户机是以单点发送的方式发送 DHCPREQUEST 信息包,不再进行广播。

具体过程如下。

(1) 当 DHCP 客户端的 IP 地址使用时间达到租期的 50% 时,它就会向 DHCP 服务器发送一个新的 DHCPREQUEST;若服务器在接收到该信息后并没有可拒绝该请求的理由时,便会发送一个 DHCPACK 信息。当 DHCP 客户端收到该应答信息后,就会重新开始一个租用周期;如果没有收到该服务器的回复,客户机继续使用现有的 IP 地址,因为当前租期还有 50%。

(2) 如果在租期过去 50% 时未能成功更新,则客户机将在当前租期的 87.5% 时再次与为其提供 IP 地址的 DHCP 服务器联系。如果未能联系成功,则重新开始 IP 地址租用过程。

(3) 如果 DHCP 客户机重新启动时,它将尝试更新上次关机时拥有的 IP 地址租用。如果更新未能成功,客户机将尝试联系现有的 IP 地址租用中列出的默认网关。如果联系成功且租用尚未到期,客户机则认为自己仍然位于与它获得现有 IP 地址租用时相同的子网上(没有被移走)继续使用现有的 IP 地址。如果未能与默认网关联系成功,客户机则认为自己已经被移到不同的子网上,则 DHCP 客户机将失去 TCP/IP 网络功能。此后,DHCP 客户机将每隔 5min 尝试一次重新开始新一轮的 IP 地址租用过程。

7.2　安装与配置 DHCP 服务

本节主要介绍 DHCP 服务的安装、配置与启动等内容。

7.2.1　安装 DHCP 服务

（1）先检测系统是否已经安装了 DHCP 相关软件。

```
[root@server1 ~]#rpm -qa| grep dhcp
```

（2）如果系统还没有安装 DHCP 软件包，可以使用 yum 命令安装所需软件包。

说　明　　　　如果能够连接互联网，并且有较高网速，则可以直接使用系统自带的 yum 源文件，不需要单独编辑 yum 源文件。如果要使用本地 yum 源，请参考 4.6.1 小节。

```
[root@server1 ~]#yum info dhcp
[root@server1 ~]#yum clean all                    //安装前先清除缓存
[root@server1 ~]#yum install dhcp -y
```

软件包安装完毕后，可以使用 rpm 命令再一次进行查询，即 rpm -qa | grep dhcp。结果如下：

```
[root@server1 iso]#rpm -qa | grep dhcp
dhcp-libs-4.2.5-68.el7.centos.1.x86_64
dhcp-4.2.5-68.el7.centos.1.x86_64
dhcp-common-4.2.5-68.el7.centos.1.x86_64
```

7.2.2　配置 DHCP 主配置文件

1. 基本的 DHCP 服务器搭建流程

（1）编辑主配置文件/etc/dhcp/dhcpd.conf，指定 IP 作用域（指定一个或多个 IP 地址范围）。

（2）建立租约数据库文件。

（3）重新加载配置文件或重新启动 dhcpd 服务使配置生效。

2. DHCP 工作流程

DHCP 工作流程如图 7-3 所示。

① 客户端发送广播向 DHCP 服务器申请 IP 地址。

② DHCP 服务器收到请求后查看主配置文件 dhcpd.conf。先根据客户端的 MAC 地址查看是否为客户端设置了固定 IP 地址。

③ 如果为客户端设置了固定的 IP 地址，则将该 IP 地址发送给客户端；如果没有设置固

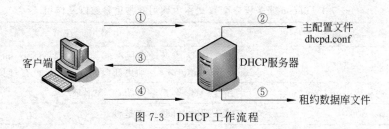

图 7-3　DHCP 工作流程

定的 IP 地址,则将地址池中的 IP 地址发送给客户端。

④ 客户端收到 DHCP 服务器回应后,客户端给予 DHCP 服务器回应,告诉 DHCP 服务器已经使用了分配的 IP 地址。

⑤ DHCP 服务器将相关租约信息存入数据库。

3. 主配置文件 dhcpd.conf

(1) 复制样例文件到主配置文件。默认主配置文件(/etc/dhcp/dhcpd.conf)没有任何实质内容,打开查阅,发现里面的内容为"see /usr/share/doc/dhcp * /dhcpd.conf.example"。我们以样例文件为例讲解主配置文件。

(2) dhcpd.conf 主配置文件的组成部分。

- parameters(参数)
- declarations(声明)
- option(选项)

(3) dhcpd.conf 主配置文件的整体框架。dhcpd.conf 包括全局配置和局部配置。全局配置可以包含参数或选项,该部分对整个 DHCP 服务器生效;局部配置通常由声明部分来表示,该部分仅对局部生效,比如只对某个 IP 作用域生效。

dhcpd.conf 文件的格式如下:

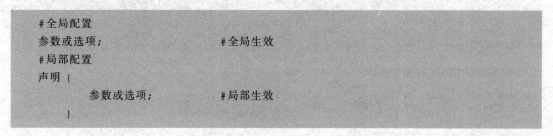

dhcp 范本配置文件内容包含了部分参数、声明以及选项的用法,其中注释部分可以放在任何位置,并以"#"开头。当一行内容结束时,以";"号结束,大括号所在行除外。

可以看出整个配置文件分成全局和局部两个部分,但是并不容易看出哪些属于参数,哪些属于声明和选项。

4. 常用参数介绍

参数主要用于设置服务器和客户端的动作或者是否执行某些任务,比如设置 IP 地址租约时间、是否检查客户端所用的 IP 地址等,如表 7-1 所示。

表 7-1　dhcpd 服务程序配置文件中使用的常见参数以及作用

参　　　数	作　　　用
ddns-update-style［类型］	定义 DNS 服务动态更新的类型，类型包括 none（不支持动态更新）、interim（互动更新模式）与 ad-hoc（特殊更新模式）
［allow｜ignore］client-updates	允许/忽略客户端更新 DNS 记录
default-lease-time 600	默认超时时间，单位是秒
max-lease-time 7200	最大超时时间，单位是秒
option domain-name-servers 192.168.10.1	定义 DNS 服务器地址
option domain-name "domain.org"	定义 DNS 域名
range 192.168.10.10 192.168.10.100	定义用于分配的 IP 地址池
option subnet-mask 255.255.255.0	定义客户端的子网掩码
option routers 192.168.10.254	定义客户端的网关地址
broadcase-address 192.168.10.255	定义客户端的广播地址
ntp-server 192.168.10.1	定义客户端的网络时间服务器（NTP）
nis-servers 192.168.10.1	定义客户端的 NIS 域服务器的地址
Hardware 00:0c:29:03:34:02	指定网卡接口的类型与 MAC 地址
server-name mydhcp.smile.com	向 DHCP 客户端通知 DHCP 服务器的主机名
fixed-address 192.168.10.105	将某个固定的 IP 地址分配给指定主机
time-offset［偏移误差］	指定客户端与格林尼治时间的偏移差

5. 常用声明介绍

声明一般用来指定 IP 作用域、定义为客户端分配的 IP 地址池等。

声明格式如下：

```
声明 {
        选项或参数；
}
```

常用声明的使用格式如下：

```
subnet 网络号 netmask 子网掩码 {...}
```

作用：定义作用域，指定子网。

例如：

```
subnet  192.168.10.0  netmask  255.255.255.0 {
          ...
}
```

 网络号必须与 DHCP 服务器的至少一个网络号相同。

```
range dynamic-bootp 起始 IP 地址 结束 IP 地址
```

作用：指定动态 IP 地址范围。

例如：

```
range dynamic-bootp  192.168.10.100  192.168.10.200
```

 　　可以在 subnet 声明中指定多个 range，但多个 range 所定义的 IP 地址范围不能重复。

6. 常用选项介绍

选项通常用来配置 DHCP 客户端的可选参数，比如定义客户端的 DNS 地址、默认网关等。选项内容都是以 option 关键字开始的。

常见选项的用法如下。

(1) option routers IP 地址

作用：为客户端指定默认网关。

例如：

```
option routers 192.168.10.254
```

(2) option subnet-mask 子网掩码

作用：设置客户端的子网掩码。

例如：

```
option subnet-mask 255.255.255.0
```

(3) option domain-name-servers IP 地址

作用：为客户端指定 DNS 服务器地址。

例如：

```
option  domain-name-servers 192.168.10.1
```

 　　这 3 个选项可以用在全局配置中，也可以用在局部配置中。

7. IP 地址绑定

在 DHCP 中的 IP 地址绑定用于给客户端分配固定 IP 地址。比如服务器需要使用固定 IP 地址就可以使用 IP 地址绑定，通过 MAC 地址与 IP 地址的对应关系为指定的物理地址计算机分配固定的 IP 地址。

整个配置过程需要用到 host 声明和 hardware、fixed-address 参数。

```
host 主机名 {...}
```

作用：用于定义保留地址。

例如：

```
host computer1
```

该项通常搭配 subnet 声明使用。

```
hardware  类型硬件地址
```

作用：定义网络接口类型和硬件地址。常用类型为以太网（Ethernet），地址为 MAC 地址。

例如：

```
hardware  ethernet  3a:b5:cd:32:65:12
```

```
fixed-address  IP 地址
```

作用：定义 DHCP 客户端指定的 IP 地址。

例如：

```
fixed-address  192.168.10.105
```

后面两项只能应用于 host 声明中。

8. 租约数据库文件

租约数据库文件用于保存一系列的租约声明，其中包含客户端的主机名、MAC 地址、分配到的 IP 地址，以及 IP 地址的有效期等相关信息。这个数据库文件是可编辑的 ASCII 格式文本文件。每当发生租约变化时，都会在文件结尾添加新的租约记录。

DHCP 刚安装好后，租约数据库文件 dhcpd.leases 是个空文件。

当 DHCP 服务正常运行后就可以使用 cat 命令查看租约数据库文件的内容了。

```
cat /var/lib/dhcpd/dhcpd.leases
```

7.3　配置 DHCP 服务器应用案例

现在完成一个简单的应用案例。

1. 案例需求

某单位技术部有 60 台计算机,各计算机的 IP 地址要求如下。

(1) DHCP 服务器和 DNS 服务器的地址都是 192.168.10.1/24,有效 IP 地址段为 192.168.10.1～192.168.10.254,子网掩码是 255.255.255.0,网关为 192.168.10.254。

(2) 192.168.10.1～192.168.10.30 网段地址是服务器的固定地址。

(3) 客户端可以使用的地址段为 192.168.10.31～192.168.10.200,但 192.168.10.105、192.168.10.107 为保留地址。其中 192.168.10.105 保留给 Client2。

(4) 客户端 Client1 模拟所有的其他客户端,采用自动获取方式配置 IP 等地址信息。

2. 网络环境搭建

Linux 服务器和客户端的地址及 MAC 信息如表 7-2 所示(可以使用 VM 的克隆技术快速安装需要的 Linux 客户端)。

表 7-2　Linux 服务器和客户端的地址及 MAC 信息

主机名称	操作系统	IP 地址	MAC 地址
DHCP 服务器:Server1	CentOS 7	192.168.10.1	00:0c:29:a4:81:bf
Linux 客户端:Client1	CentOS 7	自动获取	00:0c:29:6b:0c:b4
Linux 客户端:Client2	RHEL 7	保留地址	00:0c:29:89:f3:e5

2 台计算机安装 CentOS 7.4,1 台安装 RHEL 7.4,联网方式都设为 host only(VMnet1),1 台作为服务器,2 台作为客户端使用。如果 3 台全安装 CentOS 7 也不会有任何影响。

3. 服务器端配置

(1) 定制全局配置和局部配置,局部配置需要把 192.168.10.0/24 网段声明出来,然后在该声明中指定一个 IP 地址池,范围为 192.168.10.31～192.168.10.200,但要去掉 192.168.10.105 和 192.168.10.107,其他分配给客户端使用。

(2) 要保证使用固定 IP 地址,就要在 subnet 声明中嵌套 host 声明,目的是要单独为 Client2 设置固定的 IP 地址,并在 host 声明中加入 IP 地址和 MAC 地址绑定的选项以申请固定 IP 地址。全部配置文件内容如下:

```
ddns-update-style none;
log-facility local7;
subnet 192.168.10.0 netmask 255.255.255.0 {
  range 192.168.10.31 192.168.10.104;
  range 192.168.10.106 192.168.10.106;
  range 192.168.10.108 192.168.10.200;
```

```
    option domain-name-servers 192.168.10.1;
    option domain-name "myDHCP.smile.com";
    option routers 192.168.10.254;
    option broadcast-address 192.168.10.255;
    default-lease-time 600;
    max-lease-time 7200;
}
host    Client2{
        hardware ethernet :0c:29:89:f3:e5;
        fixed-address 192.168.10.105;
}
```

（3）配置完成，则保存文件内容并退出，重启 dhcpd 服务，并设置开机自动启动。

```
[root@server1 ~]# systemctl restart dhcpd
[root@server1 ~]# systemctl enable dhcpd
Created symlink from /etc/systemd/system/multi-user.target.wants/dhcpd.service
to /usr/lib/systemd/system/dhcpd.service.
```

注 意

如果启动 DHCP 失败，可以使用 dhcpd 命令进行排错，一般启动失败的原因如下。

① 配置文件有问题。

* 内容不符合语法结构，例如少个分号。
* 声明的子网和子网掩码不符合。

② 主机 IP 地址和声明的子网不在同一网段。

③ 主机没有配置 IP 地址。

④ 配置文件路径出问题，比如在 RHEL 6 以下的版本中，配置文件保存在/etc/dhcpd.conf 中，但是在 RHEL 6 及以上版本中却保存在/etc/dhcp/dhcpd.conf 中。

4. 在客户端 Client1 上进行测试

即使在真实网络中应该不会出问题，但如果你用的是 VMware12 或其他类似版本，虚拟机中的 Windows 客户端可能会获取 192.168.79.0 网络中的一个地址，与我们预期的目标相背。这种情况就需要关闭 VMnet8 和 VMnet1 的 DHCP 服务功能。解决方法如下。（本项目的服务器和客户机的网络连接都使用 VMnet1。）

（1）在 VMware 主窗口中选择"编辑"→"虚拟网络编辑器"命令，打开"虚拟网络编辑器"对话框，选中 VMnet1 或 VMnet8，不选中"使用本地 DHCP 服务将 IP 地址分配给虚拟机"选项，如图 7-4 所示。

（2）以 root 用户身份登录名为 Client1 的 Linux 计算机，查看右上角网络连接的情况。如果右上角显示图标 ⛯，表示网络正常连接；否则单击右上角的图标 ⬤，显示如图 7-5 所示的窗口，选择"有线 已关闭"选项并单击"连接"按钮使网络正常连接。

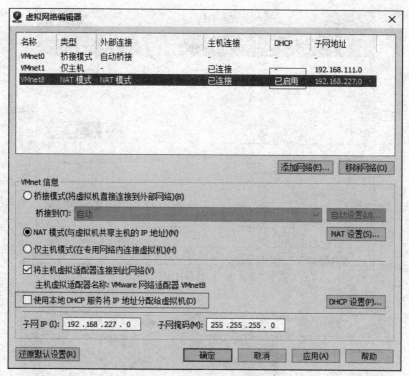

图 7-4　"虚拟网络编辑器"对话框

（3）单击图 7-5 中的"有线设置"选项，或者依次选择"应用程序"→"系统工具"→"设置"→"网络"命令，打开"网络"对话框，如图 7-6 所示。

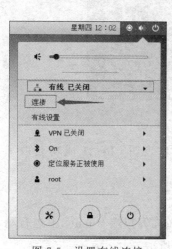

图 7-5　设置有线连接

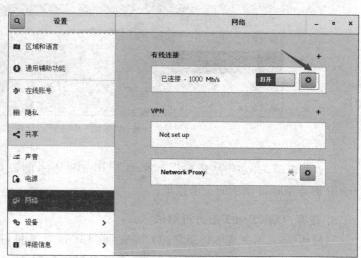

图 7-6　"网络"对话框

（4）单击图 7-6 中的"齿轮"图标，在弹出的"有线"对话框中单击 IPv4，并将 IPv4 Method 选项配置为"自动（DHCP）"，最后单击"应用"按钮，如图 7-7 所示。

（5）在图 7-8 中先选择"关闭"选项关闭"有线"功能，再选择"打开"选项打开"有线"功能。

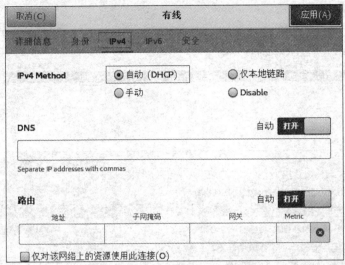

图 7-7　选中"自动（DHCP）"选项

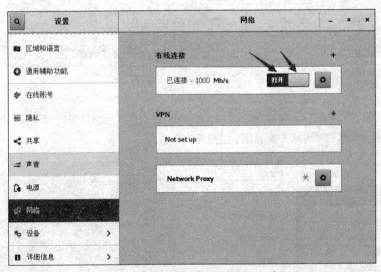

图 7-8　选择"关闭"及"打开"选项

（6）单击图 7-8 中的"齿轮"图标，弹出图 7-9 所示的窗口，表明 Client1 成功获取了 DHCP 服务器地址池中的一个地址。

5. 在客户端 Client2 上进行测试

同样以 root 用户身份登录名为 Client2 的 Linux 计算机，按在客户端 Client1 上进行测试的方法，设置 Client 自动获取 IP 地址，最后的结果如图 7-10 所示。

6. Windows 客户端配置

（1）Windows 客户端配置比较简单，在 TCP/IP 协议属性中设置自动获取功能就可以。

（2）在 Windows 命令提示符下，利用 ipconfig 命令释放 IP 地址后再重新获取 IP 地址。

• 释放 IP 地址：ipconfig /release。

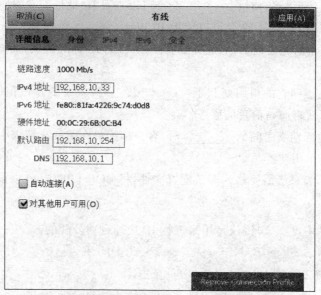

图 7-9   DHCP 客户端成功获取 IP 地址等信息

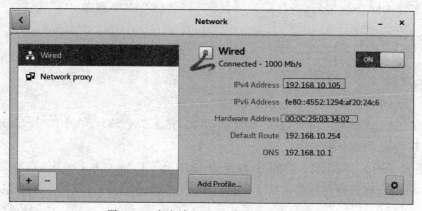

图 7-10   客户端 Client2 成功获取 IP 地址

* 重新申请 IP 地址: ipconfig /renew。

7. 在服务器 Server1 端查看租约数据库文件

```
[root@server1 ~]# cat /var/lib/dhcpd/dhcpd.leases
```

7.4   练习题

一、填空题

1. DHCP 工作过程包括_____、_____、_____、_____ 4 种报文。

2. 如果 DHCP 客户端无法获得 IP 地址,将自动从_____地址段中选择一个作为自己的地址。

3. 在 Windows 环境下，使用_____命令可以查看 IP 地址配置，使用_____命令可以释放 IP 地址，使用_____命令可以续租 IP 地址。

4. DHCP 是一个简化主机 IP 地址分配管理的 TCP/IP 标准协议，英文全称是_____，中文名称为_____。

5. 当客户端注意到它的租用期到了_____以上时，就要更新该租用期。这时它发送一个信息包给它所获得原始信息的服务器。

6. 当租用期达到期满时间的_____时，客户端如果在前一次请求中没能更新租用期，它会再次试图更新租用期。

7. 配置 Linux 客户端需要修改网卡配置文件，将 BOOTPROTO 项设置为_____。

二、选择题

1. 在 TCP/IP 中，（   ）协议是用来进行 IP 地址自动分配的。
   A. ARP   B. NFS   C. DHCP   D. DDNS

2. DHCP 租约文件默认保存在（   ）目录中。
   A. /etc/dhcp   B. /var/log/dhcpd
   C. /var/log/dhcp   D. /var/lib/dhcp

3. 配置完 DHCP 服务器，运行（   ）命令可以启动 DHCP 服务。
   A. service dhcpd start   B. /etc/rc.d/init.d/dhcpd start
   C. start dhcpd   D. dhcpd on

三、实践题

架设一台 DHCP 服务器，并按照下面的要求进行配置。

（1）为 192.168.203.0/24 建立一个 IP 作用域，并将 192.168.203.60～192.168.203.200 范围内的 IP 地址动态分配给客户机。

（2）假设子网的 DNS 服务器的 IP 地址为 192.168.0.9，网关为 192.168.203.254，所在的域为 jnrp.edu.cn，将这些参数指定给客户机使用。

7.5 项目实录

1. 观看视频

做实训前请扫描二维码观看视频。

2. 项目背景

（1）某企业计划构建一台 DHCP 服务器来解决 IP 地址动态分配的问题，要求能够分配 IP 地址以及网关、DNS 等其他网络属性信息，同时要求 DHCP 服务器为 DNS、Web、Samba 服务器分配固定 IP 地址。该公司网络拓扑如图 7-11 所示。

企业 DHCP 服务器 IP 地址为 192.168.1.2。DNS 服务器的域名为 dns.jnrp.cn，IP 地址为 192.168.1.3；Web 服务器 IP 地址为 192.168.1.10；Samba 服务器 IP 地址为 192.168.1.5；网关地址为 192.168.1.254；地址范围为 192.168.1.3～192.168.1.150，掩码为 255.255.255.0。

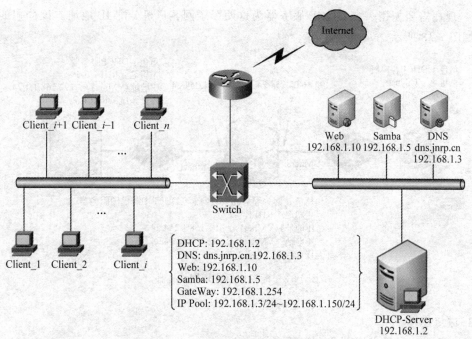

图 7-11　DHCP 服务器搭建网络拓扑

（2）配置 DHCP 超级作用域。企业内部建立 DHCP 服务器，网络规划采用单作用域的结构并使用 192.168.1.0/24 网段的 IP 地址。随着公司规模的扩大及设备数量的增多，现有的 IP 地址已无法满足网络的需求，需要添加可用的 IP 地址。这时可以使用超级作用域完成增加 IP 地址的目的，在 DHCP 服务器上添加新的作用域，使用 192.168.8.0/24 网段扩展网络地址的范围。

该公司网络拓扑如图 7-12 所示（注意各虚拟机网卡的不同网络连接方式）。

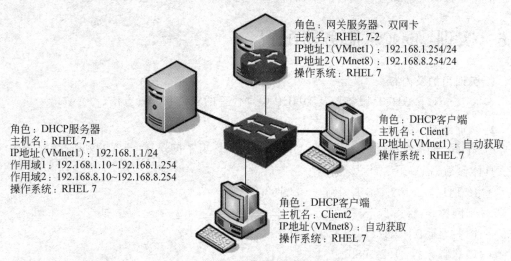

图 7-12　配置超级作用域网络拓扑

（3）配置 DHCP 中继代理。公司内部存在两个子网，分别为 192.168.1.0/24 和 192.168.

3.0/24，现在需要使用一台 DHCP 服务器为这两个子网客户机分配 IP 地址。该公司的网络拓扑如图 7-13 所示。

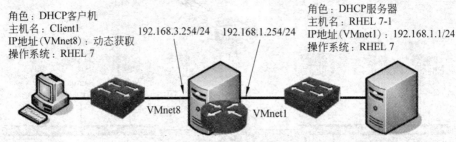

角色：DHCP客户机
主机名：Client1
IP地址（VMnet8）：动态获取
操作系统：RHEL 7

192.168.3.254/24   192.168.1.254/24

角色：DHCP服务器
主机名：RHEL 7-1
IP地址（VMnet1）：192.168.1.1/24
操作系统：RHEL 7

VMnet8   VMnet1

角色：网关服务器、双网卡、DHCP中继代理服务器
主机名：RHEL 7-2
IP地址1（VMnet1）：192.168.1.254/24
IP地址2（VMnet8）：192.168.3.254/24
操作系统：RHEL 7

图 7-13   配置中继代理网络拓扑

3．深度思考

在观看视频时思考以下几个问题。

（1）DHCP 软件包中哪些是必需的？哪些是可选的？

（2）DHCP 服务器的范本文件如何获得？

（3）如何设置保留地址？进行 host 声明的设置时有何要求？

（4）超级作用域的作用是什么？

（5）配置中继代理要注意哪些问题？

4．做一做

根据项目实录视频进行项目的实训，检查学习效果。

7.6   实训：DHCP 服务器配置

1．实训目的及内容

掌握 Linux 下 DHCP 服务器及 DHCP 中继代理的安装和配置方法。

2．实训练习

（1）DHCP 服务器的配置。配置 DHCP 服务器，为子网 A 内的客户机提供 DHCP 服务。具体参数如下。

- IP 地址段：192.168.11.101～192.168.11.200。
- 子网掩码：255.255.255.0。
- 网关地址：192.168.11.254。
- 域名服务器：192.168.0.1。
- 子网所属域的名称：jnrp.edu.cn。
- 默认租约有效期：1 天。
- 最大租约有效期：3 天。

　　（2）DHCP 中继代理的配置。配置 DHCP 服务器和中继代理，使子网 A 内的 DHCP 服务器能够同时为子网 A 和子网 B 提供 DHCP 服务。为子网 A 内的客户机分配的网络参数同上，为子网 B 内的主机分配的网络参数如下。

- IP 地址段：192.168.10.101～192.168.10.200。
- 子网掩码：255.255.255.0。
- 网关地址：192.168.10.254。
- 域名服务器：192.168.0.5。
- 子网所属域的名称：mlx.com。
- 默认租约有效期：1 天。
- 最大租约有效期：3 天。

3. 实训报告
按要求完成实训报告。

第 8 章
DNS 服务器配置

- 了解 DNS 服务的工作原理。
- 熟练掌握 Linux 下 DNS 服务器的配置。
- 熟练掌握 Linux 下 DNS 客户端的配置。

　　DNS 服务器是常见的网络服务器。本章将详细讲解在 Linux 操作平台下 DNS 服务器的配置。

8.1　认识 DNS 服务

　　DNS(domain name service,域名服务)是 Internet/Intranet 中最基础也是非常重要的一项服务,它提供了网络访问中域名和 IP 地址的相互转换。

8.1.1　DNS 概述

　　在 TCP/IP 网络中,每台主机必须有一个唯一的 IP 地址,当某台主机要访问另外一台主机上的资源时,必须指定另一台主机的 IP 地址,通过 IP 地址找到这台主机后才能访问这台主机。但是,当网络的规模较大时,使用 IP 地址就不太方便了,所以,便出现了主机名(hostname)与 IP 地址之间的一种对应解决方案,可以通过使用形象易记的主机名而非 IP 地址进 行网络的访问,这比单纯使用 IP 地址要方便得多。其实,在这种解决方案中使用了解析的概念和原理,单独通过主机名是无法建立网络连接的。只有通过解析的过程,在主机名和 IP 地址之间建立了映射关系后,才可以用主机名间接地通过 IP 地址建立网络连接。

　　主机名与 IP 地址之间的映射关系在小型网络中多使用 hosts 文件来完成,后来,随着网络规模的增大,为了满足不同组织的要求,以实现一个可伸缩、可自定义的命名方案的需要,InterNIC 制定了一套称为域名系统 DNS 的分层名字解析方案,当 DNS 用户提出 IP 地址查询请求时,可以由 DNS 服务器中的数据库提供所需的数据,完成域名和 IP 地址的相互转换。DNS 技术目前已广泛应用于 Internet 中。

　　组成 DNS 系统的核心是 DNS 服务器,它是回答域名服务查询的计算机,它为连接 Intranet 和 Internet 的用户提供并管理 DNS 服务,维护 DNS 名字数据并处理 DNS 客户端主机名的查询。DNS 服务器保存了包含主机名和相应 IP 地址的数据库。

DNS 服务器分为如下 3 类。

1. 主 DNS 服务器(master 或 primary)

主 DNS 服务器负责维护所管辖域的域名服务信息。它从域管理员构造的本地磁盘文件中加载域信息,该文件(区文件)包含着该服务器具有管理权的一部分域结构的最精确信息。配置主域服务器需要一整套的配置文件,包括主配置文件(/etc/named.conf)、正向域的区文件、反向域的区文件、高速缓存初始化文件(/var/named/named.ca)和回送文件(/var/named/named.local)。

2. 辅助 DNS 服务器(slave 或 secondary)

辅助 DNS 服务器用于分担主 DNS 服务器的查询负载。区文件是从主服务器中转移出来的,并作为本地磁盘文件存储在辅助服务器中。这种转移称为"区文件转移"。在辅助 DNS 服务器中有一个所有域信息的完整复制,可以有权威地回答对该域的查询请求。配置辅助 DNS 服务器不需要生成本地区的文件,因为可以从主服务器下载该区文件,因而只需配置主配置文件、高速缓存文件和回送文件就可以了。

3. 惟高速缓存 DNS 服务器(caching-only DNS server)

惟高速缓存 DNS 服务器是供本地网络上的客户机用来进行域名转换。它通过查询其他 DNS 服务器并将获得的信息存放在它的高速缓存中,为客户机查询信息提供服务。惟高速缓存 DNS 服务器不是权威性的服务器,因为它提供的所有信息都是间接信息。

8.1.2 DNS 查询模式

按照 DNS 搜索区域的类型,DNS 的区域分为正向搜索区域和反向搜索区域。正向搜索是 DNS 服务的主要功能,它根据计算机的 DNS 名称(域名)解析出相应的 IP 地址;反向搜索是根据计算机的 IP 地址解析出它的 DNS 名称(域名)。

1. 正向查询

正向查询就是根据域名搜索出对应的 IP 地址。其查询方法为:当 DNS 客户机(也可以是 DNS 服务器)向首选 DNS 服务器发出查询请求后,如果首选 DNS 服务器数据库中没有与查询请求所对应的数据,则会将查询请求转发给另一台 DNS 服务器,以此类推,直到找到与查询请求对应的数据为止。如果最后一台 DNS 服务器中也没有所需的数据,则通知 DNS 客户机查询失败。

2. 反向查询

反向查询与正向查询正好相反,它是利用 IP 地址查询出对应的域名。

8.1.3 DNS 域名空间结构

在域名系统中,每台计算机的域名由一系列用点分开的字母和数字的字段组成。例如,某台计算机的 FQDN(full qualified domain name)为 computer.jnrp.cn,其具有的域名为 jnrp.cn;另一台计算机的 FQDN 为 www.computer.jnrp.cn,其具有的域名为 computer.jnrp.cn。域名是有层次的,域名中最重要的部分位于右边。FQDN 中最左边的部分是单台计算机的主机名或主机别名。

DNS 域名空间的分层结构如图 8-1 所示。

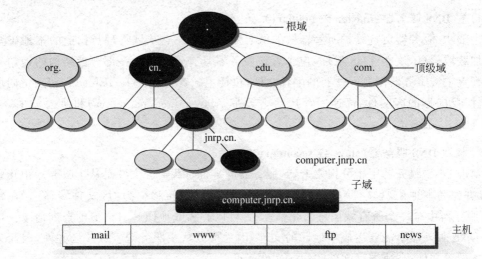

图 8-1　DNS 域名空间的分层结构

整个 DNS 域名空间结构如同一棵倒挂的树，层次结构非常清晰。根域位于顶部，紧接在根域下面的是顶级域，每个顶级域又可以进一步划分为不同的二级域，二级域再划分出子域，子域下面可以是主机也可以是再划分的子域，直到最后的主机。在 Internet 中的域是由 InterNIC 负责管理的，域名的服务则由 DNS 来实现。

8.2　安装 DNS 服务

Linux 下架设 DNS 服务器通常使用 BIND（berkeley Internet name domain）程序来实现，其守护进程是 named。

1. 安装 BIND 软件包

（1）BIND 软件包简介。BIND 是一款实现 DNS 服务器的开放源码软件。BIND 原本是美国 DARPA 资助研究伯克里大学开设的一个研究生课题，经过多年的变化发展，已经成为世界上使用最为广泛的 DNS 服务器软件，目前 Internet 上绝大多数的 DNS 服务器都是用 BIND 来架设的。

BIND 经历了第 4 版、第 9 版和最新的第 10 版，BIND 能够运行在当前大多数的操作系统平台之上。目前，BIND 软件由 Internet 软件联合会（Internet software consortium，ISC）这个非营利性机构负责开发和维护。

（2）安装 BIND 软件包。

① 使用 yum 命令安装 BIND 服务。（光盘挂载、yum 源的制作请参考前面的相关内容。如果是在互联网上，可以使用系统自带的 yum 安装源；否则，要删除系统自带的 yum 源文件，重新制作本地 yum 安装源文件。详见 2.2.2 小节的相关内容。）

```
[root@server1 ~]# yum clean all                          //安装前先清除缓存
[root@server1 ~]# yum install bind bind-chroot -y
```

② 安装完后再次查询，发现已安装成功。

```
[root@server1 ~]#rpm -qa|grep bind
bind-chroot-9.9.4-61.el7.x86_64
bind-libs-9.9.4-61.el7.x86_64
keybinder3-0.3.0-1.el7.x86_64
bind-license-9.9.4-61.el7.noarch
rpcbind-0.2.0-44.el7.x86_64
bind-utils-9.9.4-61.el7.x86_64
bind-9.9.4-61.el7.x86_64
bind-libs-lite-9.9.4-61.el7.x86_64
```

2. 启动 DNS 服务

启动 DNS 服务后，将 DNS 服务加入开机自启动中。

```
[root@server1 ~]#systemctl start named
[root@server1 ~]#systemctl enable named
```

8.3　掌握 BIND 配置文件

一般的 DNS 配置文件分为全局配置文件、主配置文件和正反向解析区域声明文件。下面介绍各配置文件的配置方法。

8.3.1　认识全局配置文件

全局配置文件位于/etc 目录下。

```
[root@server1 ~]#cat /etc/named.conf
...
options {
    listen-on port 53 { 127.0.0.1; };    //指定 BIND 侦听的 DNS 查询请求的本机 IP 地址
                                            及端口
    listen-on-v6 port 53 { ::1; };        //限于 IPv6
    directory "/var/named";               //指定区域配置文件所在的路径
    dump-file "/var/named/data/cache_dump.db";
    statistics-file "/var/named/data/named_stats.txt";
    memstatistics-file "/var/named/data/named_mem_stats.txt";
    allow-query { localhost; };           //指定接收 DNS 查询请求的客户端
recursion yes;
dnssec-enable yes;
dnssec-validation yes;                    //改为 no 可以忽略 SELinux 的影响
dnssec-lookaside auto;
...
};
//以下为用于指定 BIND 服务的日志参数

logging {
        channel default_debug {
```

```
        file "data/named.run";
        severity dynamic;
    };
};

zone "." IN {                      //用于指定根服务器的配置信息,一般不能改动
    type hint;
    file "named.ca";
};

include "/etc/named.zones";        //指定主配置文件,一定根据实际情况修改
include "/etc/named.root.key";
```

options 配置段属于全局性的设置,常用配置项命令及功能如下。

- directory:用于指定 named 守护进程的工作目录,各区域正反向搜索解析文件和 DNS 根服务器地址列表文件(named.ca)应放在该配置项指定的目录中。

- allow-query{}与 allow-query{localhost;}功能相同。另外,还可以使用地址匹配符 来表达允许的主机。例如,any 可匹配所有的 IP 地址,none 不匹配任何 IP 地址, localhost 匹配本地主机使用的所有 IP 地址,localnets 匹配同本地主机相连的网络 中的所有主机。例如,若仅允许 127.0.0.1 和 192.168.1.0/24 网段的主机查询该 DNS 服务器,则命令如下:

```
allow-query {127.0.0.1;192.168.1.0/24};
```

- listen-on:设置 named 守护进程监听的 IP 地址和端口。若未指定,默认监听 DNS 服务器的所有 IP 地址的 53 号端口。当服务器安装有多块网卡、有多个 IP 地址时, 可通过该配置命令指定所要监听的 IP 地址。对于只有一个地址的服务器,不必设 置。例如,若要设置 DNS 服务器监听 192.168.1.2 这个 IP 地址,端口使用标准的 5353 号,则配置命令如下:

```
listen-on port 5353 { 192.168.1.2;};
```

- forwarders{}:用于定义 DNS 转发器。当设置了转发器后,所有非本域的和在缓存 中无法找到的域名查询,可由指定的 DNS 转发器来完成解析工作并做缓存。 forward 用于指定转发方式,仅在 forwarders 转发器列表不为空时有效,其用法为 "forward first | only ;"。forward first 为默认方式,DNS 服务器会将用户的域名查 询请求先转发给 forwarders 设置的转发器,由转发器来完成域名的解析工作,若指 定的转发器无法完成解析或无响应,则再由 DNS 服务器自身来完成域名的解析。 若设置为"forward only ;",则 DNS 服务器仅将用户的域名查询请求转发给转发器; 若指定的转发器无法完成域名解析或无响应,DNS 服务器自身也不会试着对其进行 域名解析。例如,某地区的 DNS 服务器为 61.128.192.68 和 61.128.128.68,若要将 其设置为 DNS 服务器的转发器,则配置命令如下:

```
options{
    forwarders {61.128.192.68;61.128.128.68;};
    forward first;
};
```

8.3.2　认识主配置文件

主配置文件位于/etc 目录下,可将 named.rfc1912.zones 复制为全局配置文件中指定的主配置文件,本书中是/etc/named.zones。

```
[root@server1 ~]#cp -p /etc/named.rfc1912.zones /etc/named.zones
[root@server1 ~]#cat /etc/named.rfc1912.zones

zone "localhost.localdomain" IN {
  type master;                          //主要区域
  file "named.localhost";               //指定正向查询区域配置文件
  allow-update { none; };
};
...

zone "1.0.0.127.in-addr.arpa" IN {     //反向解析区域
  type master;
  file "named.loopback";                //指定反向解析区域配置文件
  allow-update { none; };
};
...
```

1. Zone 区域声明

(1) 主域名服务器的正向解析区域声明格式如下(样本文件为 named.localhost):

```
zone "区域名称" IN {
    type master ;
    file "实现正向解析的区域文件名";
    allow-update {none;};
};
```

(2) 从域名服务器的正向解析区域声明格式如下:

```
zone "区域名称" IN {
    type slave ;
    file "实现正向解析的区域文件名";
    masters {主域名服务器的 IP 地址;};
};
```

反向解析区域的声明格式与正向相同,只是 file 所指定要读的文件不同,另外就是区域的名称不同。若要反向解析 $x.y.z$ 网段的主机,则反向解析的区域名称应设置为 $z.y.x.in$-addr.arpa(反向解析区域样本文件为 named.loopback)。

2. 根区域文件/var/named/named.ca

/var/named/named.ca 是一个非常重要的文件，该文件包含了 Internet 的顶级域名服务器的名字和地址。利用该文件可以让 DNS 服务器找到根 DNS 服务器，并初始化 DNS 的缓冲区。当 DNS 服务器接到客户端主机的查询请求时，如果在 Cache 中找不到相应的数据，就会通过根服务器进行逐级查询。/var/named/named.ca 文件的主要内容如图 8-2 所示。

```
root@RHEL7-1:~                                    _ □ ×
File  Edit  View  Search  Terminal  Help
; <<>> DiG 9.9.4-RedHat-9.9.4-38.el7_3.2 <<>> +bufsize=1200 +norec @a.root-servers.net
; (2 servers found)
;; global options: +cmd
;; Got answer:
;; ->>HEADER<<- opcode: QUERY, status: NOERROR, id: 17380
;; flags: qr aa; QUERY: 1, ANSWER: 13, AUTHORITY: 0, ADDITIONAL: 27

;; OPT PSEUDOSECTION:
; EDNS: version: 0, flags:; udp: 1472
;; QUESTION SECTION:
.                          IN        NS

;; ANSWER SECTION:
.               518400     IN        NS        a.root-servers.net.
.               518400     IN        NS        b.root-servers.net.
.               518400     IN        NS        c.root-servers.net.
.               518400     IN        NS        d.root-servers.net.
.               518400     IN        NS        e.root-servers.net.
.               518400     IN        NS        f.root-servers.net.
.               518400     IN        NS        g.root-servers.net.
.               518400     IN        NS        h.root-servers.net.
.               518400     IN        NS        i.root-servers.net.
.               518400     IN        NS        j.root-servers.net.
.               518400     IN        NS        k.root-servers.net.
.               518400     IN        NS        l.root-servers.net.
.               518400     IN        NS        m.root-servers.net.

;; ADDITIONAL SECTION:
a.root-servers.net.    3600000 IN    A         198.41.0.4
a.root-servers.net.    3600000 IN    AAAA      2001:503:ba3e::2:30
b.root-servers.net.    3600000 IN    A         192.228.79.201
b.root-servers.net.    3600000 IN    AAAA      2001:500:84::b
c.root-servers.net.    3600000 IN    A         192.33.4.12
                                                        1,1          Top
```

图 8-2　named.ca 文件

　　① 以";"开始的行都是注释行。

　　② 其他每两行都和某个域名服务器有关，分别是 NS 和 A 的资源记录。

　　行".518400 IN NS a.root-servers.net."的含义是："."表示根域；518400 是存活期；IN 是资源记录的网络类型，表示 Internet 类型；NS 是资源记录类型；"a.root-servers.net."是主机域名。

　　行"a.root-servers.net. 3600000 IN A 198.41.0.4"的含义是：A 资源记录用于指定根域服务器的 IP 地址。其中，a.root-servers.net.是主机名；3600000 是存活期；A 是资源记录类型；最后对应的是 IP 地址。

　　③ 其他各行的含义与上面两项基本相同。

　　由于 named.ca 文件经常会随着根服务器的变化而发生变化，所以建议最好从国际互联网络信息中心（InterNIC）的 FTP 服务器下载最新的版本，下载地址为 ftp://ftp.internic.net/domain/，文件名为 named.root。

8.3.3　缓存 DNS 服务器的配置

　　缓存域名服务器配置很简单，不需要区域文件，配置好/etc/named.conf 就可以了。一般电信的 DNS 都是缓存域名服务器。重要的是配置好以下两项内容。

- forward only：指明这个服务器是缓存域名服务器。
- forwarders：转发 dns 请求到指定服务器。

这样，一个简单的缓存域名服务器就架设成功了，一般缓存域名服务器都是 ISP 或者大公司才会使用。

8.4　配置主 DNS 服务器实例

本节将结合具体实例介绍缓存 DNS、主 DNS、辅助 DNS 等各种 DNS 服务器的配置。

8.4.1　案例环境及需求

某校园网要架设一台 DNS 服务器来负责 long.com 域的域名解析工作。DNS 服务器的 FQDN 为 dns.long.com，IP 地址为 192.168.10.1。要求为以下域名实现正反向域名解析服务。

dns.long.com		192.168.10.1
mail.long.com	MX 记录	192.168.10.2
slave.long.com	⟷	192.168.10.3
www.long.com		192.168.10.4
ftp.long.com		192.168.10.20

另外，为 www.long.com 设置别名为 web.long.com。

8.4.2　配置过程

配置过程包括全局配置文件、主配置文件和正反向区域解析文件的配置。

1. 编辑全局配置文件/etc/named.conf

/etc/named.conf 文件在/etc 目录下。把 options 选项中的侦听 IP 127.0.0.1 改成 any，把 dnssec-validation yes 改为 no，把允许查询网段 allow-query 后面的 localhost 改成 any。在 include 语句中指定主配置文件为 named.zones。修改后相关内容如下：

```
[root@server1 ~]#vim /etc/named.conf

    listen-on port 53 { any; };
        listen-on-v6 port 53 { ::1; };
        directory       "/var/named";
        dump-file       "/var/named/data/cache_dump.db";
        statistics-file "/var/named/data/named_stats.txt";
        memstatistics-file "/var/named/data/named_mem_stats.txt";
        allow-query{ any; };
        recursion yes;
        dnssec-enable yes;
         dnssec-validation no;
        dnssec-lookaside auto;
        ...
include "/etc/named.zones";          //必须更改
include "/etc/named.root.key";
```

2. 配置主配置文件 named.zones

使用 vim /etc/named.zones 编辑并增加以下内容。

```
[root@server1 ~]#vim /etc/named.zones

zone "long.com" IN {
        type master;
        file "long.com.zone";
        allow-update { none; };
};

zone "10.168.192.in-addr.arpa" IN {
        type master;
        file "1.10.168.192.zone";
        allow-update { none; };
};
```

思考：前面两个步骤能不能改为一个步骤。省略 named.zones 文件，直接将 named.conf 改为下面的内容，结果是不是一样的？请试一试，以后应用中尽量使用简洁的表述方式。

```
[root@server1 ~]#vim /etc/named.conf

    listen-on port 53 { any; };
        listen-on-v6 port 53 { ::1; };
        directory       "/var/named";
        dump-file       "/var/named/data/cache_dump.db";
        statistics-file "/var/named/data/named_stats.txt";
        memstatistics-file "/var/named/data/named_mem_stats.txt";
        allow-query { any; };
        recursion yes;
        dnssec-enable yes;
        dnssec-validation no;
        dnssec-lookaside auto;
...
zone "long.com" IN {
        type master;
        file "long.com.zone";
        allow-update { none; };
};

zone "10.168.192.in-addr.arpa" IN {
        type master;
        file "1.10.168.192.zone";
        allow-update { none; };
};
#include "/etc/named.zones";      //注释掉该行，或者使用默认的文件,否则会引起文件冲突
include "/etc/named.root.key";
```

3. 修改 BIND 的区域配置文件

（1）创建 long.com.zone 正向区域文件。long.com.zone 正向区域文件位于/var/named 目录下，为编辑方便，可先将样本文件 named.localhost 复制到 long.com.zone 中，再对 long.com.zone 进行编辑修改，编辑修改如下：

```
[root@server1 ~]#cd /var/named
[root@server1 named]#cp -p named.localhost long.com.zone
[root@server1 named]#vim /var/named/long.com.zone

$TTL 1D
@       IN SOA@root.long.com. (
                                    0       ;serial
                                    1D      ;refresh
                                    1H      ;retry
                                    1W      ;expire
                                    3H )    ;minimum


@       IN     NS      dns.long.com.
@       IN     MX  10  mail.long.com.


dns     IN     A       192.168.10.1
mail    IN     A       192.168.10.2
slave   IN     A       192.168.10.3
www     IN     A       192.168.10.4
ftp     IN     A       192.168.10.20
web     IN     CNAME   www.long.com.
```

（2）创建 1.10.168.192.zone 反向区域文件。1.10.168.192.zone 反向区域文件位于/var/named 目录下，为编辑方便，可先将样本文件 named.loopback 复制到 1.10.168.192.zone，再对 1.10.168.192.zone 编辑修改，编辑修改如下：

```
[root@server1 named]#cp -p named.loopback 1.10.168.192.zone
[root@server1 named]#vim /var/named/1.10.168.192.zone

$TTL 1D
@       IN SOA  @   root.long.com. (
                                    0       ;serial
                                    1D      ;refresh
                                    1H      ;retry
                                    1W      ;expire
                                    3H )    ;minimum


@       IN NS           dns.long.com.
@       IN MX     10    mail.long.com.


1       IN PTR          dns.long.com.
2       IN PTR          mail.long.com.
```

```
3        IN PTR      slave.long.com.
4        IN PTR      www.long.com.
20       IN PTR      ftp.long.com.
```

4. 设置防火墙放行

```
[root@server1 ~]#firewall-cmd  --permanent  --add-service=dns
success
[root@server1 ~]#firewall-cmd  --reload
```

5. 重新启动 DNS 服务，加入开机启动

```
[root@server1 ~]#systemctl  restart  named
[root@server1 ~]#systemctl  enable  named
```

6. 测试

说明如下。

（1）主配置文件的名称一定要与/etc/named.conf 文件中指定的文件名一致。本书中是 named.zones。

（2）正反向区域文件的名称一定要与/etc/named.zones 文件中的 zone 区域声明中指定的文件名一致。

（3）正反向区域文件的所有记录行都要顶头写，前面不要留空格，否则会导致 DNS 服务不能正常工作。

（4）第一个有效行为 SOA 资源记录。该记录的格式如下：

```
@  IN SOA  origin. contact.(
         1997022700       ;serial
         28800            ;refresh
         14400            ;retry
         3600000          ;expiry
         86400            ;minimum
)
```

各选项说明如下。

- @是该域的替代符，例如 long.com.zone 文件中的@代表 long.com。
- IN 表示网络类型。
- SOA 表示资源记录类型。
- origin 表示该域的主域名服务器的 FQDN，用"."结尾表示这是个绝对名称。例如，long.com.zone 文件中的 origin 为"dns.long.com."。
- contact 表示该域的管理员的电子邮件地址。它是正常 E-mail 地址的变通，将@变为"."。例如，long.com.zone 文件中的 contact 为"mail.long.com."。
- serial 为该文件的版本号。该数据是辅助域名服务器和主域名服务器进行时间同步

的,每次修改数据库文件后都应更新该序列号。习惯上用 yyyymmddnn,即年、月、日后加两位数字,表示一日之中第几次修改。

- refresh 为更新时间间隔。辅助 DNS 服务器根据此时间间隔周期性地检查主 DNS 服务器的序列号是否改变,如果改变,则更新自己的数据库文件。
- retry 为重试时间间隔。当辅助 DNS 服务器没有能够从主 DNS 服务器更新数据库文件时,在定义的重试时间间隔后重新尝试。
- expiry 为过期时间。如果辅助 DNS 服务器在所定义的时间间隔内没有能够与主 DNS 服务器或另一台 DNS 服务器取得联系,则该辅助 DNS 服务器上的数据库文件被认为无效,不再响应查询请求。
- minimum 表示最小时间间隔。

(5) TTL 为最小时间间隔,单位是 s。对于没有特别指定存活周期的资源记录,默认取 minimum 的值为 1 天,即 86400s。1D 表示一天。

(6) 行"@ IN NS dns.long.com."说明该域的域名服务器,至少应该定义一个。

(7) 行"@ IN MX 10 mail.long.com."用于定义邮件交换器,其中 10 表示优先级别,数字越小,优先级别越高。

(8) 类似于行"www IN A 192.168.10.4"是一系列的主机资源记录,表示主机名和 IP 地址的对应关系。

(9) 行"web IN CNAME www.long.com."定义的是别名资源记录,表示"web.long.com."是"www.long.com."的别名。

(10) 类似于行"2 IN PTR mail.long.com."是指针资源记录,表示 IP 地址与主机名称的对应关系。其中,PTR 使用相对域名,如"2"表示 2.10.168.192.in-addr.arpa,它表示 IP 地址为 192.168.10.2。

8.5 配置 DNS 客户端

DNS 客户端的配置非常简单,假设本地首选 DNS 服务器的 IP 地址为 192.168.10.1,备用 DNS 服务器的 IP 地址为 192.168.10.2,DNS 客户端的设置如下。

1. 配置 Windows 客户端

打开"Internet 协议版本 4(TCP/IP)"属性对话框,在如图 8-3 所示的对话框中输入首选和备用 DNS 服务器的 IP 地址即可。

2. 配置 Linux 客户端

在 Linux 系统中可以通过修改/etc/resolv.conf 文件来设置 DNS 客户端。

```
[root@client1 ~]#vim /etc/resolv.conf
   nameserver 192.168.10.1
   nameserver 192.168.10.2
   search  long.com
```

其中,nameserver 指明域名服务器的 IP 地址,可以设置多个 DNS 服务器,查询时按照文件中指定的顺序进行域名解析,只有当第一个 DNS 服务器没有响应时才向下面的 DNS

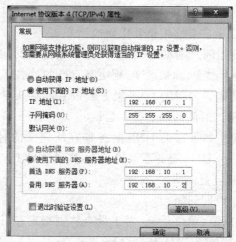

图 8-3　Windows 系统中 DNS 客户端的配置

服务器发出域名解析请求。search 用于指明域名搜索顺序，当查询没有域名后缀的主机名时，将会自动附加由 search 指定的域名。

在 Linux 系统中还可以通过系统菜单设置 DNS。相关内容前面已多次介绍，在此不再赘述。

8.6　使用工具测试 DNS

BIND 软件包提供了 3 个 DNS 测试工具：nslookup、dig 和 host。其中 dig 和 host 是命令行工具，而 nslookup 命令既可以使用命令行模式也可以使用交互模式。下面在客户端 Client1（192.168.10.20）上进行测试，前提是必须保证与 RHEL7-1 服务器的通信畅通。

1. nslookup 命令（在 Client1 上）

命令的具体内容如下。

```
[root@Client1 ~]#vim /etc/resolv.conf
    nameserver 192.168.10.1
    nameserver 192.168.10.2
    search  long.com
[root@Client1 ~]#nslookup     //运行 nslookup 命令
>server
Default server: 192.168.10.1
Address: 192.168.10.1#53
>www.long.com                 //正向查询,查询域名 www.long.com 所对应的 IP 地址
Server: 192.168.10.1
Address: 192.168.10.1#53

Name: www.long.com
Address: 192.168.10.4
>192.168.10.2                 //反向查询,查询 IP 地址 192.168.1.2 所对应的域名
Server: 192.168.10.1
Address: 192.168.10.1#53
```

```
2.10.168.192.in-addr.arpa name =mail.long.com.
>set all                  //显示当前设置的所有值
Default server: 192.168.10.1
Address: 192.168.10.1#53

Set options:
  novc nodebug nod2
  search recurse
  timeout =0 retry =3 port =53
  querytype =A class =IN
  srchlist =long.com
//查询 long.com 域的 NS 资源记录配置
>set type=NS             //此行中 type 的取值还可以为 SOA、MX、CNAME、A、PTR 及 any 等
>long.com
Server: 192.168.10.1
Address: 192.168.10.1#53

long.com nameserver =dns.long.com.
>exit
[root@client1 ~]#
```

2. dig 命令

dig(domain information groper)是一个灵活的命令行方式的域名查询工具,常用于从域名服务器获取特定的信息。例如,通过 dig 命令查看域名 www.long.com 的信息。

```
[root@Client1 ~]#dig dns.long.com
; <<>>DiG 9.9.4-RedHat-9.9.4-61.el7 <<>>dns.long.com
;; global options: +cmd
;; Got answer:
;; ->>HEADER<<-opcode: QUERY, status: NOERROR, id: 44030
;; flags: qr aa rd ra; QUERY: 1, ANSWER: 1, AUTHORITY: 1, ADDITIONAL: 1

;; OPT PSEUDOSECTION:
; EDNS: version: 0, flags:; udp: 4096
;; QUESTION SECTION:
;dns.long.com. IN  A

;; ANSWER SECTION:
dns.long.com. 86400 IN A 192.168.10.1

;; AUTHORITY SECTION:
long.com. 86400 IN NS dns.long.com.

;; Query time: 1 msec
;; SERVER: 192.168.10.1#53(192.168.10.1)
;; WHEN: 四 10 月 04 14:04:14 CST 2018
;; MSG SIZE  rcvd: 71
```

3. host 命令

host 命令用来进行简单的主机名的信息查询,在默认情况下,host 只在主机名和 IP 地址之间进行转换。下面是一些常见的 host 命令的使用方法。

```
//正向查询主机地址
[root@Client1 ~]#host dns.long.com
//反向查询 IP 地址对应的域名
[root@Client1 ~]#host 192.168.10.3
//查询不同类型的资源记录配置,-t 参数后可以为 SOA、MX、CNAME、A、PTR 等
[root@Client1 ~]#host -t NS long.com
//列出整个 long.com 域的信息
[root@Client1 ~]#host -l long.com
//列出与指定的主机资源记录相关的详细信息
[root@Client1 ~]#host -a web.long.com
```

4. DNS 服务器配置中的常见错误

(1) 配置文件名写错。在这种情况下,运行 nslookup 命令不会出现命令提示符">"。

(2) 主机域名后面没有小点".",这是最常犯的错误。

(3) /etc/resolv.conf 文件中的域名服务器的 IP 地址不正确。在这种情况下,nslookup 命令不出现命令提示符。

(4) 回送地址的数据库文件有问题。同样 nslookup 命令不出现命令提示符。

(5) 在/etc/named.conf 文件中的 zone 区域声明中定义的文件名与/var/named 目录下的区域数据库文件名不一致。

8.7　练习题

一、填空题

1. 在 Internet 中计算机之间直接利用 IP 地址进行寻址,因而需要将用户提供的主机名转换成 IP 地址,这个过程称为_____。

2. DNS 提供了一个_____的命名方案。

3. DNS 顶级域名中表示商业组织的是_____。

4. _____表示主机的资源记录,_____表示别名的资源记录。

5. 可以用来检测 DNS 资源创建得是否正确的两个工具是_____、_____。

6. DNS 服务器的查询模式有_____、_____。

7. DNS 服务器分为 4 类:_____、_____、_____、_____。

8. 一般在 DNS 服务器之间的查询请求属于_____查询。

二、选择题

1. 在 Linux 环境下,能实现域名解析功能的软件模块是(　　　)。

　　A. apache　　　　　B. dhcpd　　　　　C. BIND　　　　　D. SQUID

2. www.163.com 是 Internet 中主机的(　　　)。

　　A. 用户名　　　　　B. 密码　　　　　C. 别名　　　　　D. IP 地址

E. FQDN

3. 在 DNS 服务器配置文件中 A 类资源记录的意思是(　　)。

A. 官方信息 　　　　　　　　　　　B. IP 地址到名字的映射

C. 名字到 IP 地址的映射　　　　　　D. 一个名称服务器的规范

4. 在 Linux DNS 系统中,根服务器提示文件是(　　)。

A. /etc/named.ca　　　　　　　　　B. /var/named/named.ca

C. /var/named/named.local　　　　 D. /etc/named.local

5. DNS 指针记录的标志是(　　)。

A. A 　　　　　　　B. PTR　　　　　C. CNAME　　　　　D. NS

6. DNS 服务使用的端口是(　　)。

A. TCP 53　　　　　B. UDP 54　　　　C. TCP 54　　　　 D. UDP 53

7. 可以测试 DNS 服务器的工作情况的命令是(　　)。

A. dig　　　　　　　B. host　　　　　C. nslookup　　　　D. named-checkzone

8. 可以启动 DNS 服务的命令是(　　)。

A. systemctl start named　　　　　B. systemctl restart named

C. service dns start　　　　　　　 D. /etc/init.d/dns start

9. 指定域名服务器位置的文件是(　　)。

A. /etc/hosts　　　　　　　　　　　B. /etc/networks

C. /etc/resolv.conf　　　　　　　　D. /.profile

8.8　项目实录

1. 观看视频

做实训前请扫描二维码观看视频。

2. 项目实训目的及内容

(1) 掌握 Linux 系统中主 DNS 服务器的配置。

(2) 掌握 Linux 下辅助 DNS 服务器的配置。

3. 项目背景

某企业有一个局域网(192.168.1.0/24),网络拓扑如图 8-4 所示。该企业中已经有自己的网页,员工希望通过域名来进行访问,同时员工也需要访问 Internet 上的网站。该企业已经申请了域名 jnrplinux.com,公司需要 Internet 上的用户通过域名访问公司的网页。不能因为 DNS 的故障导致网页不能访问。

要求在企业内部构建一台 DNS 服务器,为局域网中的计算机提供域名解析服务。DNS 服务器管理 jnrplinux.com 域的域名解析,DNS 服务器的域名为 dns.jnrplinux.com,IP 地址为 192.168.1.2。辅助 DNS 服务器的 IP 地址为 192.168.1.3。同时还必须为客户提供 Internet 上的主机的域名解析。要求分别能解析以下域名:财务部(cw.jnrplinux.com:192.168.1.11)、销售部(xs.jnrplinux. com:192.168.1.12)、经理部(jl.jnrplinux.com:192.168.1.13)、OA 系统(oa. jnrplinux.com:192.168.1.13)。

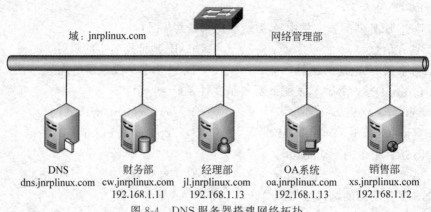

图 8-4 DNS 服务器搭建网络拓扑

4. 做一做

根据项目实录视频进行项目的实训，检查学习效果。

8.9 实训：DNS 服务器配置

1. 实训目的及内容

掌握 Linux 下主 DNS、辅助 DNS 和转发器 DNS 服务器的配置与调试方法。

2. 实训环境

在 VMware 虚拟机中启动 3 台 Linux 服务器，IP 地址分别为 192.168.203.1、192.168.203.2 和 192.168.203.3。并且要求此 3 台服务器已安装了 DNS 服务所对应的软件包（包括 chroot）。

3. 实训练习

（1）配置主域名服务器。

① 配置全局配置文件/etc/named.conf。

把 options 选项中的侦听 IP 127.0.0.1 改成 any，把允许查询网段 allow-query 后面的 localhost 改成 any。在 view 选项中修改"指定提交 DNS 客户端的源 IP 地址范围"和"指定提交 DNS 客户端的目标 IP 地址范围"为 any，同时指定主配置文件为 named.zones。

② 生成主配置文件 named.zones。

named.zones 文件位于/var/named/chroot/etc 目录下。可将 named.rfc1912.zones 复制为全局配置文件中指定的主配置文件。

配置主域名服务器来负责对于区域 smile.com 的解析工作，同时负责对应的反向查找区域。

在/var/named/chroot/etc/named.zones 中添加以下内容。

```
zone "smile.com" {
    type master;
    file "smile.com.zone";
};
```

```
zone "203.168.192.in-addr.arpa" {
    type master;
    file "192.168.203.zone";
};
```

③ 在/var/named/chroot/var/named 目录下创建 smile.com.zone 正向区域文件。该文件的内容如下：

```
$TTL 1D
@  IN  SOA  smile.com. root.smile.com. (
                              0      ; serial
                              1D     ; refresh
                              1H     ; retry
                              1W     ; expire
                              3H )   ; minimum
@        IN  NS        dns.smile.com.
@        IN  MX    10  mail.smile.com.


dns      IN  A         192.168.203.1
www      IN  A         192.168.203.1
mail     IN  A         192.168.203.1
forward  IN  A         192.168.203.2
slave    IN  A         192.168.203.3
ftp      IN  A         192.168.203.101
www1     IN  CNAME     www.smile.com.
www2     IN  CNAME     www.smile.com.
www3     IN  CNAME     www.smile.com.
```

④ 在/var/named/chroot/var/named 下创建 192.168.203.zone 区域文件。该文件的内容如下：

```
$TTL 1D
@  IN  SOA  smile.com. root.smile.com. (
                              0      ; serial
                              1D     ; refresh
                              1H     ; retry
                              1W     ; expire
                              3H )   ; minimum
@   IN  NS        dns.smile.com.
@   IN  MX    10  mail.smile.com.


1   IN  PTR       dns.smile.com.
1   IN  PTR       www.smile.com.
1   IN  PTR       mail.smile.com.
2   IN  PTR       forward.smile.com.
3   IN  PTR       slave.smile.com.
101 IN  PTR       ftp.smile.com.
```

⑤ 重新启动域名服务器。

⑥ 测试域名服务器，并记录观测到的数据。

（2）配置缓存域名服务器。在 IP 地址为 192.168.203.2 的 Linux 系统上配置缓存名称服务器。

① 在/etc/named.conf 中的 option 区域添加类似下面的内容。

```
forwarders {192.168.0.9;};
forward only;
```

② 启动 named 服务。

③ 测试配置。

（3）配置辅助域名服务器。在 IP 地址为 192.168.203.3 的 Linux 系统上配置 smile.com 区域和 203.168.192.in-addr.arpa 区域的辅助域名服务器。

① 在 192.168.203.1（主 DNS 服务器）上配置主配置文件。

```
[root@RHEL6 ~]#vim /var/named/chroot/etc/named.zones
zone "long.com" IN {
        type master;
        file "smile.com";
        also-notify {192.168.203.3;};
};
zone "203.168.192.in-addr.arpa" IN {
        type master;
        file "192.168.203.zone";
        also-notify { 192.168.203.3;};
};
```

zone 中添加 also-notify｛辅助 DNS IP 地址；｝，或者在全局 options 中声明，可以使用 notify yes，这样只要主服务器重启 DNS 服务则发送 notify 值，辅助服务器则会立即更新区域文件数据。

② 在 192.168.203.3（辅助 DNS 服务器）上安装 bind 软件包。

③ 在 192.168.203.3 上配置全局配置文件。

在/var/named/chroot/etc 目录下把 options 选项中的侦听 IP 127.0.0.1 改成 any，把允许查询网段 allow-query 后面的 localhost 改成 any。在 view 选项中修改"指定提交 DNS 客户端的源 IP 地址范围"和"指定提交 DNS 客户端的目标 IP 地址范围"为 any，同时指定主配置文件为 named.zones。具体配置参见主 DNS 服务器配置。

④ 在 192.168.203.3 上编辑 DNS 服务器的主配置文件，添加以下区域声明。

```
[root@RHEL6 ~]#vim /var/named/chroot/etc/named.zones
zone "smile.com" IN {
        type slave;
        file "slaves/smile.com.zone";
        masters{ 192.168.203.1;};
};
```

```
zone "203.168.192.in-addr.arpa" IN {
        type slave;

        file "slaves/192.168.203.zone";
        masters{ 192.168.203.3;};
};
```

每行后面一定要添加";",否则启动服务失败。

必须指定 file "slaves/区域文件名称"的位置,这里说的 slaves 的位置为 /var/named/ chroot/var/named/slaves。

⑤ 重新启动 named 服务。

⑥ 检查在/var/named/chroot/var/named 目录下是否自动生成了 smile.com.zone 和 192.168.203.zone 文件。

4. 实训报告

按要求完成实训报告。

第 9 章
NFS 网络文件系统服务

学习要点

- NFS 服务的基本原理。
- NFS 服务器的配置与调试。
- NFS 客户端的配置。
- NFS 故障排除。

资源共享是计算机网络的主要应用之一,本章主要介绍类 UNIX 系统之间实现资源共享的方法——网络文件系统(NFS)服务。

9.1 NFS 基本原理

网络文件系统(network file system,NFS)是使不同的计算机之间能通过网络进行文件共享的一种网络协议,多用于类 UNIX 系统的网络中。

9.1.1 NFS 服务概述

在 Windows 主机之间可以通过共享文件夹来实现存储远程主机上的文件,而在 Linux 系统中通过 NFS 实现类似的功能。NFS 最早是由 SUN 公司于 1984 年开发出来,其目的就是让不同计算机、不同操作系统之间可以彼此共享文件。由于 NFS 使用起来非常方便,因此很快得到了大多数 Linux 和 UNIX 系统的广泛支持,而且被 IETE(国际互联网工程组)制定为 RFC1904、RFC1813 和 RFC3010 标准。

NFS 网络文件系统具有以下优点。

(1) 被所有用户访问的数据可以存放在一台中央主机(NFS 服务器)并共享出去,而其他不同主机上的用户可以通过 NFS 服务访问中央主机上的共享资源,这样既可以提高资源的利用率,节省客户端本地硬盘的空间,也便于对资源进行集中管理。

(2) 客户访问远程主机上的文件和访问本地主机上的资源一样,是透明的。

(3) 远程主机上的文件的物理位置发生变化不会影响客户访问方式的变化。

(4) 可以为不同客户设置不同的访问权限。

9.1.2　NFS 工作原理

NFS 服务是基于客户机/服务器模式的。NFS 服务器是提供输出文件（共享目录文件）的计算机，而 NFS 客户端是访问输出文件的计算机，它可以将输出文件挂载到自己系统中的某个目录文件中，然后像访问本地文件一样去访问 NFS 服务器中的输出文件。

例如，在 Linux 主机 A 中有一个目录文件/source，该文件中有网络中 Linux 主机 B 中用户所需的资源。可以把它输出（共享）出来，这样 B 主机中的用户可以把 A:/source 挂载到本机的某个挂载目录（如/mnt/nfs/source）中，之后 B 主机中的用户就可以访问/mnt/nfs/source 中的文件了。而实际上 B 主机中的用户访问的是 A 主机中的资源。

NFS 客户和 NFS 服务器通过远程过程调用（Remote Procedure Call，RPC）协议实现数据传输。服务器自开启服务之后一直处于等待状态，当客户主机中的应用程序访问远程文件时，客户主机内核向远程服务器发送一个请求，同时客户进程被阻塞并等待服务器应答。服务器接收到客户请求之后，处理请求并将结果返回给客户端。NFS 服务器上的目录如果可以被远程用户访问，就称为导出（export）；客户主机访问服务器导出目录的过程称为挂载（mount）或导入。

9.1.3　NFS 组件

Linux 下的 NFS 服务主要由以下 6 个部分组成。其中，只有前面 3 个是必需的，后面 3 个是可选的。

1. rpc.nfsd

rpc.nfsd 守护进程的主要作用就是判断、检查客户端是否具备登录主机的权限，负责处理 NFS 请求。

2. rpc.mounted

rpc.mounted 守护进程的主要作用就是管理 NFS 的文件系统。当客户端顺利地通过 rpc.nfsd 登录主机后，在开始使用 NFS 主机提供的文件之前，它会去检查客户端的权限（根据/etc/exports 来对比客户端的权限）。通过这一关之后，客户端才可以顺利地访问 NFS 服务器上的资源。

3. rpcbind

rpcbind 的主要功能是进行端口映射工作。当客户端尝试连接并使用 RPC 服务器提供的服务（如 NFS 服务）时，rpcbind 会将所管理的与服务对应的端口号提供给客户端，从而使客户端可以通过该端口向服务器请求服务。在 RHEL 6.4 中 rpcbind 默认已安装并且已经正常启动。

　　虽然 rpcbind 只用于 RPC，但它对 NFS 服务来说是必不可少的。如果 rpcbind 没有运行，NFS 客户端就无法查找从 NFS 服务器中共享的目录。

4. rpc.locked

rpc.stated 守护进程使用本进程来处理崩溃系统的锁定恢复。为什么要锁定文件呢？

因为既然 NFS 文件可以让众多的用户同时使用，那么客户端同时使用一个文件时，有可能会造成一些问题。此时，rpc.locked 就可以帮助解决这个难题。

5. rpc.stated

rpc.stated 守护进程负责处理客户与服务器之间的文件锁定问题，确定文件的一致性（与 rpc.locked 有关）。当因为多个客户端同时使用一个文件造成文件破坏时，rpc.stated 可以用来检测该文件并尝试恢复。

6. rpc.quotad

rpc.quotad 守护进程提供了 NFS 和配额管理程序之间的接口。不管客户端是否通过 NFS 对它们的数据进行处理，都会受配额限制。

9.2 安装、启动和停止 NFS 服务器

要使用 NFS 服务，首先需要安装 NFS 服务组件，在 CentOS 7 中，在默认情况下，NFS 服务会被自动安装到计算机中。

如果不确定是否安装了 NFS 服务，那么就先检查计算机中是否已经安装了 NFS 支持套件。如果没有安装，再安装相应的组件。

1. 所需要的套件

对于 CentOS 7 来说，要启用 NFS 服务器，我们至少需要两个套件，分别说明如下。

（1）rpcbind。NFS 服务要正常运行，就必须借助 RPC 服务的帮助，做好端口映射工作，而这个工作就是由 rpcbind 负责的。

（2）nfs-utils。nfs-utils 就是提供 rpc.nfsd 和 rpc.mounted 这两个守护进程与其他相关文档、执行文件的套件，这是 NFS 服务的主要套件。

2. 安装 NFS 服务

建议在安装 NFS 服务之前，使用以下命令检测系统是否安装了 NFS 相关性软件包。

```
[root@server1 ~]#rpm -qa|grep nfs-utils
[root@server1 ~]#rpm -qa|grep rpcbind
```

如果系统还没有安装 NFS 软件包，可以使用 yum 命令安装所需软件包。
（1）使用 yum 命令安装 NFS 服务。

```
[root@server1 ~]#yum clean all                    //安装前先清除缓存
[root@server1 ~]#yum install rpcbind -y
[root@server1 ~]#yum install nfs-utils -y
```

（2）所有软件包安装完毕之后，可以使用 rpm 命令再一次进行查询。

```
[root@server1 ~]#rpm -qa|grep nfs
libnfsidmap-0.25-19.el7.x86_64
```

```
nfs-utils-1.3.0-0.54.el7.x86_64
[root@server1 ~]#rpm -qa|grep rpc
libtirpc-0.2.4-0.10.el7.x86_64
xmlrpc-c-1.32.5-1905.svn2451.el7.x86_64
rpcbind-0.2.0-44.el7.x86_64
xmlrpc-c-client-1.32.5-1905.svn2451.el7.x86_64
```

3. 启动 NFS 服务

查询一下 NFS 的各个程序是否在正常运行,命令如下:

```
[root@server1 ~]#rpcinfo -p
```

如果没有看到 nfs 和 mounted 选项,则说明 NFS 没有运行,需要启动它。使用以下命令可以启动。

```
[root@server1 ~]#systemctl start rpcbind
[root@server1 ~]#systemctl start nfs
[root@server1 ~]#systemctl start nfs-server
[root@server1 ~]#systemctl enable nfs-server
Created symlink from /etc/systemd/system/multi-user.target.wants/nfs-server.
service to /usr/lib/systemd/system/nfs-server.service.
[root@server1 ~]#systemctl enable  rpcbind
```

9.3　配置 NFS 服务

NFS 服务的配置,主要就是创建并维护/etc/exports 文件。这个文件定义了服务器上的哪几个部分与网络上的其他计算机共享,以及共享的规则都有哪些等。

1. 需要的虚拟机情况

在 VMware 虚拟机中启动两台 Linux 系统,一台作为 NFS 服务器,主机名为 Server1,规划好 IP 地址,比如 192.168.10.1;一台作为 NFS 客户端,主机名为 Client1,同样规划好 IP 地址,比如 192.168.10.20。配置 NFS 服务器,使得客户机 Client 可以浏览 NFS 服务器中特定目录下的内容。nfs 服务器和客户端的 IP 地址可以根据表 9-1 来设置。

表 9-1　nfs 服务器和客户端使用的操作系统以及 IP 地址

主 机 名 称	操作系统	IP 地址	网络连接方式
nfs 共享服务器:Server1	CentOS 7	192.168.10.1	VMnet1
Linux 客户端:Client1	CentOS 7	192.168.10.20	VMnet1

2. exports 文件的格式

现在来看看应该如何设定/etc/exports 这个文件。某些 Linux 发行套件并不会主动提供/etc/exports 文件(如 Red Hat Enterprise Linux 7 就没有),此时就需要自己手动创建。

```
[root@server1 ~]#mkdir /tmp1
[root@server1 ~]#vim /etc/exports
/tmp1          192.168.10.20/24(ro)      localhost(rw)      * (ro,sync)
#共享目录      [第一台主机(权限)]         [可用主机名]       [其他主机(可用通配符)]
```

说 明　　①/tmp 分别共享给3个不同的主机或域。②主机后面以小括号"()"设置权限参数。若权限参数不止一个时,则以逗号","分开,且主机名与小括号是连在一起的。③#开始的一行表示注释。

在设置/etc/exports 文件时需要特别注意"空格"的使用,因为在此配置文件中,除了分开共享目录和共享主机以及分隔多台共享主机外,其余情形下都不可使用空格。例如,以下的两个范例就分别表示不同的意义。

```
/home Client(rw)
```

```
/home Client  (rw)
```

在以上的第一行中,客户端 Client 对/home 目录具有读取和写入权限;第二行中客户端 Client 对/home 目录只具有读取权限(这是系统对所有客户端的默认值)。而除 Client 之外的其他客户端对/home 目录具有读取和写入权限。

3. 主机名规则

设置方法很简单,每一行最前面是要共享出来的目录,然后这个目录可以依照不同的权限共享给不同的主机。

主机名称的设定主要有以下几种方式。

(1) 可以使用完整的 IP 地址或者网段,例如 192.168.0.3、192.168.0.0/24 或 192.168.0.0/255.255.255.0 都可以接受。

(2) 可以使用主机名称,这个主机名称要在/etc/hosts 内或者使用 DNS,只要能被找到就可以(重点是可以找到 IP 地址)。如果是主机名称,那么它可以支持通配符,例如" * "或"?"均可以接受。

4. 权限规则

权限方面(就是小括号内的参数)常见的参数则有以下几种。

- rw:即 read-write,表示可读/写的权限。
- ro:即 read-only,表示只读权限。
- sync:数据同步写入内存与硬盘中。
- async:数据会先暂存于内存中,而非直接写入硬盘。
- no_root_squash:登录 NFS 主机使用共享目录的用户。如果是 root,那么对于这个共享的目录来说,它就具有 root 的权限。这个设置"极不安全",不建议使用。
- root_squash:在登录 NFS 主机使用共享目录的用户如果是 root,那么这个用户的权限将被压缩成匿名用户,它的 UID 与 GID 通常都会变成 nobody(nfsnobody)这个系统账号的身份。

- all_squash：不论登录 NFS 的用户身份如何，它的身份都会被压缩成匿名用户，即 nobody(nfsnobody)。
- anonuid：anon 是指 anonymous(匿名者)。前面关于术语 squash 提到的匿名用户的 UID 设定值通常为 nobody(nfsnobody)，但是可以自行设定这个 UID 值。当然，这个 UID 必须要存在于你的/etc/passwd 当中。
- anongid：同 anonuid，变成 Group ID 就可以了。

9.4 了解 NFS 服务的文件存取权限

由于 NFS 服务本身并不具备用户身份验证功能，那么当客户端访问时，服务器该如何识别用户呢？主要有以下几个标准。

1. root 账户
如果客户端是以 root 账户去访问 NFS 服务器资源，基于安全方面的考虑，服务器会主动将客户端改成匿名用户。所以，root 账户只能访问服务器上的匿名资源。

2. NFS 服务器上有客户端账号
客户端根据用户和组(UID、GID)来访问 NFS 服务器资源时，如果 NFS 服务器上有对应的用户名和组，就访问与客户端同名的资源。

3. NFS 服务器上没有客户端账号
如果 NFS 服务器上没有客户端账号，此时客户端只能访问匿名资源。

9.5 在客户端挂载 NFS 文件系统

Linux 下有多个好用的命令行工具，用于查看、连接、卸载、使用 NFS 服务器上的共享资源。

1. 配置 NFS 客户端
配置 NFS 客户端的一般步骤如下。

(1) 安装 nfs-utils 软件包。

(2) 识别要访问的远程共享。

```
showmount -e NFS 服务器 IP
```

(3) 确定挂载点。

```
mkdir /mnt/nfstest
```

(4) 使用命令挂载 NFS 共享。

```
mount -t nfs NFS 服务器 IP:/gongxiang   /mnt/nfstest
```

（5）修改 fstab 文件来实现 NFS 共享的永久挂载。

```
vim  /etc/fstab
```

2. 查看 NFS 服务器信息

在 CentOS 7 下查看 NFS 服务器上的共享资源使用的命令为 showmount，它的语法格式如下：

```
[root@server1 ~]#showmount [-adehv] [ServerName]
```

参数说明如下。
- -a：查看服务器上的输出目录和所有连接客户端信息。显示格式为"host：dir"。
- -d：只显示被客户端使用的输出目录信息。
- -e：显示服务器上所有的输出目录（共享资源）。

比如，如果服务器的 IP 地址为 192.168.10.1，如果想查看该服务器上的 NFS 共享资源，则可以执行以下命令。

```
[root@server1 ~]#systemctl restart nfs-server
[root@server1 ~]#showmount -e 192.168.10.1
Export list for 192.168.10.1:
/tmp1 (everyone)
```

3. 在客户端加载 NFS 服务器共享目录

在 CentOS 7 中加载 NFS 服务器上的共享目录的命令为 mount（就是那个可以加载其他文件系统的 mount）。

```
[root@Client1~]#mount -t nfs   服务器名称或地址:输出目录   挂载目录
```

比如，要加载 192.168.0.3 这台服务器上的/share1 目录，则需要依次执行以下操作。

（1）创建本地目录。首先在客户端创建一个本地目录，用来加载 NFS 服务器上的输出目录。

```
[root@Client1 ~]#mkdir /mnt/nfs
```

（2）加载服务器目录。再使用相应的 mount 命令加载。

```
[root@Client1~]#mount -t nfs 192.168.10.1:/tmp1 /mnt/nfs
```

思考：如果出现以下错误信息，应该如何处理？

```
[root@server1~]#showmount 192.168.10.1 -e
clnt_create: RPC: Port mapper failure -Unable to receive: errno 113 (No route to host)
```

出现错误的原因是 NFS 服务器的防火墙阻止了客户端访问 NFS 服务器。由于 NFS 使用了许多端口，即使开放了 NFS4 服务，仍然可能有问题，读者可以把防火墙禁用。

禁用防火墙的命令如下：

```
[root@server1 ~]#systemctl stop firewalld
```

4. 卸载 NFS 服务器共享目录

要卸载刚才加载的 NFS 共享目录，则执行以下命令。

```
[root@Client~]#umount  /mnt/nfs
```

5. 在客户端启动时自动挂载 NFS

CentOS 7 下的自动加载文件系统都是在/etc/fstab 中定义的，NFS 文件系统也支持自动加载。

（1）编辑 fstab。用文本编辑器打开/etc/fstab，在其中添加以下一行命令。

```
192.168.10.1:/tmp1 /mnt/nfs nfs default 0 0
```

（2）使设置生效。执行以下命令，重新加载 fstab 文件中定义的文件系统。

```
[root@Client ~]#mount -a
```

9.6　排除 NFS 故障

与其他网络服务一样，运行 NFS 的计算机同样可能出现问题。当 NFS 服务无法正常工作时，需要根据 NFS 相关的错误消息选择适当的解决方案。NFS 采用 C/S 结构，并通过网络通信，因此，可以将常见的故障点划分为以下 3 个。

1. 网络

对于网络故障主要有两方面的常见问题。

（1）网络无法连通。使用 ping 命令检测网络是否连通，如果出现异常，请检查物理线路、交换机等网络设备，或者计算机的防火墙设置。

（2）无法解析主机名。对于客户端而言，无法解析服务器的主机名可能会导致使用 mount 命令挂载时失败，并且服务器如果无法解析客户端的主机名，在进行设置时同样会出现错误，所以需要在/etc/hosts 文件中添加相应的主机记录。

2. 客户端

客户端在访问 NFS 服务器时多使用 mount 命令。下面将列出常见的错误信息以供大家参考。

（1）服务器的防火墙问题。如果出现以下错误信息：

```
[root@server1~]#showmount 192.168.10.1 -e
clnt_create: RPC: Port mapper failure -Unable to receive: errno 113 (No route to host)
```

解决方法是禁用防火墙，命令如下：

```
[root@server1 ~]#systemctl stop firewalld
```

（2）服务器无响应：端口映射失败，RPC 超时。NFS 服务器已经关机，或者其 RPC 端口映射进程（portmap）已关闭。重新启动服务器的 portmap 程序，更正该错误。

（3）服务器无响应：程序未注册。mount 命令发送请求到达 NFS 服务器端口映射进程，但是 NFS 相关守护程序没有注册。具体解决方法在服务器设定中有详细介绍。

（4）拒绝访问。客户端不具备访问 NFS 服务器共享文件的权限。

（5）不被允许。执行 mount 命令的用户权限过低，必须具有 root 身份或是系统组的成员才可以运行 mount 命令，也就是说只有 root 用户和系统组的成员才能够进行 NFS 安装、卸装操作。

3. 服务器

（1）NFS 服务进程状态。为了使 NFS 服务器正常工作，首先要保证所有相关的 NFS 服务进程为开启状态。

使用 rpcinfo 命令可以查看 RPC 的相应信息，命令格式如下：

```
rpcinfo -p 主机名或 IP 地址
```

登录 NFS 服务器后，使用 rpcinfo 命令检查 NFS 相关进程的启动情况。

如果 NFS 相关进程并没有启动，使用 service 命令启动 NFS 服务，再次使用 rpcinfo 命令进行测试，直到 NFS 服务工作正常。

（2）注册 NFS 服务。虽然 NFS 服务正常开启，但是如果没有进行 RPC 的注册，客户端依然不能正常访问 NFS 共享资源，所以需要确认 NFS 服务已经进行注册。rpcinfo 命令能够提供检测功能，命令格式如下：

```
rpcinfo -u 主机名或 IP 进程
```

假设在 NFS 服务器上需要检测 rpc.nfsd 是否注册，可以使用以下命令。

```
[root@server1 ~]#rpcinfo -u 192.168.8.188 nfs
rpcinfo:RPC:Program not registered
Program 100003 is not available
```

出现该提示，表明 rpc.nfsd 进程没有注册，则需要在开启 RPC 以后再启动 NFS 服务进行注册。

```
[root@server1 ~]#systemctl start rpcbind
[root@server1 ~]#systemctl restart nfs
```

执行注册以后,再次使用 rpcinfo 命令进行检测。

```
[root@server1 ~]#rpcinfo -u 192.168.8.188 nfs
[root@server1 ~]#rpcinfo -u 192.168.8.188 mount
```

如果一切正常,会发现 NFS 相关进程的 v2、v3 以及 v4 版本均已注册完毕,NFS 服务器可以正常工作。

(3) 检测共享目录输出。客户端如果无法访问服务器的共享目录,可以登录服务器进行配置文件的检查。确保/etc/exports 文件设定共享目录,并且客户端拥有相应权限。通常情况下,使用 showmount 命令能够检测 NFS 服务器的共享目录的输出情况。

```
[root@server1 ~]#showmount -e 192.168.8.188
```

4. 故障诊断的一般步骤
(1) 检查 NFS 客户端和 NFS 服务器之间的通信是否正常。
(2) 检查 NFS 服务器上的防火墙是否正常关闭。
(3) 检查 NFS 服务器上的 NFS 服务是否正常运行。
(4) 验证 NFS 服务器的/etc/exports 文件的语法是否正确。
(5) 检查客户端的 NFS 文件系统服务是否正常。
(6) 验证/etc/fstab 文件中的配置是否正确。

9.7 练习题

一、填空题

1. Linux 和 Windows 之间可以通过_____进行文件共享,UNIX/Linux 操作系统之间通过_____进行文件共享。

2. NFS 的英文全称是_____,中文名称是_____。

3. RPC 的英文全称是_____,中文名称是_____。RPC 最主要的功能就是记录每个 NFS 功能所对应的端口,它工作在固定端口_____。

4. Linux 下的 NFS 服务主要由 6 部分组成,其中_____、_____、_____是 NFS 必需的。

5. _____守护进程的主要作用就是判断、检查客户端是否具备登录主机的权限,负责处理 NFS 请求。

6. _____是提供 rpc.nfsd 和 rpc.mounted 这两个守护进程与其他相关文档、执行文件的套件。

7. 在 CentOS 7 下查看 NFS 服务器上的共享资源使用的命令为_____,它的语法格式是_____。

8. CentOS 7 下的自动加载文件系统是在_____中定义的。

二、选择题

1. NFS 工作站要用 mount 命令连接远程 NFS 服务器上的一个目录时,以下( )是服务器端必需的。

  A. rpcbind 必须启动

  B. NFS 服务必须启动

  C. 共享目录必须加在/etc/exports 文件里

  D. 以上全部都需要

 2. 完成加载 NFS 服务器 svr.jnrp.edu.cn 的/home/nfs 共享目录到本机的/home2 目录,正确的命令是( )。

  A. mount -t nfs svr.jnrp.edu.cn:/home/nfs /home2

  B. mount -t -s nfs svr.jnrp.edu.cn./home/nfs /home2

  C. nfsmount svr.jnrp.edu.cn:/home/nfs /home2

  D. nfsmount -s svr.jnrp.edu.cn /home/nfs /home2

 3. ( )命令用来通过 NFS 使磁盘资源被其他系统使用。

  A. share   B. mount   C. export   D. exportfs

 4. 以下 NFS 系统中关于用户 ID 映射正确的描述是( )。

  A. 服务器上的 root 用户默认值和客户端的一样

  B. root 被映射到 nfsnobody 用户

  C. root 不被映射到 nfsnobody 用户

  D. 默认情况下,anonuid 不需要密码

 5. 假设公司有 10 台 Linux Servers,想用 NFS 在 Linux Servers 之间共享文件,则应该修改的文件是( )。

  A. /etc/exports   B. /etc/crontab

  C. /etc/named.conf   D. /etc/smb.conf

 6. 查看 NFS 服务器 192.168.12.1 中的共享目录的命令是( )。

  A. show -e 192.168.12.1

  B. show //192.168.12.1

  C. showmount -e 192.168.12.1

  D. showmount -l 192.168.12.1

 7. 装载 NFS 服务器 192.168.12.1 的共享目录/tmp 到本地目录/mnt/shere 中的命令是( )。

  A. mount 192.168.12.1/tmp /mnt/shere

  B. mount -t nfs 192.168.12.1/tmp /mnt/shere

  C. mount -t nfs 192.168.12.1:/tmp /mnt/shere

  D. mount -t nfs //192.168.12.1/tmp /mnt/shere

9.8 项目实录

1. 观看视频

做实训前请扫描二维码观看视频。

2. 项目背景

某企业的销售部有一个局域网,域名为 xs.mq.cn。网络拓扑如图 9-1 所示。网内有一台 Linux 的共享资源服务器 Share Server,域名为 ShareServer.xs.mq.cn。现要在 Share Server 服务器上配置 NFS 服务器,使销售部内的所有主机都可以访问 Share Server 服务器中的/share 共享目录中的内容,但不允许客户机更改共享资源的内容。同时,让主机 China 在每次系统启动时自动挂载 Share Server 的/share 目录中的内容到 China3 的/share1 目录下。

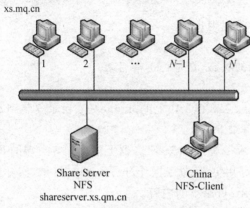

图 9-1　搭建 Samba 服务器所需的网络拓扑

3. 深度思考

在观看视频时思考以下几个问题。

(1) hostname 的作用是什么?其他为主机命名的方法还有哪些?哪些是临时生效的?

(2) 配置共享目录时使用了什么通配符?

(3) 同步与异步选项如何应用?作用是什么?

(4) 在视频中为了给其他用户赋予读写权限使用了什么命令?

(5) showmount 与 mount 命令在什么情况下使用?本项目使用它完成了什么功能?

(6) 如何实现 NFS 共享目录的自动挂载?本项目是如何实现自动挂载的?

4. 做一做

根据项目实录视频进行项目的实训,检查学习效果。

9.9　实训：NFS 服务器配置

1. 实训目的及内容

(1) 掌握 Linux 系统之间资源共享和互访的方法。

(2) 掌握 NFS 服务器和客户端的安装与配置方法。

(3) 练习 NFS 服务器的安装、配置、启动与测试。

2. 实训练习

(1) 在 VMware 虚拟机中启动两台 Linux 系统,一台作为 NFS 服务器,本例中给出的

IP 地址为 192.168.203.1;一台作为 NFS 客户端,本例中给出的 IP 地址为 192.168.203.2。配置一台 NFS 服务器,使得客户机可以浏览 NFS 服务器中/home/ftp 目录下的内容,但不可以修改。

① NFS 服务器的配置。

- 检测 NFS 所需的软件包是否安装。如果没有安装,则利用 yum 命令进行安装。
- 修改配置文件/etc/exports,添加如下行:

```
/home/ftp 192.168.203.2(ro)
```

- 修改配置文件后,存盘退出。
- 启动 NFS 服务。
- 检查 NFS 服务器的状态,看是否正常启动。

② NFS 客户端的配置。

- 将 NFS 服务器(192.168.203.1)上的/home/ftp 目录安装到本地计算机 192.168.203.2 的/home/test 目录下。
- 利用 showmount 命令显示 NFS 服务器上输出到客户端的共享目录。
- 挂载成功后可以利用 ls 等命令操作/home/test 目录,实际操作的为 192.168.203.1 服务器上/home/ftp 目录下的内容。
- 卸载共享目录。

③ 设置 NFS 服务在运行级别 3 和 5 下的自动启动。

- 检测 NFS 服务的自启动状态。
- 设置 rpcbind 和 NFS 服务在系统运行级别 3 和 5 下的自动启动。

(2) 有一个局域网,域名为 computer.jnrp.cn,网内有两台主机 Client1 和 Server1。现要在 Server1 上配置 NFS 服务器,使本域内的所有主机访问 NFS 服务器的/home 目录。同时,让主机 Client1 在每次系统启动时挂装 Server1 的/home 目录到 Client1 的/home1 目录下。

配置 Server1 NFS 服务器。

- 编辑/etc/exports 文件,添加如下行。

```
/home *.computer.jnrp.cn(ro)
```

- 保存文件并退出。
- 启动 NFS 服务。
- 配置 NFS 客户端 Client1。
- 建立安装点/home1。
- 将服务器 Server1 中的/home 目录安装到 Client1 的/home1 目录下。
- 修改/etc/fstab 文件,使得系统自动完成文件系统挂载的任务。

3. 实训报告

按要求完成实训报告。

第 10 章
Samba 服务器配置

学习要点

- Samba 简介及配置文件。
- Samba 文件和打印共享的设置。
- Linux 和 Windows 资源共享。

利用 Samba 服务可以实现 Linux 系统和 Microsoft 公司的 Windows 系统之间的资源共享。本章主要介绍 Linux 系统中 Samba 服务器的配置,以实现文件和打印共享。

10.1 Samba 简介

Samba 是一套让 Linux 系统能够应用 Microsoft 网络通信协议的软件,它使执行 Linux 系统的计算机能与执行 Windows 系统的计算机进行文件与打印共享。Samba 使用一组基于 TCP/IP 的 SMB 协议,通过网络共享文件及打印机,这组协议的功能类似于 NFS 和 lpd(Linux 标准打印服务器)。支持此协议的操作系统包括 Windows、Linux 和 OS/2。Samba 服务在 Linux 和 Windows 系统共存的网络环境中尤为有用。

和 NFS 服务不同的是,NFS 服务只用于 Linux 系统之间的文件共享,而 Samba 可以实现 Linux 系统之间及 Linux 和 Windows 系统之间的文件和打印共享。SMB 协议使 Linux 系统的计算机在 Windows 上的网上邻居中看起来如同一台 Windows 计算机。

1. SMB 协议

SMB(server message block)通信协议可以看作局域网上共享文件和打印机的一种协议。它是微软和英特尔在 1987 年制定的协议,主要是作为 Microsoft 网络的通信协议,而 Samba 则是将 SMB 协议搬到 UNIX 系统上使用。通过 NetBIOS over TCP/IP 使用 Samba 不但能与局域网络主机共享资源,也能与全世界的计算机共享资源。因为互联网上千千万万的主机所使用的通信协议就是 TCP/IP。SMB 是在会话层和表示层及小部分的应用层的协议,SMB 使用了 NetBIOS 的应用程序接口 API。另外,它是一个开放性的协议,允许协议扩展,这使得它变得庞大而复杂,大约有 65 个最上层的作业,而每个作业都超过 120 个函数。

2. Samba 软件

Samba 是用来实现 SMB 协议的一种软件,由澳大利亚的 Andew Tridgell 开发,是一套让 UNIX 系统能够应用 Microsoft 网络通信协议的软件。它使执行 UNIX 系统的机器能与执行 Windows 系统的计算机共享资源。Samba 是属于 GNU Public License (GPL) 的软件，因此可以合法而免费地使用。作为类 UNIX 系统，Linux 系统也可以运行这套软件。

Samba 的运行包含两个后台守护进程——nmbd 和 smbd，它们是 Samba 的核心，在 Samba 服务器启动到停止运行期间持续运行。nmbd 监听 137 和 138 UDP 端口，smbd 监听 139 TCP 端口。nmbd 守护进程使其他计算机可以浏览 Linux 服务器，smbd 守护进程在 SMB 服务请求到达时对它们进行处理，并且为被使用或共享的资源进行协调。在请求访问打印机时，smbd 把要打印的信息存储到打印队列中；在请求访问一个文件时，smbd 把数据发送到内核，最后把它存到磁盘上。smbd 和 nmbd 使用的配置信息全部保存在/etc/samba/smb.conf 文件中。

3. Samba 的功能

目前，Samba 的主要功能如下。

（1）提供 Windows 风格的文件和打印机共享。Windows 9x、Windows 2000/2003、Windows XP、Windows 7 等操作系统可以利用 Samba 共享 Linux 等其他操作系统上的资源，外表看起来和共享 Windows 的资源没有区别。

（2）解析 NetBIOS 名字。在 Windows 网络中为了能够利用网上资源，同时使自己的资源也能被别人所利用，各个主机都定期向网上广播自己的身份信息。而负责收集这些信息并为其他主机提供检索的服务器称为浏览服务器。Samba 可以有效地完成这项功能。在跨越网关的时候，Samba 还可以作为 WINS 服务器使用。

（3）提供 SMB 客户功能。利用 Samba 提供的 SMBClient 程序可以在 Linux 上像使用 FTP 一样访问 Windows 的资源。

（4）提供一个命令行工具，利用该工具可以有限制地支持 Windows 的某些管理功能。

（5）支持 SWAT（samba Web administration tool）和 SSL（secure socket layer）。

10.2 配置 Samba 服务

10.2.1 安装并启动 Samba 服务

（1）建议在安装 Samba 服务之前，使用 rpm -qa |grep samba 命令检测系统是否安装了 Samba 相关性软件包，然后再根据情况决定是否安装 Samba 软件。（yun 安装环境沿用第 4 章的内容。）

```
[root@server1~]#rpm -qa |grep samba
[root@server1 ~]#yum clean all                    //安装前先清除缓存
[root@server1~]#yum install samba -y
```

（2）所有软件包安装完毕之后，可以使用 rpm 命令再一次进行查询。

```
[root@server1 ~]#rpm -qa | grep samba
samba-common-tools-4.7.1-6.el7.x86_64
```

```
samba-common-4.7.1-6.el7.noarch
samba-client-libs-4.7.1-6.el7.x86_64
samba-libs-4.7.1-6.el7.x86_64
samba-common-libs-4.7.1-6.el7.x86_64
samba-4.7.1-6.el7.x86_64
```

（3）启动与停止 Samba 服务，设置开机启动。

```
[root@server1 ~]#systemctl start smb
[root@server1 ~]#systemctl enable smb
Created symlink from /etc/systemd/system/multi-user.target.wants/smb.service
to /usr/lib/systemd/system/smb.service.
[root@server1 ~]#systemctl restart smb
[root@server1 ~]#systemctl stop smb
[root@server1 ~]#systemctl start smb
```

　　在 Linux 服务中，更改配置文件后，一定要记得重启服务，让服务重新加载配置文件，这样新的配置才可以生效。

10.2.2　了解 Samba 服务器配置的工作流程

在 Samba 服务安装完毕后，并不是直接可以使用 Windows 或 Linux 的客户端访问 Samba 服务器，还必须对服务器进行设置：告诉 Samba 服务器将哪些目录共享出来给客户端进行访问，并根据需要设置其他选项，比如添加对共享目录内容的简单描述信息和访问权限等具体设置。

1. 基本的 Samba 服务器的搭建流程

基本的 Samba 服务器的搭建流程主要分为以下几个步骤。

（1）编辑主配置文件 smb.conf，指定需要共享的目录，并为共享目录设置共享权限。

（2）在 smb.conf 文件中指定日志文件名称和存放路径。

（3）设置共享目录的本地系统权限。

（4）重新加载配置文件或重新启动 SMB 服务，使配置生效。

（5）关闭防火墙，同时设置 SELinux 为允许。

2. Samba 的工作流程

Samba 的工作流程如图 10-1 所示。

① 客户端请求访问 Samba 服务器上的 Share 共享目录。

② Samba 服务器接收到请求后，会查询主配置文件 smb.conf，看是否共享了 Share 目录，如果共享了这个目录，则查看客户端是否有权限访问。

③ Samba 服务器会将本次访问信息记录在日志文件中，日志文件的名称和路径都需要设置。

④ 如果客户端满足访问权限设置，则允许客户端进行访问。

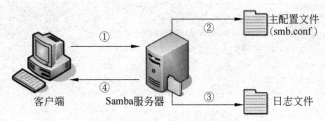

图 10-1　Samba 的工作流程

10.2.3　主要配置文件 smb.conf

Samba 的配置文件一般就放在/etc/samba 目录中,主配置文件名为 smb.conf。

1. Samba 服务程序中的参数以及作用

使用 ll 命令查看 smb.conf 文件属性,并使用 vim /etc/samba/smb.conf 命令查看文件的详细内容,如图 10-2 所示。

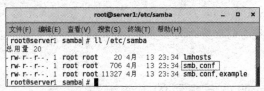

图 10-2　查看 smb.conf 配置文件

CentOS 7 的 smb.conf 配置文件已经很简略,只有 36 行左右。为了更清楚地了解配置文件,建议研读/etc/samba/smb.conf.example。Samba 开发组按照功能不同,对 smb.conf 文件进行了分段划分,条理非常清楚。表 10-1 罗列了主配置文件的参数以及相应的注释说明。

表 10-1　Samba 服务程序中的参数以及作用

	参　　数	作　　用
[global]	workgroup = MYGROUP	工作组名称,比如 workgroup=SmileGroup
	server string = Samba Server Version %v	服务器描述,参数%v 用于显示 SMB 版本号
	log file = /var/log/samba/log.%m	定义日志文件的存放位置与名称,参数%m 表示来访的主机名
	max log size = 50	定义日志文件的最大容量为 50KB
	security = user	安全验证的方式,共有 4 种,比如 security=user
	share	来访主机无须验证口令。比较方便,但安全性很差
	user	需验证来访主机提供的口令后才可以访问。提升了安全性,是默认方式
	server	使用独立的远程主机验证来访主机提供的口令(集中管理账户)

参　　数		作　　用
	domain	使用域控制器进行身份验证
	passdb backend ＝ tdbsam	定义用户后台的类型,共有 3 种
	smbpasswd	使用 smbpasswd 命令为系统用户设置 Samba 服务程序的密码
〔global〕	tdbsam	创建数据库文件并使用 pdbedit 命令建立 Samba 服务程序的用户
	ldapsam	基于 LDAP 服务进行账户验证
	load printers ＝ yes	设置在 Samba 服务启动时是否共享打印机设备
	cups options ＝ raw	打印机的选项
		共享参数
〔homes〕	comment ＝ Home Directories	描述信息
	browseable ＝ no	指定共享信息是否在“网上邻居”中可见
	writable ＝ yes	定义是否可以执行写入操作,与 read only 相反
〔printers〕		打印机共享参数

为了方便配置,建议先备份 smb.conf,一旦发现错误,可以随时从备份文件中恢复主配置文件。操作如下:

```
[root@server1 ~]#cd /etc/samba
[root@server1 samba]#ls
[root@server1 samba]#cp smb.conf  smb.conf.bak
```

2. 共享服务的定义

Share Definitions 设置对象为共享目录和打印机。如果想要发布共享资源,需要对 Share Definitions 部分进行配置。Share Definitions 字段内容非常丰富,设置灵活。

先来看一下几个最常用的字段。

(1) 设置共享名。共享资源发布后,必须为每个共享目录或打印机设置不同的共享名,供网络用户访问时使用,并且共享名可以与原目录名不同。

共享名的设置非常简单,其格式如下:

```
[共享名]
```

(2) 共享资源描述。网络中存在各种共享资源,为了方便用户识别,可以为其添加备注信息,以方便用户查看时知道共享资源的内容是什么。

共享资源描述的格式如下:

```
comment=备注信息
```

（3）共享路径。共享资源的原始完整路径可以使用 path 字段进行发布，务必正确指定。共享路径的格式如下：

```
path=绝对地址路径
```

（4）设置匿名访问。设置是否允许对共享资源进行匿名访问，可以更改 public 字段。设置匿名访问的格式如下：

```
public =yes          #允许匿名访问
public =no           #禁止匿名访问
```

【例 10-1】 samba 服务器中有个目录为/share，现需要发布该目录成为共享目录，定义共享名为 public。要求：允许浏览、允许只读、允许匿名访问。设置如下：

```
[public]
    comment =public
    path =/share
    browseable =yes
    read only =yes
    public =yes
```

（5）设置访问用户。如果共享资源存在重要数据，需要对访问用户审核，可以使用 valid users 字段进行设置。

设置访问用户的格式如下：

```
valid users =用户名
valid users =@组名
```

【例 10-2】 Samba 服务器中的/share/tech 目录存放了公司技术部数据，只允许技术部员工和经理访问，技术部组为 tech，经理账号为 manger。设置如下：

```
[tech]
    comment=tech
    path=/share/tech
    valid users=@tech,manger
```

（6）设置目录为只读。共享目录如果限制用户的读写操作，我们可以通过 read only 命令实现。

设置目录为只读的格式如下：

```
read only =yes          #只读
read only =no           #读写
```

（7）设置过滤主机。注意网络地址的写法。

设置过滤主机的格式如下：

```
hosts allow =192.168.10.  server.abc.com
#以上代码表示允许来自 192.168.10.0 或 server.abc.com 访问 Samba 服务器资源
hosts deny =192.168.2.
#以上代码表示不允许来自 192.168.2.0 网络的主机访问当前 Samba 服务器资源
```

【例 10-3】 Samba 服务器公共目录/public 中存放大量的共享数据,为保证目录安全,仅允许 192.168.10.0 网络的主机访问,并且只允许读取,禁止写入。设置如下:

```
[public]
    comment=public
    path=/public
    public=yes
    read only=yes
    hosts allow =192.168.10.
```

(8) 设置目录为可写。如果共享目录允许用户进行写操作,可以使用 writable 或 write list 两个字段进行设置。

writable 命令的语法格式如下:

```
writable =yes                          #读写
writable =no                           #只读
```

write list 命令的语法格式如下:

```
write list =用户名
write list =@组名
```

[homes]为特殊共享目录,表示用户主目录;[printers]表示共享打印机。

10.2.4 Samba 服务的日志文件和密码文件

1. Samba 服务的日志文件

日志文件对于 Samba 非常重要,它存储着客户端访问 Samba 服务器的信息,以及 Samba 服务器的错误提示信息等。Samba 服务可以通过分析日志帮助解决客户端访问和服务器维护等问题。

在/etc/samba/smb.conf 文件中,log file 为设置 Samba 日志的字段,程序如下。

```
log file =/var/log/samba/log.%m
```

Samba 服务的日志文件默认存放在/var/log/samba/中,其中 Samba 会为每个连接到 Samba 服务器的计算机分别建立日志文件。使用 ls -a /var/log/samba 命令可以查看日志的所有文件。

当客户端通过网络访问 Samba 服务器后，会自动添加客户端的相关日志。所以，Linux 管理员可以根据这些文件来查看用户的访问情况和服务器的运行情况。另外，当 Samba 服务器工作异常时，也可以通过/var/log/samba/下的日志进行分析。

2. Samba 服务密码文件

Samba 服务器发布共享资源后，客户端访问 Samba 服务器，需要提交用户名和密码进行身份验证，验证合格后才可以登录。Samba 服务为了实现客户身份验证功能，将用户名和密码信息存放在/etc/samba/smbpasswd 中，在客户端访问时，将用户提交的资料与 smbpasswd 存放的信息进行比对，如果相同，并且 Samba 服务器其他安全设置允许，客户端与 Samba 服务器连接才能成功。

那么如何建立 Samba 账号呢？首先，Samba 账号并不能直接建立，需要先建立 Linux 同名的系统账号。例如，如果要建立一个名为 yy 的 Samba 账号，那么 Linux 系统中必须提前存在一个同名的 yy 系统账号。

Samba 中添加账号的命令为 smbpasswd，其命令的语法格式如下：

```
smbpasswd -a 用户名
```

【例 10-4】 在 Samba 服务器中添加 Samba 账号 reading。

（1）建立 Linux 系统账号 reading。

```
[root@server1 ~]#useradd reading
[root@server1 ~]#passwd reading
```

（2）添加 reading 用户的 Samba 账号。

```
[root@server1 ~]#smbpasswd -a reading
```

至此，Samba 账号添加完毕。如果在添加 Samba 账号时输入完两次密码后出现错误信息（Failed to modify password entry for user amy.），则是因为 Linux 系统本地用户里没有 reading 这个用户，在 Linux 系统里面添加一个就可以了。

 务必要注意在建立 Samba 账号之前，一定要先建立一个与 Samba 账号同名的系统账号。

经过上面的设置，再次访问 Samba 共享文件时就可以使用 reading 账号访问了。

10.3 user 服务器实例解析

在 CentOS 7 系统中，Samba 服务程序默认使用的是用户口令认证模式（user）。这种认证模式可以确保仅让有密码且受信任的用户访问共享资源，而且验证过程很简单。

【例 10-5】 如果公司有多个部门，因工作需要，要分门别类地建立相应部门的目录，要求将销售部的资料存放在 Samba 服务器的/companydata/sales/目录下集中管理，以便销售人员浏览,并且该目录只允许销售部员工访问。

　　需求分析:在/companydata/sales/目录中存放有销售部的重要数据,为了保证其他部门无法查看其内容,我们需要将全局配置中 security 设置为 user 安全级别,这样就启用了 Samba 服务器的身份验证机制,然后在共享目录/companydata/sales 下设置 valid users 字段,配置只允许销售部员工能够访问这个共享目录。

　　(1) 建立共享目录,并在其下建立测试文件。

```
[root@server1 ~]#mkdir   /companydata
[root@server1 ~]#mkdir   /companydata/sales
[root@server1 ~]#touch   /companydata/sales/test_share.tar
```

　　(2) 添加销售部用户和组并添加相应的 Samba 账号。

　　① 使用 groupadd 命令添加 sales 组,然后执行 useradd 命令和 passwd 命令来添加销售部员工的账号及密码。此处单独增加一个 test_user1 账号,不属于 sales 组,供测试用。

```
[root@server1 ~]#groupadd sales              #建立销售组 sales
[root@server1 ~]#useradd -g sales sale1      #建立用户 sale1,添加到 sales 组
[root@server1 ~]#useradd -g sales sale2      #建立用户 sale2,添加到 sales 组
[root@server1 ~]#useradd test_user1          #供测试用
[root@server1 ~]#passwd sale1                #设置用户 sale1 密码
[root@server1 ~]#passwd sale2                #设置用户 sale2 密码
[root@server1 ~]#passwd test_user1           #设置用户 test_user1 密码
```

　　② 接下来为销售部成员添加相应的 Samba 账号。

```
[root@server1 ~]#smbpasswd -a sale1
[root@server1 ~]#smbpasswd -a sale2
```

　　(3) 修改 Samba 主配置文件/etc/samba/smb.conf。

```
[global]
    workgroup =Workgroup
    server string =File Server
    security =user                    #设置 user 安全级别模式,为默认值
    passdb backend =tdbsam
    printing =cups
    printcap name =cups
    load printers =yes
    cups options =raw
[sales]                               #设置共享目录的共享名为 sales
    comment=sales
    path=/companydata/sales           #设置共享目录的绝对路径
    writable =yes
    browseable =yes
    valid users =@sales               #设置可以访问的用户为 sales 组
```

（4）设置共享目录的本地系统权限。

```
[root@server1 ~]#chmod  777  /companydata/sales -R
[root@server1 ~]#chown  sale1:sales  /companydata/sales  -R
[root@server1 ~]#chown  sale2:sales  /companydata/sales  -R
```

提示　　　-R 参数是递归用的，一定要加上。请读者再次复习前面学习的权限的相关内容，特别是 chown、chmod 等命令。

（5）更改共享目录的 context 值，或者禁用 SELinux。

```
[root@server1 ~]#chcon -t samba_share_t /companydata/sales  -R
```

或者

```
[root@server1 ~]#getenforce
Enforcing
[root@server1 ~]#setenforce Permissive
```

（6）让防火墙放行，这一步很重要。

```
[root@server1 ~]#systemctl start firewalld
[root@server1 ~]#firewall-cmd --permanent --add-service=samba
success
[root@server1 ~]#firewall-cmd --reload              //重新加载防火墙
success
[root@server1 ~]#firewall-cmd --list-all
public (active)
    target: default
    icmp-block-inversion: no
    interfaces: ens33
    sources:
    services: ssh dhcpv6-client samba              //已经加入防火墙的允许服务
    ports:
    protocols:
    masquerade: no
    forward-ports:
    source-ports:
    icmp-blocks:
    rich rules:
```

（7）重新加载 Samba 服务。

```
[root@server1 ~]#systemctl restart smb
```

或者

```
[root@server1 ~]#systemctl reload smb
```

（8）测试。一是在 Windows 7 中利用资源管理器进行测试；二是利用 Linux 客户端。

① Samba 服务器在将本地文件系统共享给 Samba 客户端时，涉及本地文件系统权限和 Samba 共享权限。当客户端访问共享资源时，最终的权限取这两种权限中最严格的。
② 后面的实例中不再单独设置本地权限。

10.4　配置 Samba 客户端

1. Windows 客户端访问 Samba 共享

无论 Samba 共享服务是部署在 Windows 系统上还是部署在 Linux 系统上，通过 Windows 系统进行访问时，其步骤和方法都是一样的。下面假设 Samba 共享服务部署在 Linux 系统上，并通过 Windows 系统来访问 Samba 服务。Samba 共享服务器和 Windows 客户端的 IP 地址可以根据表 10-2 来设置。

表 10-2　Samba 共享服务器和 Windows 客户端使用的操作系统以及 IP 地址

主 机 名 称	操作系统	IP 地址
Samba 共享服务器：Server1	CentOS 7	192.168.10.1
Windows 客户端：Win7-1	Windows 7	192.168.10.30

（1）依次选择"开始"→"运行"命令，使用 UNC 路径直接进行访问。例如，\\192.168.10.1。打开"Windows 安全"对话框，如图 10-3 所示，输入 sale1 或 sale2 及其密码，登录后可以正常访问。

图 10-3　"Windows 安全"对话框

试一试：注销 Windows 7 客户端，使用 test_user 用户和密码登录会出现什么情况？

（2）映射网络驱动器访问 Samba 服务器共享目录。双击打开"我的电脑"图标，再依次选择"工具"→"映射网络驱动器"命令，在"映射网络驱动器"对话框中选择 Z 驱动器，并输入

tech 共享目录的地址，如\\192.168.1.30\sales，单击"完成"按钮，在接下来的对话框中输入可以访问 sales 共享目录的 Samba 账号和密码。

（3）再次打开"我的电脑"图标，驱动器 Z 就是共享目录 sales，这样就可以很方便地访问了。

2. Linux 客户端访问 Samba 共享

Samba 服务程序当然还可以实现 Linux 系统之间的文件共享。请各位读者按照表 10-3 来设置 Samba 服务程序所在主机（即 Samba 共享服务器）和 Linux 客户端使用的 IP 地址，然后在客户端安装 Samba 服务和支持文件共享服务的软件包（cifs-utils）。

表 10-3　Samba 共享服务器和 Linux 客户端各自使用的操作系统以及 IP 地址

主 机 名 称	操 作 系 统	IP 地 址
Samba 共享服务器：Server1	CentOS 7 操作系统	192.168.10.1
Linux 客户端：Client1	CentOS 7 操作系统	192.168.10.20

（1）在 client1 上安装 samba-client 和 cifs-utils。

```
[root@client1 ~]#mkdir /iso
[root@client1 ~]#mount /dev/cdrom /iso
mount: /dev/sr0 is write-protected, mounting read-only
[root@client1 ~]#vim   /etc/yum.repos.d/dvd.repo
[root@client1 ~]#yum install samba-client -y
[root@client1 ~]#yum install cifs-utils -y
```

（2）Linux 客户端使用 smbclient 命令访问服务器。

① smbclient 可以列出目标主机共享目录列表。smbclient 命令的语法格式如下：

```
smbclient -L 目标 IP 地址或主机名 -U 登录用户名%密码
```

当查看 CentOS 7-1(192.168.10.1)主机的共享目录列表时，提示输入密码，这时候可以不输入密码，而直接按 Enter 键，这样表示匿名登录，然后就会显示匿名用户可以看到的共享目录列表。

```
[root@client1~]# smbclient -L 192.168.10.1
```

若想使用 Samba 账号查看 Samba 服务器端共享的目录，可以加上 -U 参数，后面跟上"用户名%密码"。下面的命令显示只有 sale2 账号（其密码为 123456）才有权限浏览和访问 sales 的共享目录。

```
[root@client1 ~]# smbclient -L 192.168.10.1 -U sale2%12345678
```

 　　不同用户使用 smbclient 浏览的结果可能是不一样的，这要根据服务器设置的访问控制权限而定。

② 还可以使用 smbclient 命令行共享访问模式浏览共享的资料。

smbclient 命令行共享访问模式的命令的语法格式如下：

```
smbclient  //目标 IP 地址或主机名/共享目录  -U  用户名%密码
```

下面的命令运行后将进入交互式界面（输入"?"号可以查看具体的命令）。

```
[root@client1 ~]#smbclient //192.168.10.1/sales -U sale2%12345678
Try "help" to get a list of possible commands.
smb: \>ls
  .                    D    0   Mon Jul 16 21:14:52 2018
  ..                   D    0   Mon Jul 16 18:38:40 2018
  test_share.tar       A    0   Mon Jul 16 18:39:03 2018

    9754624 blocks of size 1024. 9647416 blocks available
smb: \>mkdir testdir        //新建一个目录进行测试
smb: \>ls
  .                    D    0   Mon Jul 16 21:15:13 2018
  ..                   D    0   Mon Jul 16 18:38:40 2018
  test_share.tar       A    0   Mon Jul 16 18:39:03 2018
  testdir              D    0   Mon Jul 16 21:15:13 2018

    9754624 blocks of size 1024. 9647416 blocks available
smb: \>exit
[root@client1 ~]#
```

另外，smbclient 登录 Samba 服务器后，可以使用 help 查询所支持的命令。

（3）Linux 客户端使用 mount 命令挂载共享目录。mount 命令挂载共享目录的语法格式如下：

```
mount -t cifs //目标 IP 地址或主机名/共享目录名称 挂载点 -o username=用户名
```

下面的命令结果为挂载 192.168.10.1 主机上的共享目录 sales 到/mnt/sambadata 目录下，cifs 是 Samba 所使用的文件系统。

```
[root@client1 ~]#mkdir -p /mnt/sambadata
[root@client1 ~]#mount -t cifs //192.168.10.1/sales /mnt/sambadata/ -o
username=sale1
Password for sale1@//192.168.10.1/sales: ********
//输入 sale1 的 Samba 用户密码,不是系统用户密码
[root@client1 ~]#cd /mnt/sambadata
[root@client1 sambadata]#ls
testdir test_share.tar
```

10.5 练习题

一、填空题

1. Samba 服务功能强大,使用＿＿＿＿＿＿协议,英文全称是＿＿＿＿＿＿。

2. SMB 经过开发,可以直接运行于 TCP/IP 上,使用 TCP 的＿＿＿＿＿＿端口。

3. Samba 服务由两个进程组成,分别是＿＿＿＿＿＿和＿＿＿＿＿＿。

4. Samba 服务软件包中包括＿＿＿＿＿＿、＿＿＿＿＿＿、＿＿＿＿＿＿和＿＿＿＿＿＿(不要求版本号)。

5. Samba 的配置文件一般就放在＿＿＿＿＿＿目录中,主配置文件名为＿＿＿＿＿＿。

6. Samba 服务器有＿＿＿＿＿＿、＿＿＿＿＿＿、＿＿＿＿＿＿、＿＿＿＿＿＿和＿＿＿＿＿＿5 种安全模式,默认级别是＿＿＿＿＿＿。

二、选择题

1. 用 Samba 共享了目录,但是在 Windows 网络邻居中却看不到它,应该在/etc/Samba/smb.conf 中怎样设置才能正确工作?( )

    A. AllowWindowsClients＝yes   B. Hidden＝no

    C. Browseable＝yes   D. 以上都不是

2. 能用来卸载 Samba-3.0.33-3.7.el5.i386.rpm 的命令是( )。

    A. rpm -D Samba-3.0.33-3.7.el5   B. rpm -i Samba-3.0.33-3.7.el5

    C. rpm -e Samba-3.0.33-3.7.el5   D. rpm -d Samba-3.0.33-3.7.el5

3. 允许 198.168.0.0/24 访问 Samba 服务器的命令是( )。

    A. hosts enable ＝ 198.168.0.   B. hosts allow ＝ 198.168.0.

    C. hosts accept ＝ 198.168.0.   D. hosts accept ＝ 198.168.0.0/24

4. 启动 Samba 服务,必须运行的端口监控程序是( )。

    A. nmbd   B. lmbd   C. mmbd   D. smbd

5. 下面所列出的服务器类型中( )可以使用户在异构网络操作系统之间进行文件系统共享。

    A. FTP   B. Samba   C. DHCP   D. Squid

6. Samba 服务密码文件是( )。

    A. smb.conf   B. Samba.conf   C. smbpasswd   D. smbclient

7. 利用( )命令可以对 Samba 的配置文件进行语法测试。

    A. smbclient   B. smbpasswd   C. testparm   D. smbmount

8. 可以通过设置条目( )来控制访问 Samba 共享服务器的合法主机名。

    A. allow hosts   B. valid hosts   C. allow   D. publics

9. Samba 的主配置文件中不包括( )。

    A. global 参数   B. directory shares 部分

    C. printers shares 部分   D. applications shares 部分

三、简答题

1. 简述 Samba 服务器的应用环境。

2.简述 Samba 的工作流程。

3.简述基本的 Samba 服务器搭建流程的 4 个主要步骤。

10.6　项目实录

1. 观看视频

做实训前请扫描二维码观看视频。

2. 项目背景

某公司有 system、develop、productdesign 和 test 4 个小组,个人办公机操作系统为 Windows 7/8,少数开发人员采用 Linux 操作系统,服务器操作系统为 CentOS 7,需要设计一套建立在 CentOS 7 之上的安全文件共享方案。每个用户都有自己的网络磁盘,develop 组到 test 组有共用的网络硬盘,所有用户(包括匿名用户)有一个只读共享资料库;所有用户(包括匿名用户)要有一个存放临时文件的文件夹。网络拓扑如图 10-4 所示。

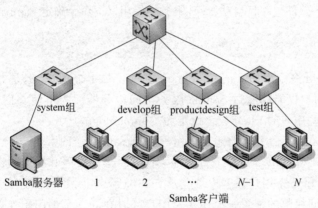

图 10-4　Samba 服务器搭建网络拓扑

3. 项目相关内容

(1) system 组:具有管理所有 Samba 空间的权限。

(2) 各部门的私有空间:各小组拥有自己的空间,除了小组成员及 system 组有权限以外,其他用户不可访问(包括列表、读和写)。

(3) 资料库:所有用户(包括匿名用户)都具有读权限而不具有写入数据的权限。

(4) develop 组与 test 组的共享空间:develop 组与 test 组之外的用户不能访问。

(5) 公共临时空间:让所有用户可以读取、写入、删除。

4. 深度思考

在观看视频时思考以下几个问题。

(1) 用 mkdir 命令建立共享目录,可以同时建立多少个目录?

(2) chown、chmod、setfacl 这些命令如何才能熟练应用?

(3) 组账户、用户账户、Samba 账户等的建立过程是怎样的?

(4) useradd 的各类选项,如-g、-G、-d、-s、-M 的含义分别是什么?

（5）权限 700 和 755 的含义是什么？请查找相关权限表示的资料，也可以参见"文件权限管理"视频。

（6）注意不同用户登录后权限的变化。

5. 做一做

根据项目实录视频进行项目的实训，检查学习效果。

10.7 实训：Samba 服务器的配置

1. 实训目的及内容

（1）掌握 Samba 服务器的安装、配置与调试。

（2）掌握利用 Samba 服务实现文件共享及权限设置。

2. 实训练习

（1）Samba 默认用户连接的配置。

- 安装 Samba 软件包并且启动 SMB 服务。使用以下命令确定 Samba 是在正常工作。

```
smbclient -L localhost -N
```

- 利用 useradd 命令添加 karl、joe、mary 和 jen 共 4 个用户，但是并不给它们设定密码。这些用户仅能够通过 Samba 服务访问服务器。为了使它们在 shadow 中不含有密码，这些用户的 Shell 应该设定为/sbin/nologin。
- 利用 smbpasswd 命令为上述 4 个用户添加 Samba 访问密码。
- 利用 chmod 和 chown 命令进行本地文件与目录的权限和属组的设定。
- 利用 karl 和 mary 用户在客户端登录 Samba 服务器，并试着上传文件，观察效果。

（2）组目录访问权限的配置。上述 4 位用户同时在同一个部门工作并且需要一个位置来存储部门的文件，这就需要将 4 个用户添加到同一个组中，建立一个目录给这些用户来存储各自的内容，并且配置 Samba 服务器来共享目录。

- 利用 groupadd 命令添加一个 GID 为 30000 的 legal 组，并且使用 usermod 命令将上面的 4 个用户加到组中。
- 建立一个目录/home/depts/legal。对于这个目录设定权限，使得 legal 组中的用户可以在这个目录中添加、删除文件，然而其他的人不可以。设定 SGID 和黏滞位，使得所有在这个目录中建立的文件都拥有 legal 组的权限，并且组中其他人不能够删除该用户建立的文件。
- 在/etc/samba/smb.conf 中建立一个名为"[legal]"的 Samba 共享，只有 legal 组中的用户才能够访问该共享。
- 利用 chmod 和 chown 命令进行本地文件与目录的权限和属组的设定，并且确保在"[legal]"中存放的新建文件的权限为 0600。
- 重新启动 SMB 服务进行测试。

3. 实训报告

按要求完成实训报告。

第 11 章
Apache 服务器配置

学习要点

- Apache 简介。
- Apache 服务的安装与启动。
- Apache 服务的主配置文件。
- 各种 Apache 服务器的配置。
- 配置用户身份验证。

利用 Apache 服务可以实现在 Linux 系统构建 Web 站点。本章将主要介绍 Apache 服务的配置方法，以及虚拟主机、访问控制等的实现方法。

11.1 认识 Web 服务

由于能够提供图形、声音等多媒体数据，再加上交互式动态 Web 语言的广泛普及，WWW（world wide Web）早已经成为 Internet 用户最喜欢的访问方式。一个最重要的标志就是当前的绝大部分 Internet 流量都是由 WWW 浏览产生的。

WWW 服务是解决应用程序之间相互通信的一项技术。严格地说，WWW 服务是描述一系列操作的接口，它使用标准的、规范的 XML 描述接口。这一描述中包括了与服务进行交互所需要的全部细节，包括消息格式、传输协议和服务位置。而在对外的接口中隐藏了服务实现的细节，仅提供一系列可执行的操作，这些操作独立于软、硬件平台和编写服务所用的编程语言。WWW 服务既可单独使用，也可同其他 WWW 服务一起使用，实现复杂的商业功能。

1. Web 服务简介

WWW 是 Internet 上被广泛应用的一种信息服务技术。WWW 采用的是客户/服务器结构，整理和储存各种 WWW 资源，并响应客户端软件的请求，把所需的信息资源通过浏览器传送给用户。

Web 服务通常可以分为两种：静态 Web 服务和动态 Web 服务。

2. HTTP

HTTP（hypertext transfer protocol，超文本传输协议）可以算是互联网的一个重要组成部分，Apache、IIS 服务器是 HTTP 协议的服务器端软件，Internet Explorer 和 Firefox 则是

HTTP 协议的客户端软件。

（1）客户端访问 Web 服务器的过程。一般客户端访问 Web 内容要经过 3 个阶段：在客户端和 Web 服务器间建立连接、传输相关内容、关闭连接。

① Web 浏览器使用 HTTP 命令向服务器发出 Web 请求（一般是使用 GET 命令要求返回一个页面，但也有 POST 等命令）。

② 服务器接收到 Web 页面的请求后，就发送一个应答并在客户端和服务器之间建立连接。图 11-1 所示为建立连接示意图。

③ Web 服务器查找客户端所需文档，若 Web 服务器查找到所请求的文档，就会将所请求的文档传送给 Web 浏览器。若该文档不存在，则服务器会发送一个相应的错误提示文档给客户端。

④ Web 浏览器接收到文档后，就将它解释并显示在屏幕上。图 11-2 所示为传输相关内容的示意图。

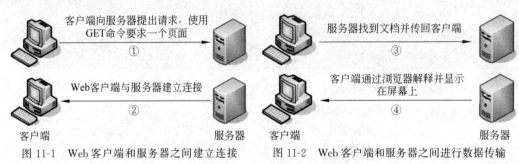

图 11-1　Web 客户端和服务器之间建立连接　　　图 11-2　Web 客户端和服务器之间进行数据传输

⑤ 当客户端浏览完成后，就断开与服务器的连接。图 11-3 所示为关闭连接示意图。

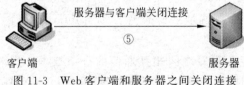

图 11-3　Web 客户端和服务器之间关闭连接

（2）端口。HTTP 请求的默认端口是 80，但是也可以配置某个 Web 服务器使用另外一个端口（如 8080）。这就能让同一台服务器上运行多台 Web 服务器，每台服务器监听不同的端口。但是要注意，访问端口是 80 的服务器，由于是默认设置，所以不需要写明端口号，如果访问的一个服务器是 8080 端口，那么端口号就不能省略，它的访问方式就变成了：

```
http://www.smile.com:8080/
```

小资料　　　当 Apache 在 1995 年年初开发的时候，它是由当时最流行的 HTTP 服务器 NCSA HTTP 1.3 的代码修改而成的，因此是"一个修补的（a patchy）"服务器。然而在服务器官方网站的 FAQ 中的解释是："'Apache'这个名字是为了纪念名为 Apache（印地语）的美洲印第安人的一个分支。众所周知，他们拥有高超的作战策略和无穷的耐性。"

读者如果有兴趣,可以到 http://www.netcraft.com 去查看 Apache 最新的市场份额占有率,还可以在这个网站查询某个站点使用的服务器情况。

11.2　安装、启动与停止 Apache 服务

11.2.1　安装 Apache 相关软件

```
[root@server1 ~]#rpm -q httpd
[root@server1 ~]#mkdir /iso
[root@server1 ~]#mount /dev/cdrom /iso
[root@server1 ~]# yum clean all                //安装前先清除缓存
[root@server1 ~]# yum install httpd -y
[root@server1 ~]# yum install firefox -y       //安装浏览器
[root@server1 ~]# rpm -qa|grep httpd           //检查安装组件是否成功
```

一般情况下,firefox 默认已经安装,需要根据情况而定。

11.2.2　让防火墙放行并设置 SELinux 为允许

需要注意的是,Red Hat Enterprise Linux 7 采用了 SELinux 这种增强的安全模式,在默认的配置下,只有 SSH 服务可以通过。像 Apache 这种服务,在安装、配置、启动完毕后,还需要为它放行才可以。

(1) 使用防火墙命令放行 HTTP 服务。

```
[root@server1 ~]#firewall-cmd --list-all
[root@server1 ~]#firewall-cmd --permanent --add-service=http
success
[root@server1 ~]#firewall-cmd --reload
success
[root@server1 ~]#firewall-cmd --list-all
public (active)
    target: default
    icmp-block-inversion: no
    interfaces: ens33
    sources:
    services: ssh dhcpv6-client samba dns http
    ...
```

(2) 更改当前的 SELinux 值,后面可以跟 Enforcing、Permissive 或者 1、0。

```
[root@server1 ~]#setenforce 0
[root@server1 ~]#getenforce
Permissive
```

①利用 setenforce 设置 SELinux 值,重启系统后失效,如果再次使用 httpd,则仍需重新设置 SELinux,否则客户端无法访问 Web 服务器。②如果想长期有效,请修改/etc/sysconfig/selinux 文件,按需要赋予 SELinux 相应的值(Enforcing|Permissive,或者 0|1)。③本书多次提到防火墙和 SELinux,请读者一定注意,许多问题可能是防火墙和 SELinux 引起的,而对于系统重启后失效的情况也要了如指掌。

11.2.3　测试 httpd 服务是否安装成功

安装完 Apache 服务器后,启动它,并设置开机自动加载 Apache 服务。

```
[root@server1 ~]#systemctl start httpd
[root@server1 ~]#systemctl enable httpd
[root@server1 ~]#firefox http://127.0.0.1
```

如果看到如图 11-4 所示的提示信息,则表示 Apache 服务器已安装成功。也可以在 Applications 菜单中直接启动 firefox,然后在地址栏输入 http://127.0.0.1,测试是否成功安装。

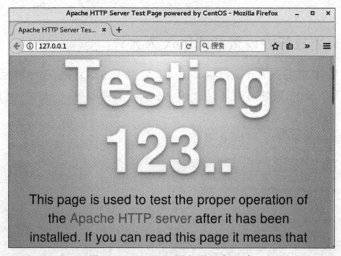

图 11-4　Apache 服务器运行正常

停止、重新启动、启动 Apache 服务的命令如下:

```
[root@server1 ~]#systemctl stop httpd
[root@server1 ~]#systemctl start httpd
[root@server1 ~]#systemctl restart httpd
```

11.3　认识 Apache 服务器的配置文件

在 Linux 系统中配置服务,其实就是修改服务的配置文件,httpd 服务程序的主要配置文件及存放位置如表 11-1 所示。

表 11-1　Linux 系统中的配置文件及存放位置

配置文件的名称	存 放 位 置	配置文件的名称	存 放 位 置
服务目录	/etc/httpd	访问日志	/var/log/httpd/access_log
主配置文件	/etc/httpd/conf/httpd.conf	错误日志	/var/log/httpd/error_log
网站数据目录	/var/www/html		

Apache 服务器的主配置文件是 httpd.conf,该文件通常存放在/etc/httpd/conf 目录下。文件看起来很复杂,其实很多是注释内容。本节先作粗略介绍,后面的章节将给出实例,非常容易理解。

httpd.conf 文件不区分大小写,在该文件中以"♯"开始的行为注释行。除了注释和空行外,服务器把其他的行认为是完整的或部分的指令。指令又分为类似于 Shell 的命令和伪 HTML 标记。指令的语法为"配置参数名称　参数值"。伪 HTML 标记的语法格式如下:

```
<Directory/>
    Options FollowSymLinks
    AllowOverride None
</Directory>
```

在 httpd 服务程序的主配置文件中存在 3 种类型的信息:注释行信息、全局配置、区域配置。在 httpd 服务程序主配置文件中,最常用的参数如表 11-2 所示。

表 11-2　配置 httpd 服务程序时最常用的参数以及用途描述

参　　数	用　　途	参　　数	用　　途
ServerRoot	服务目录	Directory	网站数据目录的权限
ServerAdmin	管理员邮箱	Listen	监听的 IP 地址与端口号
User	运行服务的用户	DirectoryIndex	默认的索引页面
Group	运行服务的用户组	ErrorLog	错误日志文件
ServerName	网站服务器的域名	CustomLog	访问日志文件
DocumentRoot	文档根目录(网站数据目录)	Timeout	网页超时时间,默认为 300s

从表 11-2 中可知,DocumentRoot 参数用于定义网站数据的保存路径,其参数的默认值是把网站数据存放到/var/www/html 目录中;而当前网站普遍的首页面名称是 index.html,因此可以向/var/www/html 目录中写入一个文件,替换掉 httpd 服务程序的默认首页面,该操作会立即生效(在本机上测试)。

```
[root@server1 ~]#echo "Welcome To MyWeb" >/var/www/html/index.html
[root@server1 ~]#firefox http://127.0.0.1
```

程序的首页面内容已经发生了改变,如图 11-5 所示。

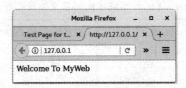

图 11-5   首页面内容已发生改变

    如果没有出现希望的画面，而是仍回到默认页面，那一定是 SELinux 的问题。请在终端命令行运行"setenforce 0"后再测试。详细解决方法请继续阅读 10.4 节寻求帮助。为了后续实训正常进行，运行 setenforce 1 命令恢复到初始状态。

11.4   常规设置 Apache 服务器实例

1. 设置文档根目录和首页文件实例

【例 11-1】   默认情况下，网站的文档根目录保存在/var/www/html 中，如果想把保存网站文档的根目录修改为/home/www，并且将首页文件修改为 myweb.html，那么该如何操作呢？

（1）分析。文档根目录是一个较为重要的设置，一般来说，网站上的内容都保存在文档根目录中。在默认情形下，除了记号和别名将改指他处以外，所有的请求都从这里开始。而打开网站时所显示的页面即为该网站的首页（主页）。首页的文件名是由 DirectoryIndex 字段来定义的。默认情况下，Apache 的默认首页名称为 index.html。当然也可以根据实际情况进行更改。

（2）解决方案。

① 在 server1 上修改文档所依据的目录为/home/www，并创建首页文件 myweb.html。

```
[root@server1 ~]#mkdir /home/www
[root@server1 ~]#echo "The Web's DocumentRoot Test" >/home/www/myweb.html
```

② 在 Server1 上打开 httpd 服务程序的主配置文件，将第 119 行用于定义网站数据保存路径的参数 DocumentRoot 修改为/home/www，同时还需要将第 124 行用于定义目录权限的参数 Directory 后面的路径也修改为/home/www，将第 164 行的内容修改为 DirectoryIndex myweb.html index.html。配置文件修改完毕后即可保存并退出。

```
[root@server1 ~]#vim /etc/httpd/conf/httpd.conf
...
119 DocumentRoot "/home/www"
120
121 #
122 #Relax access to content within /var/www.
123 #
```

```
124 <Directory "/home/www">
125     AllowOverride None
126     #Allow open access:
127     Require all granted
128 </Directory>
...

163 <IfModule dir_module>
164     DirectoryIndex index.html myweb.html
165 </IfModule>
...
```

③ 让防火墙放行 httpd 服务,重启 httpd 服务。

```
[root@server1 ~]#firewall-cmd --permanent --add-service=http
[root@server1 ~]#firewall-cmd --reload
[root@server1 ~]#firewall-cmd --list-all
[root@server1 ~]#systemctl restart httpd
```

④ 在 client1 上测试(server1 和 client1 都是用 VMnet1 连接,保证互相可以通信),如图 11-6 所示。

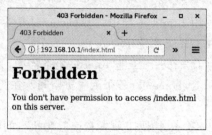

图 11-6　在客户端测试失败

```
[root@client1 ~]#firefox http://192.168.10.1
```

⑤ 故障排除。为什么看到了 httpd 服务程序的默认首页面? 通常来讲,只有在网站的首页面文件不存在或者用户权限不足时,才显示 httpd 服务程序的默认首页面。另外,在尝试访问 http://192.168.10.1/myweb.html 页面时,竟然发现页面中显示 "Forbidden,You don't have permission to access /index.html on this server."。这是什么原因引起的呢? 答案是 SELinux 的问题。解决方法是在服务器端运行 setenforce 0,设置 SELinux 为"允许":

```
[root@server1 ~]#getenforce
Enforcing
[root@server1 ~]#setenforce 0
[root@server1 ~]#getenforce
Permissive
```

提示　　设置完成后，再一次测试的结果如图 11-7 所示。设置这个环节的目的是告诉读者，SELinux 的问题是多么重要。强烈建议如果暂时不能很好地掌握 SELinux 的细节，在做实训时一定要设置 setenforce 0。

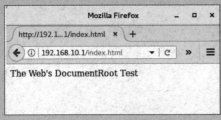

图 11-7　在客户端测试成功

2. 用户个人主页实例

现在许多网站（例如 www.163.com）都允许用户拥有自己的主页空间，而用户可以很容易地管理自己的主页空间。Apache 可以实现用户的个人主页。客户端在浏览器中浏览个人主页的 URL 地址格式一般如下：

```
http://域名/~username
```

其中，"~username"是利用 Linux 系统中的 Apache 服务器来实现的，它是 Linux 系统的合法用户名（该用户必须在 Linux 系统中存在）。

【例 11-2】　在 IP 地址为 192.168.10.1 的 Apache 服务器中，为系统中的 long 用户设置个人主页空间。该用户的家目录为/home/long，个人主页空间所在的目录为 public_html。

实现步骤如下：

（1）修改用户的家目录权限，使其他用户具有读取和执行的权限。

```
[root@server1 ~]#useradd long
[root@server1 ~]#passwd long
[root@server1 ~]#chmod 705 /home/long
```

（2）创建存放用户个人主页空间的目录。

```
[root@server1 ~]#mkdir /home/long/public_html
```

（3）创建个人主页空间的默认首页文件。

```
[root@server1 ~]#cd  /home/long/public_html
[root@server1 public_html]#echo "this is long's web.">>index.html
```

（4）在 httpd 服务程序中默认没有开启个人用户的主页功能。为此，需要编辑配置/etc/httpd/conf.d/userdir.conf 文件，然后在第 17 行的 UserDir disabled 参数前面加上井号（♯），表示让 httpd 服务程序开启个人用户主页功能；同时再把第 24 行的 UserDir public_html 参数前面的井号（♯）去掉（UserDir 参数表示网站数据在用户家目录中的保存目录名称，即 public_ html 目录)。修改完毕后保存退出(在 Vim 编辑状态记得使用"：set nu"，显示行号)。

```
[root@server1 ~]#vim /etc/httpd/conf.d/userdir.conf
  ...
17 #UserDir disabled
  ...
24 UserDir public_html
  ...
```

(5) SELinux 设置为允许，让防火墙放行 httpd 服务，重启 httpd 服务。

```
[root@server1 ~]#setenforce 0
[root@server1 ~]#firewall-cmd --permanent --add-service=http
[root@server1 ~]#firewall-cmd --reload
[root@server1 ~]#firewall-cmd --list-allt
[root@server1 ~]#systemctl restart httpd
```

(6) 在客户端的浏览器中输入 http://192.168.10.1/~long，看到的个人空间的访问效果如图 11-8 所示。

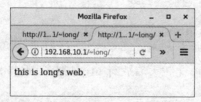

图 11-8　用户个人空间的访问效果

思考：如果运行以下命令再在客户端测试，结果又会如何呢？试一试并思考原因。

```
[root@server1 ~]#setenforce 1
[root@server1 ~]#setsebool -P httpd_enable_homedirs=on
```

3. 虚拟目录实例

要从 Web 站点主目录以外的其他目录发布站点，可以使用虚拟目录实现。虚拟目录是一个位于 Apache 服务器主目录之外的目录，它不包含在 Apache 服务器的主目录中，但在访问 Web 站点的用户看来，它与位于主目录中的子目录是一样的。每一个虚拟目录都有一个别名，客户端可以通过此别名来访问虚拟目录。

由于每个虚拟目录都可以分别设置不同的访问权限，因此非常适合于不同用户对不同目录拥有不同权限的情况。另外，只有知道虚拟目录名的用户才可以访问此虚拟目录，除此之外的其他用户将无法访问此虚拟目录。

在 Apache 服务器的主配置文件 httpd.conf 中，通过 Alias 指令设置虚拟目录。

【例 11-3】　在 IP 地址为 192.168.10.1 的 Apache 服务器中创建名为/test/的虚拟目录，它对应的物理路径是/virdir/，并在客户端测试。

(1) 创建物理目录/virdir/。

```
[root@server1 ~]#mkdir -p /virdir/
```

(2) 创建虚拟目录中的默认首页文件。

```
[root@server1 ~]#cd /virdir/
[root@server1 virdir]#echo "This is Virtual Directory sample.">>index.html
```

(3) 修改默认文件的权限,使其他用户具有读和执行权限。

```
[root@server1 virdir]#chmod 705 index.html
```

或者

```
[root@server1 ~]#chmod 705 /virdir -R
```

(4) 修改/etc/httpd/conf/httpd.conf 文件,添加下面的语句。

```
Alias /test "/virdir"
<Directory "/virdir">
    AllowOverride None
    Require all granted
</Directory>
```

(5) SELinux 设置为允许,让防火墙放行 httpd 服务,重启 httpd 服务。

```
[root@server1 ~]#setenforce 0
[root@server1 ~]#firewall-cmd --permanent --add-service=http
[root@server1 ~]#firewall-cmd --reload
[root@server1 ~]#firewall-cmd --list-allt
[root@server1 ~]#systemctl restart httpd
```

(6) 在客户端 client1 的浏览器中输入 http://192.168.10.1/test 后,看到的虚拟目录的访问效果如图 11-9 所示。

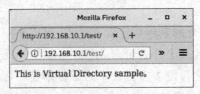

图 11-9　/test 虚拟目录的访问效果

11.5　其他常规设置

1. 根目录设置

配置文件中的根目录设置字段(ServerRoot)用来设置 Apache 的配置文件、错误文件和日志文件的存放目录,并且该目录是整个目录树的根节点。如果下面的字段设置中出现相对路径,那么就是相对于这个路径的。默认情况下的根路径为/etc/httpd,可以根据需要进行修改。

【例 11-4】 设置根目录为/usr/local/httpd。

```
ServerRoot "/usr/local/httpd"
```

2. 超时设置

Timeout 字段用于接收和发送数据时的超时设置。默认的时间单位是秒(s)。如果超过限定的时间后,客户端仍然无法连接上服务器,则予以断线处理。默认时间为 120s。可以根据环境需要予以更改。

【例 11-5】 设置超时时间为 300s。

```
Timeout 300
```

3. 客户端连接数限制

客户端连接数限制就是指在某一时刻内,www 服务器允许多少客户端同时进行访问。允许同时访问的最大数值就是客户端连接数限制。

(1) 设置连接数限制的原因。讲到这里不难提出疑问:网站本来就是提供给用户访问的,何必要限制访问数量,将用户拒之门外呢?如果搭建的网站为一个小型的网站,访问量较小,则对服务器响应速度没有影响,不过如果网站访问用户突然过多,一时间单击率猛增,一旦超过某一数值,很可能导致服务器瘫痪。而且即使是门户级网站,例如百度、新浪、搜狐等大型网站,它们所使用的服务器硬件实力相当雄厚,可以承受同一时刻成千甚至上万的点击量,但是,硬件资源还是有限的,如果遇到大规模的 DDoS(分布式拒绝服务攻击),仍然可能导致服务器过载而瘫痪。作为企业内部的网络管理者应该尽量避免类似的情况发生,所以限制客户端连接数是非常有必要的。

(2) 实现客户端连接数限制。在配置文件中,MaxClients 字段用于设置同一时刻内最大的客户端访问数量,默认数值是 256。对于小型的网站来说已经够用了。如果是大型网站,可以根据实际情况进行修改。

【例 11-6】 设置客户端连接数为 500。

```
<IfModule prefork.c>
    StartServers           8
    MinSpareServers        5
    MaxSpareServers        20
    ServerLimit            500
    MaxClients             500
    MaxRequestSPerChild    4000
</IfModule>
```

注意

MaxClients 字段出现的频率可能不止一次,请注意这里的 MaxClients 是包含在<IfModule prefork.c></IfModule>这个容器当中的。

4. 设置管理员邮件地址

当客户端访问服务器发生错误时，服务器通常会将带有错误提示信息的网页反馈给客户端，并且上面包含管理员的 E-mail 地址，以便于解决出现的错误。

如果需要设置管理员的 E-mail 地址，可以使用 ServerAdmin 字段来设置。

【例 11-7】 设置管理员的 E-mail 地址为 root@smile.com。

```
ServerAdmin root@smile.com
```

5. 设置主机名称

ServerName 字段定义了服务器名称和端口号，用以标明自己的身份。如果没有注册 DNS 名称，可以输入 IP 地址。当然，可以在任何情况下输入 IP 地址，这也可以完成重定向工作。

【例 11-8】 设置服务器主机名称及端口号。

```
ServerName www.example.com:80
```

 正确使用 ServerName 字段设置服务器的主机名称或 IP 地址后，在启动服务器时则不会出现"Could not reliably determine the server's fully qualified domain name，using 127.0.0.1 for ServerName"的错误提示。

6. 网页编码的设置

由于地域的不同，中国和外国，或者说亚洲地区和欧美地区所采用的网页编码也不同，如果出现服务器端的网页编码和客户端的网页编码不一致，就会导致乱码的出现，这和各国人民所使用的母语不同的道理是一样的，这样会带来交流的障碍。如果想正常显示网页的内容，则必须使用正确的编码。

httpd.conf 中使用 AddDefaultCharset 字段来设置服务器的默认编码。在默认情况下服务器编码采用 UTF-8。而汉字的编码一般是 GB 2312，国家强制标准是 GB 18030。具体使用哪种编码要根据网页文件里的编码来决定，只要保持与这些文件所采用的编码一致就可以正常显示。

【例 11-9】 设置服务器默认编码为 GB 2312。

```
AddDefaultCharset GB 2312
```

 若已经知道该使用哪种编码，则可以把 AddDefaultCharset 字段的注释去掉，表示不使用任何编码，这样让浏览器自动去检测当前网页所采用的编码是什么，然后自动进行调整。对于多语言的网站搭建，最好采用注释掉 AddDefaultCharset 字段的方法。

7. 目录设置

目录设置就是为服务器上的某个目录设置权限。在访问某个网站的时候，通常真正所访问的仅仅是那台 Web 服务器里某个目录下的某个网页文件而已。而整个网站也是由这些林林总总的目录和文件组成的。作为网站的管理人员，可能经常需要对某个目录做出设置，而不是对整个网站做出设置。例如，拒绝 192.168.0.100 的客户端访问某个目录内的文件，这时可以使用＜Directory＞＜/Directory＞容器来设置。这是一对容器语句，需要成对出现。在每个容器中有 options、AllowOverride、Limit 等指令，它们都是和访问控制相关的。各参数如表 11-3 所示。

表 11-3　Apache 目录访问控制选项

访问控制选项	描　　述
Options	设置特定目录中的服务器特性
AllowOverride	设置如何使用访问控制文件.htaccess
Order	设置 Apache 默认的访问权限及 Allow 和 Deny 语句的处理顺序
Allow	设置允许访问 Apache 服务器的主机。可以是主机名，也可以是 IP 地址
Deny	设置拒绝访问 Apache 服务器的主机。可以是主机名，也可以是 IP 地址

（1）根目录默认设置。

```
<Directory/>
    Options FollowSymLinks              ①
    AllowOverride None                  ②
</Directory>
```

以上代码中间的 2 行说明如下。

① Options 字段用来定义目录使用哪些特性，后面的 FollowSymLinks 指令表示可以在该目录中使用符号链接。Options 还可以设置很多功能，常见功能如表 11-4 所示。

表 11-4　Options 选项的取值

可用选项取值	描　　述
Indexes	允许目录浏览。当访问的目录中没有 DirectoryIndex 参数指定的网页文件时，会列出目录中的目录清单
Multiviews	允许内容协商的多重视图
All	支持除 Multiviews 以外的所有选项。如果没有 Options 语句，默认为 All
ExecCGI	允许在该目录下执行 CGI 脚本
FollowSysmLinks	可以在该目录中使用符号链接，以访问其他目录
Includes	允许服务器端使用 SSI（服务器包含）技术
IncludesNoExec	允许服务器端使用 SSI（服务器包含）技术，但禁止执行 CGI 脚本
SymLinksIfOwnerMatch	目录文件与目录属于同一用户时支持符号链接

② AllowOverride 用于设置.htaccess 文件中的指令类型。None 表示禁止使用.htaccess。

可以使用"＋"或"－"号在 Options 选项中添加或取消某个选项的值。如果不使用这两个符号，那么在容器中的 Options 选项的取值将完全覆盖以前的 Options 指令的取值。

（2）文档目录的默认设置。

```
<Directory "/var/www/html">
    Options Indexes FollowSymLinks
    AllowOverride None                              ①
    Order allow, deny                               ②
    Allow from all                                  ③
</Directory>
```

以上代码中带有序号的 3 行说明如下。

① AllowOverride 所使用的指令组此处不使用认证。

② 设置默认的访问权限与 Allow 和 Deny 字段的处理顺序。

③ Allow 字段用来设置哪些客户端可以访问服务器。与之对应的 Deny 字段则用来限制哪些客户端不能访问服务器。

Allow 和 Deny 字段的处理顺序非常重要，需要详细了解它们的意思和使用技巧。

（1）Order allow,deny。表示默认情况下禁止所有客户端访问，且 Allow 字段在 Deny 字段之前被匹配。如果既匹配 Allow 字段又匹配 Deny 字段，则 Deny 字段最终生效，也就是说 Deny 字段会覆盖 Allow 字段。

（2）Order deny,allow。表示默认情况下允许所有客户端访问，且 Deny 字段在 Allow 字段之前被匹配。如果既匹配 Allow 字段又匹配 Deny 字段，则 Allow 字段最终生效，也就是说 Allow 字段会覆盖 Deny 字段。

下面举例说明 Allow 和 Deny 字段的用法。

【例 11-10】 允许所有客户端访问（先允许后拒绝）。

```
Order allow, deny
Allow from all
```

【例 11-11】 拒绝 IP 地址为 192.168.100.100 和来自.bad.com 域的客户端访问。其他客户端都可以正常访问。

```
Order deny,allow
Deny from 192.168.100.100
Deny from .bad.com
```

【例 11-12】 仅允许 192.168.0.0/24 网段的客户端访问，但其中 192.168.0.100 不能访问。

```
Order allow,deny
Allow from 192.168.0.0/24
Deny from 192.168.0.100
```

为了说明允许和拒绝条目的使用,请对照下面的两个例子。

【例 11-13】　除了 www.test.com 的主机,允许其他所有人访问 Apache 服务器。

```
Order allow,deny
Allow from all
Deny from www.test.com
```

【例 11-14】　只允许 10.0.0.0/8 网段的主机访问服务器。

```
Order deny,allow
Deny from all
Allow from 10.0.0.0/255.255.0.0
```

提示

　　Over、Allow from 和 Deny from 关键词用大小写均可。但 Allow 和 Deny 之间以“,”分割,二者之间不能有空格。

　　另外,如果仅仅想对某个文件做权限设置,可以使用＜Files 文件名＞ ＜/Files＞容器语句实现,方法和使用＜Directory "目录"＞＜/Directory＞一样。

例如:

```
<Files "/var/www/html/f1.txt">
    Order allow, deny
    Allow from all
</Files>
```

11.6　配置虚拟主机

　　虚拟主机是在一台 Web 服务器上可以为多个独立的 IP 地址、域名或端口号提供不同的 Web 站点。对于访问量不大的站点来说,这样做可以降低单个站点的运营成本。

11.6.1　配置基于 IP 地址的虚拟主机

　　基于 IP 地址的虚拟主机的配置需要在服务器上绑定多个 IP 地址,然后配置 Apache,把多个网站绑定在不同的 IP 地址上,访问服务器上不同的 IP 地址,就可以看到不同的网站。

　　【例 11-15】　假设 Apache 服务器具有 192.168.10.1 和 192.168.10.2 两个 IP 地址(提前在服务器中配置这两个 IP 地址)。现需要利用这两个 IP 地址分别创建两个基于 IP 地址的虚拟主机,要求不同的虚拟主机对应的主目录不同,默认文档的内容也不同。配置步骤如下。

　　(1) 依次选择“应用程序”→“系统工具”→“设置”→“网络”命令,单击“设置”按钮,打开如图 11-10 所示的"网络"对话框。

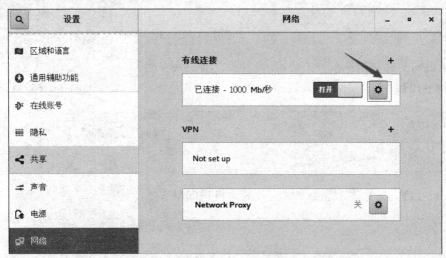

图 11-10　"网络"对话框

（2）单击图 11-10 中的"齿轮"图标，在弹出的"有线"对话框中单击 IPv4，打开如图 11-11 所示的"有线"窗口，增加第二个 IP 地址。

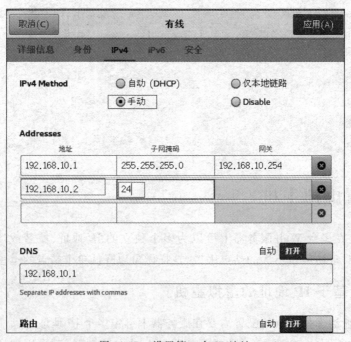

图 11-11　设置第二个 IP 地址

（3）单击"应用"按钮，返回图 11-10 所示的界面，先单击"关闭"按钮，再单击"打开"按钮，使新设置的 IP 地址生效。

注 意　　这一步很重要,必须确认 IP 地址的设置是否正常。设置完成后最好使用 ping 命令测试是否设置成功。

（4）分别创建/var/www/ip1 和/var/www/ip2 两个主目录和默认文件。

```
[root@server1~]#mkdir /var/www/ip1 /var/www/ip2
[root@server1 ~]#echo "this is 192.168.10.1's web.">/var/www/ip1/index.html
[root@server1 ~]#echo "this is 192.168.10.2's web.">/var/www/ip2/index.html
```

（5）添加/etc/httpd/conf.d/vhost.conf 文件。该文件的内容如下：

```
#设置基于 IP 地址为 192.168.10.1 的虚拟主机
<Virtualhost 192.168.10.1>
    DocumentRoot /var/www/ip1
</Virtualhost>

#设置基于 IP 地址为 192.168.10.2 的虚拟主机
<Virtualhost 192.168.10.2>
    DocumentRoot /var/www/ip2
</Virtualhost>
```

（6）SELinux 设置为"允许",让防火墙放行 httpd 服务,重启 httpd 服务。

（7）在客户端浏览器中可以看到 http://192.168.10.1 和 http://192.168.10.2 两个网站的浏览效果,如图 11-12 所示。

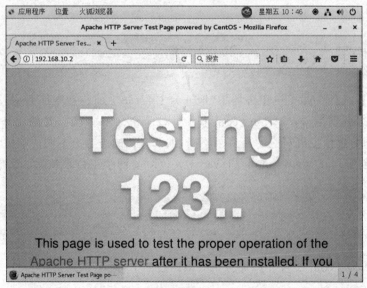

图 11-12　测试时出现默认页面

为什么看到了 httpd 服务程序的默认首页面？通常只有在网站的首页面文件不存在或者用户权限不足时才显示 httpd 服务程序的默认首页面。在尝试访问 http://192.168.10.1/

index.html 页面时，竟然发现页面中显示"Forbidden，You don't have permission to access /
index.html on this server."，这都是因为主配置文件里没有设置目录权限所致。解决方法是
在/etc/httpd/conf/httpd.conf 中添加有关两个网站目录权限的内容（只设置/var/www 目
录权限也可以，设置完成后记得重启 httpd 服务）。

```
<Directory "/var/www/ip1">
    AllowOverride None
    Require all granted
</Directory>

<Directory "/var/www/ip2">
    AllowOverride None
    Require all granted
</Directory>
```

　　　　为了不使后面的实训受到前面虚拟主机设置的影响，做完一个实训后，请将
配置文件中添加的内容删除，然后再继续下一个实训。

注 意

11.6.2　配置基于域名的虚拟主机

　　基于域名的虚拟主机的配置只需服务器有一个 IP 地址即可，所有的虚拟主机共享同一
个 IP，各虚拟主机之间通过域名进行区分。
　　要建立基于域名的虚拟主机，DNS 服务器中应建立多个主机资源记录，使它们解析到
同一个 IP 地址。例如：

```
www.smile.com.    IN    A    192.168.10.1
www.long.com.     IN    A    192.168.10.1
```

　　【例 11-16】　假设 Apache 服务器 IP 地址为 192.168.10.1。在本地 DNS 服务器中该 IP
地址对应的域名分别为 www1.long.com 和 www2.long.com。现需要创建基于域名的虚拟
主机，要求不同的虚拟主机对应的主目录不同，默认文档的内容也不同。配置步骤如下。
　　（1）分别创建/var/www/smile 和/var/www/long 两个主目录和默认文件。

```
[root@server1 ~]#mkdir /var/www/www1 /var/www/www2
[root@server1 ~]#echo "www1.long.com's web.">/var/www/www1/index.html
[root@server1 ~]#echo "www2.long.com's web.">/var/www/www2/index.html
```

　　（2）修改 httpd.conf 文件。添加目录权限内容如下：

```
<Directory "/var/www">
    AllowOverride None
    Require all granted
</Directory>
```

（3）修改/etc/httpd/conf.d/vhost.conf 文件。该文件的内容如下（清空原来的内容）：

```
<Virtualhost 192.168.10.1>
    DocumentRoot /var/www/www1
    ServerName www1.long.com
</Virtualhost>

<Virtualhost 192.168.10.1>
    DocumentRoot /var/www/www2
    ServerName www2.long.com
</Virtualhost>
```

（4）SELinux 设置为"允许"，让防火墙放行 httpd 服务，重启 httpd 服务和 named 服务。

```
[root@server1 ~]#setenforce 0
[root@server1 ~]#firewall-cmd --permanent --add-service=http
[root@server1 ~]#firewall-cmd --reload
[root@server1 ~]#systemctl restart httpd
[root@server1 ~]#systemctl restart named
```

（5）在客户端 client1 上测试。要确保 DNS 服务器解析正确、确保给 client1 设置正确的 DNS 服务器地址（在/etc/resolv.conf 中设置）。

```
[root@client1 ~]#vim /etc/resolv.conf
[root@client1 ~]#firefox www1.long.com
[root@client1 ~]#firefox www2.long.com
```

注意

　　在本例的配置中，DNS 的正确配置至关重要，一定要确保 long.com 域名及主机的正确解析，否则无法成功。正向区域配置文件如下：

```
[root@server1 ~]#vim /var/named/long.com.zone
$TTL 1D
@  IN SOA dns.long.com. mail.long.com. (
                                0        ; serial
                                1D       ; refresh
                                1H       ; retry
                                1W       ; expire
                                3H )     ; minimum

@       IN   NS      dns.long.com.
@       IN   MX   10 mail.long.com.

dns     IN   A       192.168.10.1
www1    IN   A       192.168.10.1
www2    IN   A       192.168.10.1
```

思考:为了测试方便,在 client1 上直接设置/etc/hosts 的内容(见如下程序),可否代替 DNS 服务器?

```
192.168.10.1  www1.long.com
192.168.10.1  www2.long.com
```

11.6.3 基于端口号的虚拟主机的配置

基于端口号的虚拟主机的配置只需服务器有一个 IP 地址即可,所有的虚拟主机共享同一个 IP 地址,各虚拟主机之间通过不同的端口号进行区分。在设置基于端口号的虚拟主机的配置时,需要利用 Listen 语句设置所监听的端口。

【例 11-17】 假设 Apache 服务器的 IP 地址为 192.168.10.1。现需要创建基于 8088 和 8089 两个不同端口号的虚拟主机,要求不同的虚拟主机对应的主目录不同,默认文档的内容也不同。则配置步骤如下。

(1) 分别创建/var/www/8088 和/var/www/8089 两个主目录和默认文件。

```
[root@server1 ~]#mkdir /var/www/8088  /var/www/8089
[root@server1 ~]#echo "8088 port's web.">/var/www/8088/index.html
[root@server1 ~]#echo "8089 port's web.">/var/www/8089/index.html
```

(2) 修改/etc/httpd/conf/httpd.conf 文件。该文件的修改内容如下:

```
Listen 8088
Listen 8089
<Directory "/var/www">
    AllowOverride None
    Require all granted
</Directory>
```

(3) 修改/etc/httpd/conf.d/vhost.conf 文件。该文件的内容如下(清空原来的内容):

```
<Virtualhost 192.168.10.1:8088>
        DocumentRoot /var/www/8088
</Virtualhost>

<Virtualhost 192.168.10.1:8089>
        DocumentRoot /var/www/8089
</Virtualhost>
```

(4) 关闭防火墙和允许的 SELinux,重启 httpd 服务,然后在客户端 client1 上测试。测试结果如图 11-13 所示,显示无法连接。

(5) 处理故障。这是因为防火墙检测到 8088 和 8089 端口原本不属于 Apache 服务应该需要的资源,但现在却以 httpd 服务程序的名义监听使用了,所以防火墙拒绝 Apache 服务使用这两个端口。可以使用 firewall-cmd 命令永久添加需要的端口到 public 区域,并重启防火墙。

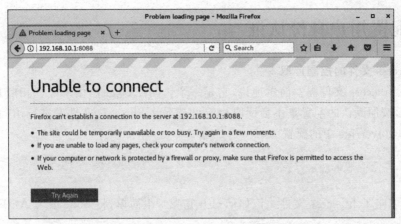

图 11-13　访问 192.168.10.1:8088 时报错

```
[root@server1 ~]#firewall-cmd --list-all
public (active)  ...
    services: ssh dhcpv6-client samba dns http
    ports:
    ...
[root@server1 ~]#firewall-cmd --permanent --zone=public --add-port=8088/tcp
success
[root@server1 ~]#firewall-cmd --permanent --zone=public --add-port=8089/tcp
[root@server1 ~]#firewall-cmd --permanent --zone=public --add-port=8088/tcp
[root@server1 ~]#firewall-cmd --reload
[root@server1 ~]#firewall-cmd --list-all
public (active)
    ...
    services: ssh dhcpv6-client samba dns http
    ports: 8089/tcp 8088/tcp
    ...
```

（6）再次在 client1 上测试,结果如图 11-14 所示。

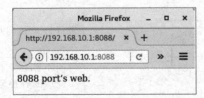
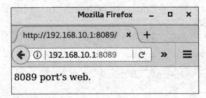

图 11-14　不同端口虚拟主机的测试结果

　　　　选择"应用（Applications）"→"杂项（Sundry）"→"防火墙（Firewall）"命令,打开防火墙配置窗口,可以详尽地配置防火墙,包括配置 public 区域的 port（端口）等。

11.7　配置用户身份认证

1. .htaccess 文件的控制存取

什么是 .htaccess 文件呢？简单地说，它是一个访问控制文件，用来配置相应目录的访问方法。不过，按照默认的配置是不会读取相应目录下的 .htaccess 文件来进行访问控制的，这是因为 AllowOverride 中的配置为

```
AllowOverride none
```

它完全忽略了 .htaccess 文件。该如何打开它呢？很简单，将 none 改为 AuthConfig。

```
<Directory/>
    Options FollowSymLinks
    AllowOverride AuthConfig
</Directory>
```

现在就可以在需要进行访问控制的目录下创建一个 .htaccess 文件了。需要注意的是，文件前有一个".",说明这是一个隐藏文件（该文件名也可以采用其他的文件名，我们只需要在 httpd.conf 中进行设置就可以了）。

另外，在 httpd.conf 的相应目录中的 AllowOverride 主要用于控制 htaccess 中允许进行的设置，其详细参数请参考表 11-5。

表 11-5　AllowOverride 指令所使用的指令组

指令组	可用指令	说明
AuthConfig	AuthDBMGroupFile、AuthDBMUserFile、AuthGroupFile、AuthName、AuthType、AuthUserFile、Require	进行认证、授权以及安全的相关指令
FileInfo	DefaultType、ErrorDocument、ForceType、LanguagePriority、SetHandler、SetInputFilter、SetOutputFilter	控制文件处理方式的相关指令
Indexes	AddDescription、AddIcon、AddIconByEncoding、DefaultIcon、AddIconByType、DirectoryIndex、ReadmeName FancyIndexing、HeaderName、IndexIgnore、IndexOptions	控制目录列表方式的相关指令
Limit	Allow、Deny、Order	进行目录访问控制的相关指令
Options	Options、XBitHack	启用不能在主配置文件中使用的各种选项
All	全部指令组	可以使用以上所有指令
None	禁止使用所有指令	禁止处理 .htaccess 文件

假设在用户 clinuxer 的 Web 目录（public_html）下新建了一个 .htaccess 文件，该文件的绝对路径为 /home/clinuxer/public_html/.htaccess。其实 Apache 服务器并不会直接读取这个文件，而是从根目录下开始搜索 .htaccess 文件。

```
/.htaccess
/home/.htaccess
/home/clinuxer/.htaccess
/home/clinuxer/public_html/.htaccess
```

如果这个路径中有一个.htaccess 文件,比如/home/clinuxer/.htaccess,则 Apache 并不会去读/home/clinuxer/public_html/.htaccess,而是/home/clinuxer/.htaccess。

2. 用户身份认证

Apache 中的用户身份认证也可以采取"整体存取控制"方式或者"分布式存取控制"方式,其中用得最广泛的就是通过.htaccess 来进行。

(1) 创建用户名和密码。在/usr/local/httpd/bin 目录下有一个 htpasswd 可执行文件,它就是用来创建.htaccess 文件身份认证所使用的密码的。它的语法格式如下:

```
[root@RHEL7-1 ~]#htpasswd [-bcD][-mdps]  密码文件名字  用户名
```

参数说明如下。
- -b:用批处理方式创建用户。htpasswd 不会提示输入用户密码,不过由于要在命令行输入可见的密码,因此并不是很安全。
- -c:新创建(create)的一个密码文件。
- -D:删除一个用户。
- -m:采用 MD5 编码加密。
- -d:采用 CRYPT 编码加密,这是预设的方式。
- -p:采用明文格式的密码。因为安全的原因,目前不推荐使用。
- -s:采用 SHA 编码加密。

【例 11-18】　创建一个用于.htaccess 密码认证的用户 yy1。

```
[root@RHEL7-1 ~]#htpasswd -c -mb .htpasswd yy1 P@ssw0rd
```

在当前目录下创建一个.htpasswd 文件,并添加一个用户 yy1,密码为 P@ssw0rd。
(2) 实例。

【例 11-19】　设置一个虚拟目录/httest,让用户必须输入用户名和密码才能访问。
① 创建一个新用户 smile,应该输入以下命令。

```
[root@RHEL7-1 ~]#mkdir /virdir/test
[root@RHEL7-1 ~]#echo "Require valid_users's web.">/virdir/test/index.html
[root@RHEL7-1 ~]#cd /virdir/test
[root@RHEL7-1 test]#/usr/bin/htpasswd -c /usr/local/.htpasswd smile
```

之后会要求输入该用户的密码并确认,成功后会提示"Adding password for user smile"。

如果还要在.htpasswd 文件中添加其他用户,则直接使用以下命令(不带参数-c)。

```
[root@RHEL7-1 test]#/usr/bin/htpasswd /usr/local/.htpasswd user2
```

② 在 httpd.conf 文件中设置该目录允许采用 .htaccess 进行用户身份认证。
加入内容如下（不要把注释写到配置文件中，下同）：

```
Alias /httest "/virdir/test"
<Directory "/virdir/test">
    Options Indexes MultiViews FollowSymLinks    #允许列目录
    AllowOverride AuthConfig                     #启用用户身份认证
    Order deny,allow
    Allow from all                               #允许所有用户访问
    AuthName  Test_Zone        #定义的认证名称，与后面的.htpasswd文件中的一致
</Directory>
```

如果修改了 Apache 的主配置文件 httpd.conf，则必须重启 Apache 才会使新配置生效。可以执行 systemctl restart httpd 命令重新启动它。

③ 在 /virdir/test 目录下新建一个 .htaccess 文件，内容如下：

```
[root@RHEL7-1 test]#cd /virdir/test
[root@RHEL7-1 test]#touch .htaccess        #创建.htaccess文件
[root@RHEL7-1 test]#vim .htaccess          #编辑.htaccess文件并加入以下内容
AuthName "Test Zone"
    AuthType Basic
    AuthUserFile /usr/local/.htpasswd      #指明存放授权访问的密码文件
    require valid-user                     #指明只有密码文件的用户才是有效用户
```

注意　如果 .htpasswd 不在默认的搜索路径中，则应该在 AuthUserFile 中指定该文件的绝对路径。

④ 在客户端打开浏览器，输入 http://192.168.10.1/httest，如图 11-15 和图 11-16 所示。在 Apache 服务器上访问权限受限的目录时，就会出现认证窗口，只有输入正确的用户名和密码才能打开。

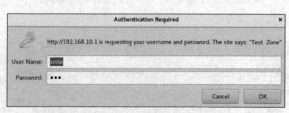

图 11-15　输入用户名和密码才能访问

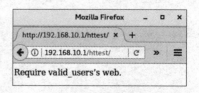

图 11-16　正确输入用户名和密码后
　　　　　 能够访问受限内容

11.8　练习题

一、填空题

1. Web 服务器使用的协议是＿＿＿＿＿，英文全称是＿＿＿＿＿，中文名称是＿＿＿＿＿。

2. HTTP 请求的默认端口是＿＿＿＿＿。

3. 在 Linux 平台下，搭建动态网站的组合，采用最为广泛的是＿＿＿＿＿，即＿＿＿＿＿、＿＿＿＿＿、＿＿＿＿＿以及＿＿＿＿＿4 个开源软件构建，取英文第一个字母的缩写命名。

4. Red Hat Enterprise Linux 7 采用了 SELinux 这种增强的安全模式，在默认的配置下，只有＿＿＿＿＿服务可以通过。

5. 在命令行控制台窗口，输入＿＿＿＿＿命令可打开 Linux 网络配置窗口。

二、选择题

1. 可以用于配置 Red Hat Linux 启动时自动启动 httpd 服务的命令是（　　）。

    A. service　　　　　　B. ntsysv　　　　　　C. useradd　　　　　　D. startx

2. 在 Red Hat Linux 中手工安装 Apache 服务器时，默认的 Web 站点的目录为（　　）。

    A. /etc/httpd　　　　B. /var/www/html　　C. /etc/home　　　　D. /home/httpd

3. 对于 Apache 服务器，提供的子进程的默认用户是（　　）。

    A. root　　　　　　　B. apached　　　　　　C. httpd　　　　　　　D. nobody

4. 世界上排名第一的 Web 服务器是（　　）。

    A. Apache　　　　　　B. IIS　　　　　　　　C. SunONE　　　　　　D. NCSA

5. Apache 服务器默认的工作方式是（　　）。

    A. inetd　　　　　　　B. xinetd　　　　　　　C. standby　　　　　　D. standalone

6. 用户的主页存放的目录由 httpd.conf 文件的参数（　　）设定。

    A. UserDir　　　　　　　　　　　　　　B. Directory

    C. public_html　　　　　　　　　　　　D. DocumentRoot

7. 设置 Apache 服务器时，一般将服务的端口绑定到系统的（　　）端口上。

    A. 10000　　　　　　B. 23　　　　　　　　C. 80　　　　　　　　D. 53

8. 下面不是 Apache 基于主机的访问控制指令的是（　　）。

    A. allow　　　　　　　B. deny　　　　　　　C. order　　　　　　　D. all

9. 用来设定当服务器产生错误时，显示在浏览器上的管理员的 E-mail 地址的是（　　）。

    A. Servername　　　B. ServerAdmin　　　C. ServerRoot　　　D. DocumentRoot

10. 在 Apache 服务器上基于用户名的访问控制中，生成用户密码文件的命令是（　　）。

    A. smbpasswd　　　B. htpasswd　　　　　C. passwd　　　　　D. password

11.9　项目实录

1. 观看视频

做实训前请扫描二维码观看视频。

2. 项目背景

假如你是某学校的网络管理员，学校的域名为 www.king.com，学校计划为每位教师开通个人主页服务，为教师与学生之间建立沟通的平台。该学校网络拓扑如图 11-17 所示。

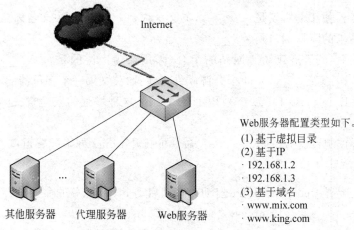

图 11-17　Web 服务器搭建与配置网络拓扑

学校计划为每位教师开通个人主页服务，要求实现以下功能。

（1）网页文件上传完成后立即自动发布，URL 为 http://www.king.com/～用户名。

（2）在 Web 服务器中建立一个名为 private 的虚拟目录，其对应的物理路径是/data/private，并配置 Web 服务器对该虚拟目录启用用户认证，只允许 kingma 用户访问。

（3）在 Web 服务器中建立一个名为 private 的虚拟目录，其对应的物理路径是/dir1/test，并配置 Web 服务器仅允许来自网络 jnrp.net 域和 192.168.1.0/24 网段的客户机访问该虚拟目录。

（4）使用 192.168.1.2 和 192.168.1.3 两个 IP 地址，创建基于 IP 地址的虚拟主机。其中 IP 地址为 192.168.1.2 的虚拟主机对应的主目录为/var/www/ip2，IP 地址为 192.168.1.3 的虚拟主机对应的主目录为/var/www/ip3。

（5）创建基于 www.mlx.com 和 www.king.com 两个域名的虚拟主机，域名为 www.mlx.com 的虚拟主机对应的主目录为/var/www/mlx，域名为 www.king.com 的虚拟主机对应的主目录为/var/www/king。

3. 深度思考

在观看视频时思考以下几个问题。

（1）使用虚拟目录的好处是什么？

（2）基于域名的虚拟主机的配置要注意什么？

（3）如何启用用户的身份认证？

4. 做一做

根据项目要求及视频内容将项目完整地做一遍。

11.10　实训：Apache 服务器的配置

1. 实训目的及内容

（1）掌握 Apache 服务器的配置与应用方法。

（2）掌握利用 Apache 服务建立普通 Web 站点、基于主机和用户认证的访问控制。

2. 实训练习

（1）建立 Web 服务器，同时建立一个名为/mytest 的虚拟目录，并完成以下设置。

① 设置 Apache 根目录为/etc/httpd。

② 设置首页名称为 test.html。

③ 设置超时时间为 240s。

④ 设置客户端连接数为 500。

⑤ 设置管理员 E-mail 地址为 root@smile.com。

⑥ 虚拟目录对应的实际目录为/linux/apache。

⑦ 将虚拟目录设置为仅允许 192.168.10.0/24 网段的客户端访问。

⑧ 分别测试 Web 服务器和虚拟目录。

（2）在文档目录中建立 security 目录，并完成以下设置。

① 对该目录启用用户认证功能。

② 仅允许 user1 和 user2 账号访问。

③ 更改 Apache 默认监听的端口，将其设置为 8080。

④ 将允许 Apache 服务的用户和组设置为 nobody。

⑤ 禁止使用目录浏览功能。

（3）建立虚拟主机，并完成以下设置。

① 建立 IP 地址为 192.168.0.1 的虚拟主机 1，对应的文档目录为/usr/local/www/web1。

② 仅允许来自.smile.com.域的客户端可以访问虚拟主机 1。

③ 建立 IP 地址为 192.168.0.2 的虚拟主机 2，对应的文档目录为/usr/local/www/web2。

④ 仅允许来自.long.com.域的客户端访问虚拟主机 2。

3. 实训报告

按要求完成实训报告。

第 12 章
FTP 服务器配置

- FTP 服务的工作原理。
- vsftpd 服务器的配置。
- 配置本地模式的常规 FTP 服务器。
- 配置基于虚拟用户的 FTP 服务器。

FTP 是文件传输协议的缩写,它是 Internet 最早提供的网络服务功能之一,利用 FTP 服务可以实现文件的上传及下载等相关的文件传输服务。本章将介绍 Linux 下 vsftpd 服务器的安装、配置及使用方法。

12.1 认识 FTP 服务

以 HTTP 为基础的 WWW 服务功能虽然强大,但对于文件传输来说却略显不足。一种专门用于文件传输的 FTP 服务应运而生。

FTP 服务就是文件传输服务,FTP 的英文全称是 file transfer protocol,顾名思义,就是文件传输协议,具备更强的文件传输可靠性和更高的效率。

12.1.1 FTP 工作原理

FTP 大大简化了文件传输的复杂性,它能够使文件通过网络从一台计算机传送到另外一台计算机上却不受计算机和操作系统类型的限制。无论是 PC、服务器、大型机,还是 iOS、Linux、Windows 操作系统,只要双方都支持协议 FTP,就可以方便、可靠地进行文件的传送。FTP 服务的具体工作过程如图 12-1 所示。

(1) 客户端向服务器发出连接请求,同时客户端系统动态地打开一个大于 1024 的端口等候服务器连接(如 1031 端口)。

(2) 若 FTP 服务器在端口 21 侦听到该请求,则会在客户端 1031 端口和服务器的 21 端口之间建立一个 FTP 会话连接。

(3) 当需要传输数据时,FTP 客户端再动态地打开一个大于 1024 的端口(如 1032 端口)连接到服务器的 20 端口,并在这两个端口之间进行数据的传输。当数据传输完毕后,这两个端口会自动关闭。

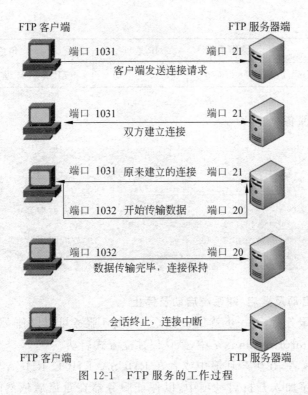

图 12-1　FTP 服务的工作过程

（4）当 FTP 客户端断开与 FTP 服务器的连接时，客户端上动态分配的端口将自动释放。

12.1.2　匿名用户

FTP 服务不同于 WWW，它首先要求登录到服务器上，然后再进行文件的传输，这对于很多公开提供软件下载的服务器来说十分不便，于是匿名用户访问就诞生了。通过使用一个共同的用户名 anonymous、密码不限的管理策略（一般使用用户的邮箱作为密码即可），让任何用户都可以很方便地从这些服务器上下载软件。

12.2　安装、启动与停止 vsftpd 服务

1. 搭建 FTP 服务器的网络环境

3 台安装好 RHEL 7.4 和 Windows 7 的计算机联网方式都设为 host only(VMnet1)，一台作为服务器，一台作为客户端使用。宿主机是 Windows 7。计算机的配置信息如表 12-1 所示（可以使用 VM 的克隆技术快速安装需要的 Linux 客户端）。

表 12-1　Linux 服务器和客户端的配置信息

主 机 名 称	操作系统	IP 地 址	角色及其他
DHCP 服务器：Server1	CentOS 7	192.168.10.1	FTP 服务器、虚拟机、连接 VMnet1
Linux 客户端：Client1	CentOS 7	192.168.10.20	FTP 客户端、虚拟机、连接 VMnet1

续表

主 机 名 称	操作系统	IP 地址	角色及其他
Windows 客户端：Win7-1	Windows 7	192.168.10.30	FTP 客户端、虚拟机、连接 VMnet1

2. 安装 vsftpd 服务

```
[root@server1 ~]#rpm -q vsftpd
[root@server1 ~]#mkdir /iso
[root@server1 ~]#mount /dev/cdrom /iso
[root@server1 ~]#yum clean all                          //安装前先清除缓存
[root@server1 ~]#yum install vsftpd -y
[root@server1 ~]#yum install ftp -y                     //同时安装 ftp 软件包
[root@server1 ~]#rpm -qa|grep vsftpd                    //检查安装组件是否成功
```

3. vsftpd 服务启动及重启、随系统启动及停止

安装完 vsftpd 服务后，下一步就是启动了。vsftpd 服务可以以独立方式或被动方式启动。在 Red Hat Enterprise Linux 7 中，默认以独立方式启动。

在此需要提醒读者，在生产环境中或者在 RHCSA、RHCE、RHCA 认证考试中一定要把配置过的服务程序加入开机启动项中，以保证服务器在重启后依然能够正常提供传输服务。

重新启动 vsftpd 服务、随系统启动、开放防火墙、开放 SELinux 可以输入下面的命令。

```
[root@server1 ~]#systemctl restart vsftpd
[root@server1 ~]#systemctl enable vsftpd
[root@server1 ~]#firewall-cmd --permanent --add-service=ftp
[root@server1 ~]#firewall-cmd --reload
[root@server1 ~]#setsebool -P ftpd_full_access=on
```

12.3　认识 vsftpd 的配置文件

vsftpd 的配置主要通过以下几个文件来完成。

1. 主配置文件

vsftpd 服务程序的主配置文件（/etc/vsftpd/vsftpd.conf）内容总长度达到 127 行，但其中大多数参数在开头都添加了井号（♯），从而成为注释信息，读者没有必要在注释信息上花费太多的时间。可以使用 grep 命令添加-v 参数，过滤并反选出没有包含井号（♯）的参数行（即过滤了所有的注释信息），然后将过滤后的参数行通过输出重定向符写回原始的主配置文件中（为了安全，请先备份主配置文件）。

```
[root@server1 ~]#mv /etc/vsftpd/vsftpd.conf /etc/vsftpd/vsftpd.conf.bak
[root@server1 ~]#grep -v "#" /etc/vsftpd/vsftpd.conf.bak >/etc/vsftpd/vsftpd.conf
```

```
[root@server1 ~]#cat /etc/vsftpd/vsftpd.conf -n
    1  anonymous_enable=YES
    2  local_enable=YES
    3  write_enable=YES
    4  local_umask=022
    5  dirmessage_enable=YES
    6  xferlog_enable=YES
    7  connect_from_port_20=YES
    8  xferlog_std_format=YES
    9  listen=NO
   10  listen_ipv6=YES
   11
   12  pam_service_name=vsftpd
   13  userlist_enable=YES
   14  tcp_wrappers=YES
```

表 12-2 中列举了 vsftpd 服务程序主配置文件中常用的参数以及作用。在后续的实训中将演示重要参数的用法，以帮助大家熟悉并掌握。

表 12-2　vsftpd 服务程序常用的参数以及作用

参　　数	作　　用
listen=[YES|NO]	是否以独立运行的方式监听服务
listen_address=IP 地址	设置要监听的 IP 地址
listen_port=21	设置 FTP 服务的监听端口
download_enable=[YES|NO]	是否允许下载文件
userlist_enable=[YES|NO] userlist_deny=[YES|NO]	设置用户列表为"允许"还是"禁止"操作
max_clients=0	最大客户端连接数,0 为不限制
max_per_ip=0	同一 IP 地址的最大连接数,0 为不限制
anonymous_enable=[YES|NO]	是否允许匿名用户访问
anon_upload_enable=[YES|NO]	是否允许匿名用户上传文件
anon_umask=022	匿名用户上传文件的 umask 值
anon_root=/var/ftp	匿名用户的 FTP 根目录
anon_mkdir_write_enable=[YES|NO]	是否允许匿名用户创建目录
anon_other_write_enable=[YES|NO]	是否开放匿名用户的其他写入权限(包括重命名、删除等操作权限)
anon_max_rate=0	匿名用户的最大传输速率(B/s),0 为不限制
local_enable=[YES|NO]	是否允许本地用户登录 FTP
local_umask=022	本地用户上传文件的 umask 值

续表

参　　　数	作　　　用
local_root＝/var/ftp	本地用户的 FTP 根目录
chroot_local_user＝[YES|NO]	是否将用户权限禁锢在 FTP 目录,以确保安全
local_max_rate＝0	本地用户最大传输速率(B/s),0 为不限制

2. /etc/pam.d/vsftpd

vsftpd 的 Pluggable Authentication Modules(PAM)配置文件,主要用来加强 vsftpd 服务器的用户认证。

3. /etc/vsftpd/ftpusers

所有位于此文件内的用户都不能访问 vsftpd 服务。当然,为了安全,这个文件中默认已经包括了 root、bin 和 daemon 等系统账号。

4. /etc/vsftpd/user_list

这个文件中包括的用户有可能是被拒绝访问 vsftpd 服务的,也可能是允许访问的,这主要取决于 vsftpd 的主配置文件/etc/vsftpd/vsftpd.conf 中的 userlist_deny 参数是设置为 YES(默认值)还是 NO。

- 当 userlist_deny＝NO 时,仅允许文件列表中的用户访问 FTP 服务器。
- 当 userlist_deny＝YES 时,这也是默认值,拒绝文件列表中的用户访问 FTP 服务器。

5. /var/ftp 文件夹

vsftpd 为提供服务的文件集散地,它包括一个 pub 子目录。在默认配置下,所有的目录都是只读的,只有 root 用户有写权限。

12.4　配置匿名用户 FTP 实例

1. vsftpd 的认证模式

vsftpd 允许用户以 3 种认证模式登录到 FTP 服务器上。

(1) 匿名开放模式。这是一种最不安全的认证模式,任何人都可以无须密码验证而直接登录到 FTP 服务器。

(2) 本地用户模式。这是通过 Linux 系统本地的账户密码信息进行认证的模式,相较于匿名开放模式更安全,而且配置起来也很简单。但是,如果被黑客破解了账户的信息,就可以畅通无阻地登录 FTP 服务器,从而完全控制整台服务器。

(3) 虚拟用户模式。这是这 3 种模式中最安全的一种认证模式,它需要为 FTP 服务单独建立用户数据库文件,虚拟映射用来进行口令验证的账户信息,而这些账户信息在服务器系统中实际上是不存在的,仅供 FTP 服务程序进行认证使用。这样,即使黑客破解了账户信息也无法登录服务器,从而有效降低了破坏范围和影响。

2. 匿名用户登录的参数说明

表 12-3 列举了可以向匿名用户开放的权限参数以及作用。

表 12-3　可以向匿名用户开放的权限参数以及作用

参　　数	作　　用
anonymous_enable＝YES	允许匿名访问模式
anon_umask＝022	匿名用户上传文件的 umask 值
anon_upload_enable＝YES	允许匿名用户上传文件
anon_mkdir_write_enable＝YES	允许匿名用户创建目录
anon_other_write_enable＝YES	允许匿名用户修改目录名称或删除目录

3. 配置匿名用户登录 FTP 服务器实例

【例 12-1】　搭建一台 FTP 服务器,允许匿名用户上传和下载文件,匿名用户的根目录设置为/var/ftp。

(1) 新建测试文件,编辑/etc/vsftpd/vsftpd.conf。

```
[root@server1 ~]#touch /var/ftp/pub/sample.tar
[root@server1 ~]#vim /etc/vsftpd/vsftpd.conf
```

(2) 在文件后面添加以下 4 行内容(语句前后一定不要带空格。若有重复的语句,请删除或直接在其上更改)。

```
anonymous_enable=YES               //允许匿名用户登录
anon_root=/var/ftp                 //设置匿名用户的根目录为/var/ftp
anon_upload_enable=YES             //允许匿名用户上传文件
anon_mkdir_write_enable=YES        //允许匿名用户创建文件夹
```

提示　　anon_other_write_enable＝YES 表示允许匿名用户删除文件。

(3) 允许 SELinux,让防火墙放行 ftp 服务,重启 vsftpd 服务。

```
[root@server1 ~]#setenforce 0
[root@server1 ~]#firewall-cmd --permanent --add-service=ftp
[root@server1 ~]#firewall-cmd --reload
[root@server1 ~]#firewall-cmd --list-all
[root@server1 ~]#systemctl restart vsftpd
```

在 Windows 7 客户端的资源管理器中输入 ftp://192.168.10.1,打开 pub 目录,新建一个文件夹,结果出错了,如图 12-2 所示。

这是什么原因引起的呢? 原来是因为系统的本地权限没有设置。

图 12-2　测试 FTP 服务器 192.168.1.30 出错

(4) 设置本地系统权限,将文件的拥有者设为 ftp,或者对 pub 目录赋予其他用户写的权限。

```
[root@server1 ~]#ll -ld /var/ftp/pub
drwxr-xr-x. 2 root root 6 Mar 23 2017 /var/ftp/pub    //其他用户没有写入权限
[root@server1 ~]#chown ftp /var/ftp/pub          //将文件的拥有者改为匿名用户 ftp
[root@server1 ~]#chmod o+w /var/ftp/pub          //赋予其他用户写的权限
[root@server1 ~]#ll -ld /var/ftp/pub
drwxr-xr-x. 2 ftp root 6 Mar 23 2017 /var/ftp/pub     //已将文件的拥有者改为匿名用户 ftp
[root@server1 ~]#systemctl restart vsftpd
```

(5) 在 Windows 7 客户端再次测试,在 pub 目录下能够建立新文件夹。

　　　如果在 Linux 上测试,需要安装 ftp 软件,在用户名处输入 ftp,密码处直接按 Enter 键即可。

　　　如果要实现匿名用户创建文件等功能,仅仅在配置文件中开启这些功能是不够的,还需要注意开放本地文件系统权限,使匿名用户拥有写权限才可以,或者改变文件的拥有者为 ftp。在项目实录中有针对此问题的解决方案。另外,要特别注意防火墙和 SELinux 的设置。

12.5　配置本地模式的常规 FTP 服务器实例

1. FTP 服务器配置要求

公司内部现在有一台 FTP 服务器和 Web 服务器,FTP 服务器主要用于维护公司的网站内容,包括上传文件、创建目录、更新网页等。公司现有两个部门负责维护任务,两者分别适用于 team1 和 team2 账号进行管理。先要求仅允许 team1 和 team2 账号登录 FTP 服务器,但不能登录本地系统,并将这两个账号的根目录限制为/web/www/html,不能进入该目录以外的任何目录。

2. 需求分析

FTP 服务器和 Web 服务器共用一台机器是企业经常采用的方法,这样便于对网站进行维护。为了增强安全性,首先,需要使用仅允许本地用户访问,并禁止匿名用户登录。其次,使用 chroot 功能将 team1 和 team2 锁定在/web/www/html 目录下。如果需要删除文件,则还需要注意本地权限。

3. 解决方案

(1) 建立维护网站内容的 FTP 账号 team1、team2 和 user1 并禁止本地登录,然后为其设置密码。

```
[root@server1 ~]#useradd -s /sbin/nologin team1
[root@server1 ~]#useradd -s /sbin/nologin team2
[root@server1 ~]#useradd -s /sbin/nologin user1
[root@server1 ~]#passwd team1
[root@server1 ~]#passwd team2
[root@server1 ~]#passwd user1
```

(2) 配置 vsftpd.conf 主配置文件并做相应修改(写入配置文件时,注释一定去掉,语句前后不要加空格。另外,要把 11.3 节的配置文件恢复到最初状态,避免实训间互相影响)。

```
[root@server1 ~]#vim /etc/vsftpd/vsftpd.conf
anonymous_enable=NO                          #禁止匿名用户登录
local_enable=YES                             #允许本地用户登录
local_root=/web/www/html                     #设置本地用户的根目录为/web/www/html
chroot_local_user=NO                         #限制本地用户。这是默认值,可以省略
chroot_list_enable=YES                       #激活 chroot 功能
chroot_list_file=/etc/vsftpd/chroot_list     #设置锁定用户在根目录中的列表文件
allow_writeable_chroot=YES
```

提示　　chroot_local_user＝NO 是默认设置,即如果不做任何 chroot 设置,则 FTP 登录目录是不做限制的。另外,只要启用 chroot,一定增加 allow_writeable_chroot＝YES 语句。为什么呢?因为 vsftpd 后来增强了安全检查,如果用户被限定在了其主目录下,则该用户的主目录不能再具有写权限。如果检查发现还有写权限,就会报错误“500 OOPS：vsftpd：refusing to run with writable root inside chroot().”。

要修复这个错误,可以用命令 chmod a-w /web/www/html 去除用户主目录的写权限,注意把目录替换成你所需要的,本例是/web/www/html。不过,这样就无法写入了。还有一种方法就是在 vsftpd 的配置文件中增加 allow_writeable_chroot＝YES 项。

chroot 是靠例外列表来实现的,列表内用户即是例外的用户。所以根据是否启用本地用户转换,可设置不同目的的例外列表,从而实现 chroot 功能。实现锁定目录有以下两种实现方法。

第一种方法是除列表内的用户外,其他用户都被限定在固定目录内。即列表内用户自由,列表外用户受限制(这时启用 chroot_local_user=YES)。

```
chroot_local_user=YES
chroot_list_enable=YES
chroot_list_file=/etc/vsftpd/chroot_list
allow_writeable_chroot=YES
```

第二种方法是除列表内的用户外,其他用户都可自由转换目录。即列表内用户受限制,列表外用户自由(这时启用 chroot_local_user=NO)。为了安全,建议使用第一种。

```
chroot_local_user=NO
chroot_list_enable=YES
chroot_list_file=/etc/vsftpd/chroot_list
allow_writeable_chroot=YES
```

(3) 建立/etc/vsftpd/chroot_list 文件,添加 team1 和 team2 账号。

```
[root@server1 ~]#vim   /etc/vsftpd/chroot_list
team1
team2
```

(4) 防火墙放行和 SELinux 允许。重启 FTP 服务。

```
[root@server1 ~]#firewall-cmd --permanent --add-service=ftp
[root@server1 ~]#firewall-cmd --reload
[root@server1 ~]#firewall-cmd --list-all
[root@server1 ~]#setenforce 0
[root@server1 ~]#systemctl restart vsftpd
```

思考:如果设置 setenforce 1,那么必须执行 setsebool -P ftpd_full_access=on,以便于保证目录的正常写入和删除等操作。

(5) 修改本地权限。

```
[root@server1 ~]#mkdir /web/www/html -p
[root@server1 ~]#touch test.sample
[root@server1 ~]#ll -d /web/www/html
[root@server1 ~]#chmod -R o+w /web/www/html                //其他用户可以写入
[root@server1 ~]#ll -d /web/www/html
```

(6) 在 Linux 客户端 client1 上先安装 FTP 工具,然后测试。

```
[root@client1 ~]#mount /dev/cdrom /iso
[root@client1 ~]#yum clean all
```

```
[root@client1 ~]#yum install ftp -y
```

① 使用 team1 和 team2 用户不能转换目录，但能建立新文件夹，显示的目录是"/"，其实是/web/www/html 文件夹。

```
[root@client1 ~]#ftp 192.168.10.1
Connected to 192.168.10.1 (192.168.10.1).
220 (vsFTPd 3.0.2)
Name (192.168.10.1:root): team1        //锁定用户测试
331 Please specify the password.
Password:
230 Login successful.
Remote system type is UNIX.
Using binary mode to transfer files.
ftp>pwd
257 "/"        //显示的是"/"，其实是/web/www/html，从列出的文件中就可知道
ftp>mkdir testteam1
257 "/testteam1" created
ftp>ls
227 Entering Passive Mode (192,168,10,1,46,226).
150 Here comes the directory listing.
-rw-r--r--  1 0     0      0 Jul 21 01:25 test.sample
drwxr-xr-x  2 1001  1001   6 Jul 21 01:48 testteam1
226 Directory send OK.
ftp>cd /etc
550 Failed to change directory.        //不允许更改目录
ftp>exit
221 Goodbye.
```

② 使用 user1 用户能自由转换目录，可以将/etc/passwd 文件下载到主目录。

```
[root@client1 ~]#ftp 192.168.10.1
Connected to 192.168.10.1 (192.168.10.1).
220 (vsFTPd 3.0.2)
Name (192.168.10.1:root): user1   //列表外的用户是自由的
331 Please specify the password.
Password:
230 Login successful.
Remote system type is UNIX.
Using binary mode to transfer files.
ftp>pwd
257 "/web/www/html"
ftp>mkdir testuser1
257 "/web/www/html/testuser1" created
ftp>cd /etc                        //成功转换到/etc 目录
250 Directory successfully changed.
ftp>get passwd                     //成功下载密码文件 passwd 到/root，可以退出后查看
local: passwd remote: passwd
227 Entering Passive Mode (192,168,10,1,80,179).
150 Opening BINARY mode data connection for passwd (2203 bytes).
226 Transfer complete.
2203 bytes received in 9e-05 secs (24477.78 Kbytes/sec)
```

```
ftp>cd /web/www/html
250 Directory successfully changed.
ftp>ls
227 Entering Passive Mode (192,168,10,1,182,144).
150 Here comes the directory listing.
-rw-r--r--    1 0         0            0 Jul 21 01:25 test.sample
drwxr-xr-x    2 1001      1001         6 Jul 21 01:48 testteam1
drwxr-xr-x    2 1003      1003         6 Jul 21 01:50 testuser1
226 Directory send OK.
```

12.6 设置 vsftp 虚拟账号

FTP 服务器的搭建工作并不复杂，但需要按照服务器的用途，合理规划相关配置。如果 FTP 服务器并不对互联网上的所有用户开放，则可以关闭匿名访问，而开启实体账户或者虚拟账户的验证机制。但在实际操作中，如果使用实体账户访问，FTP 用户在拥有服务器真实用户名和密码的情况下，会对服务器产生潜在的危害，FTP 服务器如果设置不当，则用户有可能使用实体账号进行非法操作。所以，为了 FTP 服务器的安全，可以使用虚拟用户验证方式，也就是将虚拟的账号映射为服务器的实体账号，客户端使用虚拟账号访问 FTP 服务器。

要求：使用虚拟用户 user2、user3 登录 FTP 服务器，访问主目录是/var/ftp/vuser，用户只允许查看文件，不允许上传、修改等操作。

对于 vsftp 虚拟账号的配置主要有以下几个步骤。

1. 创建用户数据库

（1）创建用户文本文件。建立保存虚拟账号和密码的文本文件，格式如下：

```
虚拟账号 1
密码
虚拟账号 2
密码
```

使用 Vim 编辑器建立用户文件 vuser.txt，添加虚拟账号 user2 和 user3，如下所示。

```
[root@server1 ~]#mkdir /vftp
[root@server1 ~]#vim /vftp/vuser.txt
User2
12345678
User 3
12345678
```

（2）生成数据库。保存虚拟账号及密码的文本文件无法被系统账号直接调用，需要使用 db_load 命令生成 db 数据库文件。

```
[root@server1 ~]#db_load -T -t hash -f /vftp/vuser.txt /vftp/vuser.db
[root@server1 ~]#ls /vftp
vuser.db vuser.txt
```

（3）修改数据库文件的访问权限。数据库文件中保存着虚拟账号和密码信息，为了防止非法用户盗取，可以修改该文件的访问权限。

```
[root@server1 ~]#chmod 700 /vftp/vuser.db
[root@server1 ~]#ll /vftp
```

2. 配置 PAM 文件

为了使服务器能够使用数据库文件，对客户端进行身份验证，需要调用系统的 PAM 模块。PAM(plugable authentication module)为可插拔认证模块，不必重新安装应用程序，通过修改指定的配置文件，调整对该程序的认证方式。PAM 模块配置文件路径为/etc/pam.d，该目录下保存着大量与认证有关的配置文件，并以服务名称命名。

下面修改 vsftp 对应的 PAM 配置文件/etc/pam.d/vsftpd，将默认配置使用"♯"全部注释，添加相应字段，程序代码如下：

```
[root@server1 ~]#vim /etc/pam.d/vsftpd
#PAM-1.0
#session   optional   pam_keyinit.so   force      revoke
#auth      required   pam_listfile.so  item=user sense=deny
#file=/etc/vsftpd/ftpusers onerr=succeed
#auth required pam_shells.so
auth       required   pam_userdb.so  db=/vftp/vuser
account    required   pam_userdb.so  db=/vftp/vuser
```

3. 创建虚拟账户对应系统用户

程序代码如下：

```
[root@server1 ~]#useradd -d /var/ftp/vuser   vuser              ①
[root@server1 ~]#chown vuser.vuser /var/ftp/vuser                ②
[root@server1 ~]#chmod 555 /var/ftp/vuser                       ③
[root@server1 ~]#ls -ld /var/ftp/vuser                          ④
dr-xr-xr-x. 6 vuser vuser 127 Jul 21 14:28 /var/ftp/vuser
```

以上代码中其后带序号的各行功能说明如下。

① 用 useradd 命令添加系统账户 vuser，并将其/home 目录指定为/var/ftp 下的 vuser。

② 变更 vuser 目录的所属用户和组，设定为 vuser 用户、vuser 组。

③ 当匿名账户登录时会映射为系统账户，并登录/var/ftp/vuser 目录，但其并没有访问该目录的权限，需要为 vuser 目录的属主、属组及其他用户和组添加读与执行权限。

④ 使用 ls 命令，查看 vuser 目录的详细信息。至此，系统账号主目录设置完毕。

4. 修改/etc/vsftpd/vsftpd.conf

相关修改内容如下。

```
anonymous_enable=NO                                             ①
anon_upload_enable=NO
```

```
anon_mkdir_write_enable=NO
anon_other_write_enable=NO
local_enable=YES                                    ②
chroot_local_user=YES                               ③
allow_writeable_chroot=YES
write_enable=NO                                     ④
guest_enable=YES                                    ⑤
guest_username=vuser                                ⑥
listen=YES                                          ⑦
pam_service_name=vsftpd                             ⑧
```

注意　"="号两边不要加空格。

以上代码中其后带序号的各行功能说明如下。

① 为了保证服务器的安全，关闭匿名访问，以及其他匿名相关设置。

② 虚拟账号会映射为服务器的系统账号，所以需要开启本地账号的支持。

③ 锁定账户的根目录。

④ 关闭用户的写权限。

⑤ 开启虚拟账号访问功能。

⑥ 设置虚拟账号对应的系统账号为 vuser。

⑦ 设置 FTP 服务器为独立运行。

⑧ 配置 vsftp 使用的 PAM 模块为 vsftpd。

5. 设置防火墙并重启 vsftpd 服务

设置防火墙放行和 SELinux 允许，重启 vsftpd 服务。

6. 在 client1 上测试

使用虚拟账号 user2、user3 登录 FTP 服务器并进行测试，会发现虚拟账号登录成功，并显示 FTP 服务器目录信息。

```
[root@Client1~]#ftp 192.168.10.1
Connected to 192.168.10.1 (192.168.10.1).
220 (vsFTPd 3.0.2)
Name (192.168.10.1:root): user2
331 Please specify the password.
Password:
230 Login successful.
Remote system type is UNIX.
Using binary mode to transfer files.
ftp>ls              //可以显示目录信息
227 Entering Passive Mode (192,168,10,1,31,79).
150 Here comes the directory listing.
-rwx---rwx  1 0        0        0 Jul 21 05:40 test.sample
226 Directory send OK.
```

```
ftp>cd /etc                        //不能更改主目录
550 Failed to change directory.
ftp>mkdir testuser1                //仅能查看,不能写入
550 Permission denied.
ftp>quit
221 Goodbye.
```

提示　　　匿名开放模式、本地用户模式和虚拟用户模式的配置文件,请向本书作者索要,联系方式见本书前言。

7. 补充服务器端 vsftp 的主动和被动模式配置

（1）主动模式配置。

```
Port_enable=YES                    //开启主动模式
Connect_from_port_20=YES           //当主动模式开启的时候,确定是否启用默认的 20 端口监听
Ftp_date_port=%portnumber%         //上一选项如果使用 NO 参数,该项可指定数据传输端口
```

（2）被动模式配置。

```
connect_from_port_20=NO
PASV_enable=YES                    //开启被动模式
PASV_min_port=%number%             //被动模式最低端口
PASV_max_port=%number%             //被动模式最高端口
```

12.7　练习题

一、填空题

1. FTP 服务就是_____服务,FTP 的英文全称是_____。

2. FTP 服务通过使用一个共同的用户名_____而密码不限的管理策略,让任何用户都可以很方便地从这些服务器上下载软件。

3. FTP 服务有两种工作模式:_____和_____。

4. FTP 命令的格式为_____。

二、选择题

1. ftp 命令的(　　)参数可以与指定的机器建立连接。

　　A. connect　　　　　　B. close　　　　　　C. cdup　　　　　　D. open

2. FTP 服务使用的端口是(　　)。

　　A. 21　　　　　　　　B. 23　　　　　　　C. 25　　　　　　　D. 53

3. 从 Internet 上获得软件最常采用的是(　　)。

　　A. WWW　　　　　　B. Telnet　　　　　C. FTP　　　　　　D. DNS

4. 一次下载多个文件可以用(　　)命令。

    A. mget   B. get   C. put   D. mput

5. 不是 FTP 用户的类别的是（   ）。

    A. real   B. anonymous   C. guest   D. users

6. 修改文件 vsftpd.conf 的（   ）可以实现 vsftpd 服务独立启动。

    A. listen＝YES   B. listen＝NO

    C. boot＝standalone   D. ♯listen＝YES

7. 将用户加入以下（   ）文件中可能会阻止用户访问 FTP 服务器。

    A. vsftpd/ftpusers   B. vsftpd/user_list   C. ftpd/ftpusers   D. ftpd/userlist

三、简答题

1. 简述 FTP 的工作原理。

2. 简述 FTP 服务的传输模式。

3. 简述常用的 FTP 软件。

12.8　项目实录

1. 观看视频

做实训前请扫描二维码观看视频。

2. 项目背景

    某企业网络拓扑图如图 12-3 所示，该企业想构建一台 FTP 服务器，为企业局域网中的计算机提供文件传送任务，为财务部门、销售部门和 OA 系统提供异地数据备份。要求能够对 FTP 服务器设置连接限制、日志记录、消息、验证客户端身份等属性，并能创建用户隔离的 FTP 站点。

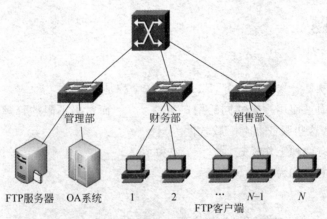

图 12-3　FTP 服务器的搭建与配置网络拓扑

3. 深度思考

在观看视频时思考以下几个问题。

（1）如何使用 service vsftpd status 命令检查 vsftp 的安装状态？

（2）FTP 权限和文件系统权限有何不同？如何进行设置？

（3）为何不建议对根目录设置写权限？

（4）如何设置进入目录后的欢迎信息？

（5）如何将 FTP 用户锁定在其宿主目录中？

（6）user_list 和 ftpusers 文件都存有用户名列表，如果一个用户同时存在于两个文件中，最终的执行结果是怎样的？

4. 做一做

根据项目要求及视频内容将项目完整地做一遍。

12.9 实训：FTP 服务器的配置

1. 实训目的及内容

（1）掌握 Linux 下 vsftpd 服务器的架设方法。

（2）掌握 vsftpd 服务器的各种配置。

2. 实训环境

在 VMware 虚拟机中启动一台 Linux 服务器作为 vsftpd 服务器，在该系统中添加用户 user1 和 user2。

3. 实训练习

（1）确保系统安装了 vsftpd 软件包。

（2）设置匿名账号具有上传、创建目录的权限。

（3）利用 /etc/vsftpd.ftpusers 文件，设置禁止本地 user1 用户登录 FTP 服务器。

（4）设置本地用户 user2 在登录 FTP 服务器后进入 dir 目录时显示提示信息 welcome。

（5）设置将所有本地用户都锁定在家目录中。

（6）设置只有在 /etc/vsftpd.user_list 文件中指定的本地用户 user1 和 user2 可以访问 FTP 服务器，其他用户都不可以。

（7）配置基于主机的访问控制并实现以下功能。

- 拒绝 192.168.6.0/24 访问。
- 对域 smile.com 和 192.168.2.0/24 内的主机不做连接数和最大传输速率限制。
- 对其他主机的访问限制是每个 IP 地址的连接数为 1，最大传输速率为 20KB/s。

（8）使用 PAM 实现基于虚拟用户的 FTP 服务器的配置。

- 创建虚拟用户口令库文件。
- 生成虚拟用户所需的 PAM 配置文件 /etc/pam.d/vsftpd。
- 修改 vsftpd.conf 文件。
- 重新启动 vsftpd 服务。
- 测试。

4. 实训报告

按要求完成实训报告。

第 13 章
电子邮件服务器配置

学习要点

- 电子邮件服务的工作原理。
- sendmail 和 POP3 邮件服务器的配置。
- 电子邮件服务器的测试。

电子邮件服务是互联网上最受欢迎、应用最广泛的服务之一,用户可以通过电子邮件服务实现与远程用户的信息交流,能够实现电子邮件收发服务的服务器称为邮件服务器。本章将介绍基于 Linux 平台的 sendmail 邮件服务器的配置及基于 Web 界面的 Open Webmail 邮件服务器的架设方法。

13.1 了解电子邮件服务工作原理

电子邮件(electronic mail,E-mail)服务是 Internet 最基本也是最重要的服务之一。

13.1.1 电子邮件服务概述

与现实生活中的邮件传递类似,每个人必须有一个唯一的电子邮件地址。电子邮件地址的格式是 user@server.com,由 3 部分组成。第一部分 USER 代表用户邮箱账号,对于同一个邮件接收服务器来说,这个账号必须是唯一的;第二部分"@"是分隔符;第三部分 server.com 是用户信箱的邮件接收服务器域名,用以标识其所在的位置。Linux 邮件服务器上的邮件存储空间通常是位于/var/spool/mail 目录下的文件。

13.1.2 电子邮件系统的组成

Linux 系统中的电子邮件系统包括 3 个组件:MUA(mail user agent,邮件用户代理)、MTA(mail transfer agent,邮件传送代理)和 MDA(mail delivery agent,邮件投递代理)。

1. MUA

MUA 是电子邮件系统的客户端程序,它是用户与电子邮件系统的接口,主要负责邮件的发送和接收及邮件的撰写、阅读等工作。目前主流的用户代理软件有基于 Windows 平台的 Outlook、Foxmail 和基于 Linux 平台的 mail、elm、pine、Evolution 等。

2. MTA

MTA 是电子邮件系统的服务器端程序,主要负责邮件的存储和转发。最常用的 MTA

软件有基于 Windows 平台的 Exchange 和基于 Linux 平台的 sendmail、qmail 与 postfix 等。

3. MDA

MDA 有时也称为 LDA(local delivery agent，本地投递代理)。MTA 把邮件投递到邮件接收者所在的邮件服务器，MDA 则负责把邮件按照接收者的用户名投递到邮箱中。

4. MUA、MTA 和 MDA 协同工作

总体来说，当使用 MUA 程序写信(如 elm、pine 或 mail)时，应用程序把信件传给 sendmail 或 Postfix 这样的 MTA 程序。如果信件是寄给局域网或本地主机的，那么 MTA 程序从地址上就可以确定这个信息。如果信件是发给远程系统用户的，那么 MTA 程序必须能够选择路由，与远程邮件服务器建立连接并发送邮件。MTA 程序还必须能够处理发送邮件时产生的问题，并且能向发信人报告出错信息。例如，当邮件没有填写地址或收信人不存在时，MTA 程序要向发信人报错。MTA 程序还支持别名机制，使得用户能够方便地用不同的名字与其他用户、主机或网络通信。MDA 的作用主要是把 MTA 收到的邮件信息投递到相应的邮箱中。

13.1.3 电子邮件的传输过程

电子邮件与普通邮件有类似的地方，发件人注明收件人的姓名与地址(即邮件地址)，发送服务器把邮件传到收件服务器，收件服务器再把邮件发到收件人的邮箱中，如图 13-1 所示。

图 13-1 电子邮件发送示意图

以一封邮件的传递过程为例，图 13-2 是电子邮件传输过程。

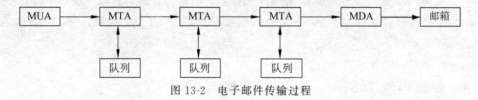

图 13-2 电子邮件传输过程

(1) 邮件用户在客户机使用 MUA 撰写邮件，并将写好的邮件提交给本地 MTA 上的缓冲区。

(2) MTA 每隔一定时间发送一次缓冲区中的邮件队列。MTA 根据邮件的接收者地址，使用 DNS 服务器的 MX(邮件交换器资源记录)解析邮件地址的域名部分，从而决定将邮件投递到哪一个目标主机。

(3) 目标主机上的 MTA 收到邮件以后，根据邮件地址中的用户名部分判断用户的邮箱，并使用 MDA 将邮件投递到该用户的邮箱中。

(4) 该邮件的接收者可以使用常用的 MUA 软件登录邮箱查阅新邮件，并根据自己的需要作相应的处理。

13.1.4 与电子邮件相关的协议

常用的与电子邮件相关的协议有 SMTP、POP3 和 IMAP4。

1. SMTP

SMTP(simple mail transfer protocol)即简单邮件传输协议，该协议默认工作在 TCP 的 25 端口。SMTP 属于客户机/服务器模型，它是一组用于由源地址到目的地址传送邮件的规则，由它来控制信件的中转方式。SMTP 属于 TCP/IP 协议簇，它帮助每台计算机在发送或中转信件时找到下一个目的地。通过 SMTP 所指定的服务器就可以把电子邮件发送到收件人的服务器上。

2. POP3

POP3(post office protocol 3)即邮局协议的第 3 个版本，该协议默认工作在 TCP 的 110 端口。POP3 同样属于客户机/服务器模型，它是规定怎样将个人计算机连接到 Internet 的邮件服务器和下载电子邮件的协议。它是 Internet 电子邮件的第一个离线协议标准。POP3 允许从服务器上把邮件存储到本地主机即自己的计算机上，同时删除保存在邮件服务器上的邮件。遵循 POP3 来接收电子邮件的服务器是 POP3 服务器。

3. IMAP4

IMAP4(Internet message access protocol 4)即 Internet 信息访问协议的第 4 个版本，该协议默认工作在 TCP 的 143 端口。IMAP4 是用于从本地服务器上访问电子邮件的协议，它也是一个客户机/服务器模型协议。用户的电子邮件由服务器负责接收并保存，用户可以通过浏览信件标题来决定是否要下载此信件，用户也可以在服务器上创建或更改文件夹或邮箱，删除信件或检索信件的特定部分。

 虽然 POP3 和 IMAP4 都用于处理电子邮件的接收，但二者在机制上却有所不同。在用户访问电子邮件时，IMAP4 需要持续访问邮件服务器，而 POP3 则是将信件保存在服务器上，当用户阅读信件时，所有内容都会被立即下载到用户的计算机上。

13.1.5 邮件中继

前面讲解了整个邮件发送的流程。实际上邮件服务器在接收到邮件以后，会根据邮件的目的地址判断该邮件是发送至本域还是外部，然后再分别进行不同的操作，常见的处理方法有以下两种。

1. 本地邮件发送

当邮件服务器检测到邮件发往本地邮箱时，如 yun@smile.com 发送至 long@smile.com，处理方法比较简单，会直接将邮件发往指定的邮箱。

2. 邮件中继

中继是指要求服务器向其他服务器传递邮件的一种请求。一台服务器处理的邮件只有两类，一类是外发的邮件，另一类是接收的邮件。前者是本域用户通过服务器要向外部转发的邮件,后者是发给本域用户的。

一台服务器不应该处理过路的邮件。所谓过路邮件就是既不是自己的用户发送的邮件,也不是发给自己的用户的邮件,而是一个外部用户发给另一个外部用户的邮件,这一行为称为第三方中继。如果不需要经过验证就可以中继邮件到组织外,则称为 OPEN RELAY(开放中继),"第三方中继"和"开放中继"是要禁止的,但中继不能关闭。这里需要了解几个概念。

(1) 中继。用户通过服务器将邮件传递到组织外。

(2) OPEN RELAY。不受限制的组织外中继,即无验证的用户也可提交中继请求。

(3) 第三方中继。由服务器提交的 OPEN RELAY 不是从客户端直接提交的。例如用户的域是 A,通过服务器 B(属于 B 域)中转邮件到 C 域。这时在服务器 B 上看到的是连接请求来源于 A 域的服务器(不是客户),而邮件既不是服务器 B 所在域用户提交的,也不是发往 B 域的,这就属于第三方中继。如果用户通过直接连接你的服务器发送邮件,这是无法阻止的,比如群发软件,但如果关闭了 OPEN RELAY,那么只能发信到你的组织内用户,无法将邮件中继发出。

提示　　如果关闭了 OPEN RELAY,那么必须是该组织成员通过验证后才可以提交中继请求,也就是说,用户要发邮件到组织外,一定要经过验证。需要注意的是不能关闭中继,否则邮件系统只能在组织内使用。邮件认证机制要求用户在发送邮件时必须提交账号及密码,邮件服务器验证该用户属于该域合法用户后,才允许转发邮件。

13.2　配置 Postfix 常规服务器

在 CentOS 5、CentOS 6 以及诸多早期的 Linux 系统中,默认使用的发件服务是由 Sendmail 服务程序提供的,而在 CentOS 7 系统中已经替换为 Postfix 服务程序。相较于 Sendmail 服务程序,Postfix 服务程序减少了很多不必要的配置步骤,而且在稳定性、并发性方面也有很大改进。

如果想要成功地架设 Postfix 服务器,除了需要理解其工作原理外,还需要清楚整个设定流程,以及在整个流程中每一步的作用。一个简易 Postfix 服务器设定流程主要包含以下几个步骤。

(1) 配置好 DNS。

(2) 配置 Postfix 服务程序。

(3) 配置 Dovecot 服务程序。

(4) 创建电子邮件系统的登录账户。

(5) 启动 Postfix 服务器。

(6) 测试电子邮件系统。

1. 安装 bind 和 postfix 服务

命令如下:

```
[root@server1 ~]#rpm -q postfix
[root@server1 ~]#mkdir /iso
[root@server1 ~]#mount /dev/cdrom /iso
[root@server1 ~]#yum clean all                    //安装前先清除缓存
[root@server1 ~]#yum install bind postfix -y
[root@server1 ~]#rpm -qa|grep postfix             //检查安装组件是否成功
postfix-2.10.1-6.el7.x86_64
```

2. 开放并重启 DNS、SMTP 服务

打开 SELinux 有关的布尔值,在防火墙中开放 DNS、SMTP 服务。重启服务,并设置开机重启生效。

```
[root@server1 ~]#setsebool -P allow_postfix_local_write_mail_spool on
[root@server1 ~]#systemctl restart postfix
[root@server1 ~]#systemctl restart named
[root@server1 ~]#systemctl enable named
[root@server1 ~]#systemctl enable postfix
[root@server1 ~]#firewall-cmd --permanent --add-service=dns
[root@server1 ~]#firewall-cmd --permanent --add-service=smtp
[root@server1 ~]#firewall-cmd --reload
```

3. Postfix 服务程序主配置文件

Postfix 服务程序主配置文件(/etc/postfix/main.cf)有 679 行左右的内容,主要的配置参数如表 13-1 所示。

表 13-1 Postfix 服务程序主配置文件中的重要参数

参　　数	作　　用	参　　数	作　　用
myhostname	邮局系统的主机名	mydestination	可接收邮件的主机名或域名
mydomain	邮局系统的域名	mynetworks	设置可转发哪些主机的邮件
myorigin	从本机发出邮件的域名名称	relay_domains	设置可转发哪些网域的邮件
inet_interfaces	监听的网卡接口		

在 Postfix 服务程序的主配置文件中,总计需要修改 5 处。

(1) 第 1 处修改是在第 76 行定义一个名为 myhostname 的变量,用来保存服务器的主机名称。还要记住

```
myhostname=mail.long.com
```

参数需要调用它。

(2) 第 2 处修改是在第 83 行定义一个名为 mydomain 的变量,用来保存邮件域的名称。后面也要调用这个变量。代码如下。

```
mydomain=long.com
```

（3）第 3 处修改是在第 99 行调用前面的 mydomain 变量，用来定义发出邮件的域。调用变量的好处是避免重复写入信息，以及便于日后统一修改。

```
myorigin=$ mydomain
```

（4）第 4 处修改是在第 116 行定义网卡监听地址。可以指定要使用服务器的哪些 IP 地址对外提供电子邮件服务，也可以直接写成 all，代表所有 IP 地址都能提供电子邮件服务。

```
inet_interfaces=all
```

（5）第 5 处修改是在第 164 行定义可接收邮件的主机名或域名列表。这里可以直接调用前面定义好的 myhostname 和 mydomain 变量（如果不想调用变量，也可以直接调用变量中的值）。

```
mydestination=$myhostname, $mydomain,localhost
```

4. 别名和群发设置

用户别名是经常用到的一个功能。顾名思义，别名就是给用户起另外一个名字。例如，给用户 A 起一个别名为 B，则以后发给 B 的邮件实际是 A 用户接收。为什么说这是一个经常用到的功能呢？第一，root 用户无法收发邮件，如果有发给 root 用户的信件，必须为 root 用户建立别名。第二，群发设置需要用到这个功能。企业内部在使用邮件服务的时候，经常会按照部门群发信件，发给财务部门的信件只有财务部的人才会收到，其他部门的人则无法收到。

如果要使用别名设置功能，首先需要在/etc 目录下建立文件 aliases；然后编辑文件内容，其格式如下：

```
alias: recipient[,recipient,...]
```

其中，alias 为邮件地址中的用户名（别名），而 recipient 是实际接收该邮件的用户。下面通过几个例子来说明用户别名的设置方法。

【例 13-1】　为 user1 账号设置别名为 zhangsan，为 user2 账号设置别名为 lisi。方法如下。

```
[root@server1 ~]#vim /etc/aliases
//添加下面两行：
zhangsan: user1
lisi: user2
```

【例 13-2】　假设网络组的每位成员在本地 Linux 系统中都拥有一个真实的电子邮件账户，现在要给网络组的所有成员发送一封相同内容的电子邮件。可以使用用户别名机制中的邮件列表功能实现。程序如下：

```
[root@server1 ~]#vim /etc/aliases
network_group: net1,net2,net3,net4
```

这样，通过给 network_group 发送信件就可以给网络组中的 net1、net2、net3 和 net4 都发送了一封同样的信件。

最后,在设置过 aliases 文件后,还要使用 newaliases 命令生成 aliases.db 数据库文件。

```
[root@server1 ~]#newaliases
```

5. 利用 Access 文件设置邮件中继

Access 文件用于控制邮件中继(RELAY)和邮件的进出管理。可以利用 Access 文件来限制哪些客户端可以使用此邮件服务器来转发邮件。例如限制某个域的客户端拒绝转发邮件,也可以限制某个网段的客户端可以转发邮件。Access 文件的内容会以列表形式体现出来。其语法格式如下:

```
对象 处理方式
```

对象和处理方式的表现形式并不单一,每一行都包含对象和对它们的处理方式。下面对常见的对象和处理方式的类型进行简单介绍。

Access 文件中的每一行都具有一个对象和一种处理方式,可以根据环境需要进行二者的组合。来看一个现成的示例,使用 Vim 命令查看默认的 access 文件。

默认的设置表示来自本地的客户端允许使用 E-mail 服务器收发邮件。通过修改 Access 文件,可以设置 E-mail 服务器对邮件的转发行为,但是配置后必须使用 postmap 建立新的 access.db 数据库。

【例 13-3】 允许 192.168.0.0/24 网段和 long.com 自由发送邮件,但拒绝客户端 clm.long.com,及除 192.168.2.100 以外的 192.168.2.0/24 网段的所有主机。

```
[root@server1 ~]#vim /etc/postfix/access
192.168.0              OK
.long.com              OK
clm.long.com           REJECT
192.168.2.100          OK
192.168.2              OK
```

还需要在/etc/postfix/main.cf 中增加以下内容:

```
smtpd_client_restrictions =check_client_access hash:/etc/postfix/access
```

只有增加这一行访问控制的过滤规则(access)才生效。

最后使用 postmap 生成新的 access.db 数据库。

```
[root@server1 postfix]#postmap hash:/etc/postfix/access
[root@server1 postfix]#ls -l /etc/postfix/access *
```

```
-rw-r--r--. 1 root root 20986 Aug 4 18:53 /etc/postfix/access
-rw-r--r--. 1 root root 12288 Aug 4 18:55 /etc/postfix/access.db
```

6. 设置邮箱容量

（1）设置用户邮件的大小限制。编辑/etc/postfix/main.cf 配置文件，限制发送的邮件大小最大为 5MB，然后添加以下内容：

```
message_size_limit=5000000
```

（2）通过磁盘配额限制用户邮箱空间。

① 使用"df　-hT"查看邮件目录挂载信息，如图 13-3 所示。

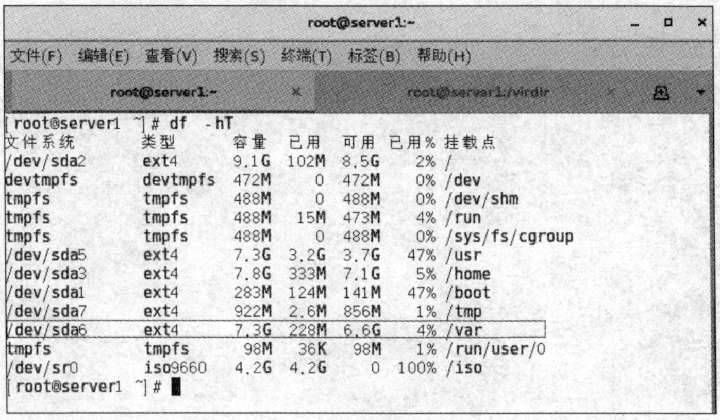

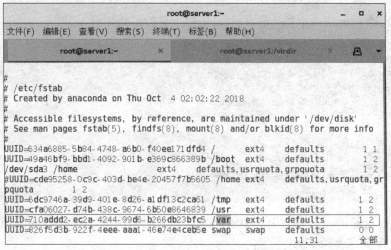

图 13-3　查看邮件目录挂载信息

② 使用 Vim 编辑器修改/etc/fstab 文件，如图 13-4 所示（一定保证/var 是单独的分区）。

图 13-4　/etc/fstab 文件

在第 1 章所学的硬盘分区中已经考虑了独立分区的问题，这样保证了该实训的正常进行。从图 13-3 可以看出，/var 已经自动挂载了。

③ 由于 sda6 分区格式为 ext4,需要进行一定的设置。如果只是想在本次开机中实验进行磁盘配额设置,可以使用如下方式手动加入磁盘配额的支持,若需要长期有效,请参看5.3.2 小节的相关内容。

```
[root@server1 ~]#mount -o remount,usrquota,grpquota /var
[root@server1 ~]#mount|grep var
/dev/sda6 on /var type ext4 (rw,relatime,seclabel,quota,usrquota,grpquota,
data=ordered)
#重点在于 usrquota、grpquota,注意它们的写法
```

usrquota 为用户的配额参数,grpquota 为组的配额参数。保存并退出,重新启动计算机,使操作系统按照新的参数挂载文件系统。

```
[root@server1 ~]#mount
...
/dev/sda3 on /home type ext4 (rw,relatime,seclabel,quota,usrquota,grpquota,
data=ordered)
/dev/sda1 on /boot type ext4 (rw,relatime,seclabel,data=ordered)
/dev/sda7 on /tmp type ext4 (rw,relatime,seclabel,data=ordered)
/dev/sda6 on /var type ext4 (rw,relatime,seclabel,quota,usrquota,grpquota,
data=ordered)
...
[root@server1 ~]#quotaon -p /var
group quota on /var (/dev/sda6) is off
user quota on /var (/dev/sda6) is off
```

如果因为特殊需求而强制扫描已挂载的文件系统时,语句如下。

```
[root@server1 ~]#quotacheck -avug -mf
```

由于要启动 user/group 的 quota,所以使用下面的语法即可。

```
[root@server1 ~]#quotaon -auvg
[root@server1 ~]#quotaon -p /var
group quota on /var (/dev/sda6) is on
user quota on /var (/dev/sda6) is on
```

如果分区是 xfs,默认自动开启磁盘配额功能:usrquota、grpquota,不需要上面的开启 quota 的操作,直接转入下面的设置磁盘配额操作即可。

④ 设置磁盘配额。下面为用户和组配置详细的配额限制,使用 edquota 命令进行磁盘配额的设置,命令格式如下。

```
edquota -u 用户名
```

或

```
edquota -g 组名
```

为用户 bob 配置磁盘配额限制，执行 edquota 命令，打开用户配额编辑文件，如下所示（user1 用户一定是存在的 Linux 系统用户）。

```
[root@server1 ~]#edquota -u user1
Disk quotas for user user1 (uid 1012):
Filesystem  blocks  soft  hard  inodes  soft  hard
 /dev/sda6     0      0     0      1      0     0
```

磁盘配额参数含义如表 13-2 所示。

表 13-2　磁盘配额参数

列　名		解　释
Filesystem		文件系统名称
blocks	blocks	用户当前使用的块数(磁盘空间)，单位为 KB
	soft	可以使用的最大磁盘空间。可以在一段时期内超过软限制的规定
	hard	可以使用的磁盘空间的绝对最大值。达到该限制后，操作系统将不再为用户或组分配磁盘空间
inodes	inodes	用户当前使用的 inode 节点数(文件数)
	soft	可以使用的最大文件数。可以在一段时期内超过软限制的规定
	hard	可以使用的文件数的绝对最大值。达到了该限制后，用户或组将不能再建立文件

设置磁盘空间或者文件数限制，需要修改对应的 soft、hard 值，而不要修改 blocks 和 inodes 值，根据当前磁盘的使用状态，操作系统会自动设置这两个字段的值。

注　意

　　如果 soft 或者 hard 值设置为 0，则表示没有限制。

这里将磁盘空间的硬限制设置为 100MB。

```
[root@server1 ~]#edquota -u user1
Disk quotas for user bob (uid 1015):
Filesystem  blocks  soft    hard    inodes  soft  hard
 /dev/sda6     0      0    100000      1      0     0
```

13.3　配置 Dovecot 服务程序

在 Postfix 服务器 server1 上进行基本配置以后，Mail Server 就可以完成 E-mail 的邮件发送工作。但是如果要使用 POP3 和 IMAP 协议接收邮件，还需要安装 Dovecot 软件包，说明如下。

1. 安装 Dovecot 服务程序软件包

(1) 安装 POP3 和 IMAP。

```
[root@server1 ~]#yum install dovecot -y
[root@server1 ~]#rpm -qa |grep dovecot
dovecot-2.2.10-8.el7.x86_64
```

(2) 启动 POP3 服务,同时开放 POP3 和 IMAP 对应的 TCP 端口 110 和 143。

```
[root@server1 ~]#systemctl restart dovecot
[root@server1 ~]#systemctl enable dovecot
[root@server1 ~]#firewall-cmd --permanent --add-port=110/tcp
[root@server1 ~]#firewall-cmd --permanent --add-port=25/tcp
[root@server1 ~]#firewall-cmd --permanent --add-port=143/tcp
[root@server1 ~]#firewall-cmd --reload
```

(3) 测试。使用 netstat 命令测试是否开启 POP3 的 110 端口和 IMAP 的 143 端口,代码如下:

```
[root@server1 ~]#netstat -an|grep :110
tcp        0      0 0.0.0.0:110          0.0.0.0: *         LISTEN
tcp6       0      0 :::110               ::: *              LISTEN
[root@server1 ~]#netstat -an|grep :143
tcp        0      0 0.0.0.0:143          0.0.0.0: *         LISTEN
tcp6       0      0 :::143               ::: *              LISTEN
```

如果显示 110 和 143 端口开启,则表示 POP3 以及 IMAP 服务已经可以正常工作了。

2. 配置部署 Dovecot 服务程序

(1) 在 Dovecot 服务程序的主配置文件中进行如下修改。首先是第 24 行,把 Dovecot 服务程序支持的电子邮件协议修改为 imap、pop3 和 lmtp。不修改也可以,默认就是这些协议。

```
[root@server1 ~]#vim /etc/dovecot/dovecot.conf
protocols =imap pop3 lmtp
```

(2) 在主配置文件中的第 48 行设置允许登录的网段地址,也就是说可以在这里限制只有来自某个网段的用户才能使用电子邮件系统。如果想允许所有人都能使用,修改参数为

```
login_trusted_networks =0.0.0.0/0
```

也可修改为某网段,如 192.168.10.0/24。

注 意　本字段一定要启用,否则在连接 TELNET 使用 25 号端口收邮件时会出现以下错误:

```
-ERR [AUTH] Plaintext authentication disallowed on non-secure (SSL/TLS)
connections.
```

3. 配置邮件格式与存储路径

在 Dovecot 服务程序单独的子配置文件中定义一个路径,用于指定将收到的邮件存放到服务器本地的哪个位置。这个路径默认已经定义好,只需要将该配置文件中第 24 行前面的井号(♯)删除即可。

```
[root@server1 ~]#vim /etc/dovecot/conf.d/10-mail.conf
mail_location=mbox:~/mail:INBOX=/var/mail/%u
```

4. 创建用户,建立保存邮件的目录

以创建 user1 和 user2 为例。创建用户完成后,建立相应用户保存邮件的目录(这是必需的,否则容易出错)。至此,对 Dovecot 服务程序的配置就全部完成了。

```
[root@server1 ~]#useradd user1
[root@server1 ~]#useradd user2
[root@server1 ~]#passwd user1
[root@server1 ~]#passwd user2
[root@server1 ~]#mkdir -p /home/user1/mail/.imap/INBOX
[root@server1 ~]#mkdir -p /home/user2/mail/.imap/INBOX
```

13.4　配置一个完整的收发邮件服务器并测试

Postfix 电子邮件服务器和 DNS 服务器的地址为 192.168.10.1,利用 Telnet 命令完成邮件地址为 user3@long.com 的用户向邮件地址为 user4@long.com 的用户发送主题为"The first mail：user3 TO user4"的邮件,同时使用 telnet 命令从 IP 地址为 192.168.10.1 的 POP3 服务器接收电子邮件。

1. 任务分析

当 Postfix 服务器搭建完成之后,应该尽快保证服务器的正常使用。一种快速有效的测试方法是使用 telnet 命令直接登录服务器的 25 端口,并收发信件以及对 Postfix 服务器进行测试。

在测试之前,首先要确保 Telnet 的服务器端软件和客户端软件已经安装(分别在 server1 和 client1 上安装,后面不再一一分述)。为了避免原来的设置影响本次实训,建议将计算机恢复到初始状态。

2. 在 server1 上安装 DNS、Postfix、Dovecot 和 Telnet 并启动

(1) 安装 DNS、Postfix、Dovecot 和 Telnet。

```
[root@server1 ~]#mkdir /iso
[root@server1 ~]#mount /dev/cdrom /iso
[root@server1 ~]#yum clean all                    //安装前先清除缓存
[root@server1 ~]#yum install bind postfix dovecot telnet-server telnet -y
```

（2）打开 SELinux 有关的布尔值，在防火墙中开放 DNS、SMTP 服务。

```
[root@server1 ~]#setsebool -P allow_postfix_local_write_mail_spool on
[root@server1 ~]#firewall-cmd --permanent --add-service=dns
[root@server1 ~]#firewall-cmd --permanent --add-service=smtp
[root@server1 ~]#firewall-cmd --permanent --add-service=telnet
[root@server1 ~]#firewall-cmd --reload
```

（3）启动 POP3 服务，同时开放 POP3 和 IMAP 对应的 TCP 端口 110 和 143。

```
[root@server1 ~]#firewall-cmd --permanent --add-port=110/tcp
[root@server1 ~]#firewall-cmd --permanent --add-port=25/tcp
[root@server1 ~]#firewall-cmd --permanent --add-port=143/tcp
[root@server1 ~]#firewall-cmd --reload
```

3. 在 server1 上配置 DNS 服务器，设置 MX 资源记录

配置 DNS 服务器，并设置虚拟域的 MX 资源记录。具体步骤如下。

（1）编辑修改 DNS 服务的主配置文件，添加 long.com 域的区域声明（options 部分省略，按常规配置即可）。

```
[root@server1 ~]#vim /etc/named.conf
zone "long.com" IN {
        type master;
        file "long.com.zone";   };

zone "10.168.192.in-addr.arpa" IN {
        type        master;
        file        "1.10.168.192.zone";
};
#include "/etc/named.zones";
```

注释 include 语句，以免受影响。因为本例在 named.conf 中直接写入域的声明，也就是已将 named.conf 和 named.zones 合二为一。

（2）编辑 long.com 区域的正向解析数据库文件。

```
[root@server1 ~]#vim /var/named/long.com.zone
$TTL 1D
@    IN  SOA  long.com.  root.long.com. (
                                    2013120800      ; serial
                                    1D              ; refresh
                                    1H              ; retry
                                    1W              ; expire
                                    3H )            ; minimum

@    IN  NS               dns.long.com.
@    IN  MX    10         mail.long.com.
```

```
dns        IN     A          192.168.10.1
mail       IN     A          192.168.10.1
smtp       IN     A          192.168.10.1
pop3       IN     A          192.168.10.1
```

（3）编辑 long.com 区域的反向解析数据库文件。

```
[root@server1 ~]#vim /var/named/1.10.168.192.zone
$TTL 1D
@       IN  SOA  @      root.long.com. (
                                    0      ; serial
                                    1D     ; refresh
                                    1H     ; retry
                                    1W     ; expire
                                    3H )   ; minimum

@     IN  NS        dns.long.com.
@     IN  MX  10    mail.long.com.


1     IN  PTR       dns.long.com.
1     IN  PTR       mail.long.com.
1     IN  PTR       smtp.long.com.
1     IN  PTR       pop3.long.com.
```

（4）利用下面的命令重新启动 DNS 服务，使配置生效。

```
[root@server1 ~]#systemctl restart named
[root@server1 ~]#systemctl enable named
```

4. 在 server1 上配置邮件服务器

先配置/etc/postfix/main.cf，再配置 Dovecot 服务程序（详见 12.3 节）。

（1）配置/etc/postfix/main.cf。

```
[root@server1 ~]#vim /etc/postfix/main.cf
myhostname =mail.long.com
mydomain =long.com
myorigin =$mydomain
inet_interfaces =all
mydestination =$myhostname,$mydomain,localhost
```

（2）配置 dovecot.conf。

```
[root@server1 ~]#vim /etc/dovecot/dovecot.conf
protocols =imap pop3 lmtp
login_trusted_networks =0.0.0.0/0
```

（3）配置邮件格式和路径，建立邮件目录。

```
[root@server1 ~]#vim /etc/dovecot/conf.d/10-mail.conf
mail_location =mbox:~/mail:INBOX=/var/mail/%u
[root@server1 ~]#useradd user3
[root@server1 ~]#useradd user4
[root@server1 ~]#passwd user3
[root@server1 ~]#passwd user4
[root@server1 ~]#mkdir -p /home/user3/mail/.imap/INBOX
[root@server1 ~]#mkdir -p /home/user4/mail/.imap/INBOX
```

（4）启动各种服务，配置防火墙。

```
[root@server1 ~]#systemctl restart postfix
[root@server1 ~]#systemctl restart named
[root@server1 ~]#systemctl restart dovecot
[root@server1 ~]#systemctl enable postfix
[root@server1 ~]#systemctl enable dovecot
[root@server1 ~]#systemctl enable named
[root@server1 ~]#setsebool -P allow_postfix_local_write_mail_spool on
```

5. 在 client1 上使用 Telnet 发送邮件

使用 Telnet 发送邮件（在 client1 客户端测试，确保 DNS 服务器的设置为 192.168.10.1）。

（1）在 client1 上测试 DNS 是否正常，这一步至关重要。

```
[root@client1 ~]#vim /etc/resolv.conf
nameserver 192.168.10.1
[root@client1 ~]#nslookup
>set type=MX
>long.com
Server:  192.168.10.1
Address: 192.168.10.1#53

long.com mail exchanger =10 mail.long.com.
>exit
```

（2）在 client1 上依次安装 Telnet 所需软件包。

```
[root@Client1 ~]#rpm -qa|grep telnet
[root@Client1 ~]#yum install telnet-server -y        //安装 Telnet 服务器软件
[root@Client1 ~]#yum install telnet -y               //安装 Telnet 客户端软件
[root@Client1 ~]#rpm -qa|grep telnet                 //检查安装组件是否成功
telnet-server-0.17-64.el7.x86_64
telnet-0.17-64.el7.x86_64
```

（3）在 client1 客户端测试。

```
[root@Client1 ~]#telnet 192.168.10.1 25    //利用 telnet 命令连接邮件服务器的 25 端口
Trying 192.168.10.1...
```

```
Connected to 192.168.10.1.
Escape character is '^]'.
220 mail.long.com ESMTP Postfix
helo long.com                    //利用 helo 命令向邮件服务器表明身份,注意不是 hello
250 mail.long.com
mail from:"test"<user3@long.com>  //设置信件标题以及发信人地址。其中信件标题为 test,
                                    发信人地址为 client1@smile.com
250 2.1.0 Ok
rcpt to:user4@long.com            //利用 rcpt to 命令输入收件人的邮件地址
250 2.1.5 Ok
data                              //data 表示要求开始写信件内容。当输入完 data 指令
                                    后,会提示以一个单行的"."结束信件
354 End data with <CR><LF>.<CR><LF>
The first mail: user3 TO user4    //信件内容
.                                 //"."表示结束信件内容。千万不要忘记输入"."
250 2.0.0 Ok: queued as 456EF25F

quit                              //退出 telnet 命令
221 2.0.0 Bye
Connection closed by foreign host.
```

大家一定已经注意到,每当输入指令后,服务器总会回应一个数字代码,熟知这些代码的含义对于判断服务器的错误很有帮助。下面介绍常见的回应代码以及相关含义,如表 13-3 所示。

表 13-3　邮件回应代码

回应代码	说　　明	回应代码	说　　明
220	表示 SMTP 服务器开始提供服务	500	表示 SMTP 语法错误,无法执行指令
250	表示命令指定完毕,回应正确	501	表示指令参数或引述的语法错误
354	可以开始输入信件内容,并以"."结束	502	表示不支持该指令

6. 利用 telnet 命令接收电子邮件

```
[root@Client1 ~]# telnet 192.168.10.1 110   //利用 telnet 命令连接邮件服务器 110 端口
Trying 192.168.10.1...
Connected to 192.168.10.1.
Escape character is '^]'.
+OK Dovecot ready.
user user4          //利用 user 命令输入用户的用户名为 user4
+OK
pass 12345678       //利用 pass 命令输入 user4 账户的密码为 12345678
+OK Logged in.
list                //利用 list 命令获得 user4 账户邮箱中各邮件的编号
+OK 1 messages:
1291
.
retr 1              //利用 retr 命令收取邮件编号为 1 的邮件信息,下面各行为邮件信息
```

```
+OK 291 octets
Return-Path: <user3@long.com>
X-Original-To: user4@long.com
Delivered-To: user4@long.com
Received: from long.com (unknown [192.168.10.20])
by mail.long.com (Postfix) with SMTP id EF4AD25F
for <user4@long.com>; Sat, 4 Aug 2018 22:33:23 +0800 (CST)

The first mail: user3 TO user4
.
quit            //退出 telnet 命令
+OK Logging out.
Connection closed by foreign host.
```

telnet 命令包括以下命令,其命令格式及详细功能说明如下。

- stat 命令不带参数,对于此命令,POP3 服务器会响应一个正确应答,此响应为一个单行的信息提示,以"+OK"开头,接着是两个数字,第一个是邮件数目,第二个是邮件的大小,如+OK 4 1603。
- list 命令的参数是可选参数,格式为 list[n]。n 是一个数字,表示邮件在邮箱中的编号。可以利用不带参数的 list 命令获得各邮件的编号,并且每一封邮件均占用一行显示,前面的数字为邮件的编号,后面的数字为邮件的大小。
- uidl 命令格式为 uidl[n],该命令与 list 命令用途相似,只不过 uidl 命令显示邮件的信息比 list 命令更详细、更具体。
- retr 命令是接收邮件中最重要的一条命令,它的作用是查看邮件的内容,它必须带参数运行,格式为 retr n,n 为邮件编号。该命令执行后,服务器应答的信息比较长,其中包括发件人的电子邮箱地址、发件时间、邮件主题等,这些信息统称为邮件头,紧接在邮件头之后的信息便是邮件正文。
- dele 命令是用来删除指定的邮件(注意,dele n 命令只是给邮件做上删除标记,只有在执行 quit 命令之后,邮件才会真正删除)。
- top 命令有两个参数,例如,top n m。其中 n 为邮件编号;m 是要读出邮件正文的行数,如果 m=0,则只读出邮件头部分。
- noop 命令发出后,POP3 服务器返回一个表示操作正确的响应"+OK"。
- quit 命令发出后,telnet 断开与服务器的连接,系统进入更新状态。

7. 用户邮件目录/var/spool/mail

可以在邮件服务器 server1 上进行用户邮件的查看,确保邮件服务器已经在正常工作。Postfix 在/var/spool/mail 目录中为每个用户分别建立单独的文件用于存放每个用户的邮件,这些文件的名字和用户名是相同的。例如,邮件用户 user3@long.com 的文件是 user3。

```
[root@server1 ~]#ls /var/spool/mail
user3 user4 root
```

8. 邮件队列

邮件服务器配置成功后,就能够为用户提供 E-mail 的发送服务了,但如果接收这些邮件的服务器出现了问题,或者因为其他原因导致邮件无法安全到达目的地,而发送的 SMTP 服务器又没有保存邮件,这封邮件就可能会失踪。谁都不愿意看到这样的情况出现,所以 Postfix 采用了邮件队列来保存这些发送不成功的信件,而且服务器会每隔一段时间重新发送这些邮件。通过 mailq 命令可以查看邮件队列的内容。

```
[root@server1 ~]#mailq
```

如果邮件队列中有大量的邮件,那么请检查邮件服务器是否设置不当,或者被当作了转发邮件服务器。

13.5　使用 Cyrus-SASL 实现 SMTP 认证

无论是本地域内的不同用户还是本地域与远程域的用户,要实现邮件通信,都要求邮件服务器开启邮件的转发功能。为了避免邮件服务器成为各类广告与垃圾信件的中转站和集结地,对转发邮件的客户端进行身份认证(用户名和密码)是非常必要的。SMTP 认证机制通常通过 Cryus SASL 包进行验证。

例如:建立一个能够实现 SMTP 认证的服务器,邮件服务器和 DNS 服务器的 IP 地址是 192.168.10.1,客户端 client1 的 IP 地址是 192.168.10.20,系统用户是 user3 和 user4,DNS 服务器的配置沿用 12.4 节中的相关内容。具体配置步骤如下。

1. 编辑认证配置文件

(1) 安装并启动 cyrus-sasl 软件。

```
[root@server1 ~]#yum install cyrus-sasl -y
[root@server1 ~]#systemctl restart saslauthd
```

(2) 查看、选择、启动和测试所选的密码验证方式。

```
[root@server1 ~]#saslauthd -v                //查看支持的密码验证方法
saslauthd 2.1.26
authentication mechanisms: getpwent kerberos5 pam rimap shadow ldap httpform
[root@mail ~]#vim /etc/sysconfig/saslauthd//将密码认证机制修改为 shadow
...
MECH=shadow        //指定对用户及密码的验证方式,由 pam 改为 shadow,本地用户认证
...
[root@server1 ~]#ps aux | grep saslauthd        //查看 saslauthd 进程是否已经运行
root 5253 0.0 0.0 112664 972 pts/0 S+16:15 0:00 grep --color=auto saslauthd
//开启 SELinux 允许 saslauthd 程序读取/etc/shadow 文件
[root@server1 ~]#setsebool -P allow_saslauthd_read_shadow on
[root@server1 ~]#testsaslauthd -u user3 -p '12345678'  //测试 saslauthd 的认证功能
0:OK "Success."                        //表示 saslauthd 的认证功能已起作用
```

(3) 编辑 smtpd.conf 文件,使 Cyrus-SASL 支持 SMTP 认证。

```
[root@server1 ~]#vim /etc/sasl2/smtpd.conf
pwcheck_method: saslauthd
mech_list: plain login
log_level: 3                              //记录 log 的模式
saslauthd_path:/run/saslauthd/mux         //设置 SMTP 寻找 cyrus-sasl 的路径
```

2. 编辑 main.cf 文件,使 Postfix 支持 SMTP 认证

(1) 默认情况下,Postfix 并没有启用 SMTP 认证机制。要让 Postfix 启用 SMTP 认证,就必须在 main.cf 文件中添加如下配置行:

```
[root@server1 ~]#vim /etc/postfix/main.cf
smtpd_sasl_auth_enable =yes               //启用 SASL 作为 SMTP 认证
smtpd_sasl_security_options =noanonymous  //禁止采用匿名登录方式
broken_sasl_auth_clients =yes             //兼容早期非标准的 SMTP 认证协议(如 OE4.x)
smtpd_recipient_restrictions =permit_sasl_authenticated, reject_unauth_
destination                               //已认证的网络允许,没有认证的网络拒绝
```

最后一句设置基于收件人地址的过滤规则,允许通过了 SASL 认证的用户向外发送邮件,拒绝不是发往默认转发和默认接收的连接。

(2) 重新载入 Postfix 服务,使配置文件生效(防火墙、端口、SELinux 设置同 12.4 节)。

```
[root@server1 ~]#postfix check
[root@server1 ~]#postfix reload
[root@server1 ~]#systemctl restart saslauthd
[root@server1 ~]#systemctl enable saslauthd
```

3. 在客户端 client1 上测试普通发信验证

```
[root@client1 ~]#telnet mail.long.com 25
Trying 192.168.10.1...
Connected to mail.long.com.
Escape character is '^]'.
helo long.com
220 mail.long.com ESMTP Postfix
250 mail.long.com
mail from:user3@long.com
250 2.1.0 Ok
rcpt to:68433059@qq.com
554 5.7.1 <68433059@qq.com>: Relay access denied    //未认证,所以拒绝访问,发送失败
```

4. 字符终端测试 Postfix 的 SMTP 认证(使用域名来测试)

(1) 由于前面采用的用户身份认证方式不是明文方式,所以首先要通过 printf 命令计算出用户名和密码的相应编码。

```
[root@server1 ~]#printf "user3" | openssl base64
dXNlcjE=                         //用户名 user3 的 Base64 编码
[root@server1 ~]#printf "12345678" | openssl base64
MTIz                             //密码 12345678 的 Base64 编码
```

（2）字符终端测试认证并发送信息。

```
[root@client1 ~]#telnet 192.168.10.1 25
Trying 192.168.10.1...
Connected to 192.168.10.1.
Escape character is '^]'.
220 mail.long.com ESMTP Postfix
ehlo localhost                          //告知客户端地址
250-mail.long.com
250-PIPELINING
250-SIZE 10240000
250-VRFY
250-ETRN
250-AUTH PLAIN LOGIN
250-AUTH=PLAIN LOGIN
250-ENHANCEDSTATUSCODES
250-8BITMIME
250 DSN
auth login                              //声明开始进行 SMTP 认证登录
334 VXNlcm5hbWU6                        //用户名的 Base64 编码
dXNlcjM=                                //输入 user3 用户名对应的 Base64 编码
334 UGFzc3dvcmQ6                        //用户密码的 Base64 编码
MTIzNDU2Nzg=                            //用户密码的 Base64 编码
235 2.7.0 Authentication successful     //通过了身份认证
mail from:user3@long.com
250 2.1.0 Ok
rcpt to:68433059@qq.com
250 2.1.5 Ok
data
354 End data with <CR><LF>.<CR><LF>
This a test mail!
.
250 2.0.0 Ok: queued as 5D1F9911        //经过身份认证后发送成功
quit
221 2.0.0 Bye
Connection closed by foreign host.
```

5. 在客户端启用认证支持

当服务器启用认证机制后，客户端也需要启用认证支持。以 Outlook 2010 为例，在图 13-5 的窗口中一定要选中"我的发送服务器（SMTP）要求验证"选项，否则，不能向其他邮件域的用户发送邮件，而只能给本域内的其他用户发送邮件。

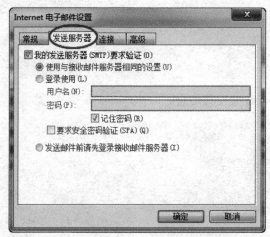

图 13-5 在客户端启用认证支持

13.6 练习题

一、填空题

1.电子邮件地址的格式是 user@RHEL6.com。一封完整的电子邮件由 3 部分组成,第 1 部分代表_____,第 2 部分是分隔符,第 3 部分是_____。

2.Linux 系统中的电子邮件系统包括 3 个组件:_____、_____和_____。

3.常用的与电子邮件相关的协议有_____、_____和_____。

4.SMTP 工作在 TCP 协议上的默认端口为_____,POP3 默认工作在 TCP 协议的_____端口。

二、选择题

1.用来将电子邮件下载到客户机的协议是(　　)。

    A. SMTP　　　　　　　B. IMAP4　　　　　　　C. POP3　　　　　　　D. MIME

2.利用 Access 文件设置邮件中继需要转换 access.db 数据库,要使用命令(　　)。

    A. postmap　　　　　　B. m4　　　　　　　　C. access　　　　　　D. macro

3.用来控制 Postfix 服务器邮件中继的文件是(　　)。

    A. main.cf　　　　　　B. postfix.cf　　　　　C. postfix.conf　　　D. access.db

4.邮件转发代理也称邮件转发服务器,可以使用 SMTP,也可以使用(　　)。

    A. FTP　　　　　　　　B. TCP　　　　　　　　C. UUCP　　　　　　　D. POP

5.不是邮件系统的组成部分的是(　　)。

    A. 用户代理　　　　　　B. 代理服务器　　　　C. 传输代理　　　　　D. 投递代理

6.Linux 下可用的 MTA 服务器是(　　)。

    A. Postfix　　　　　　B. Qmail　　　　　　　C. Imap　　　　　　　D. Sendmail

7.Postfix 常用的 MTA 软件有(　　)。

    A. sendmail　　　　　　B. postfix　　　　　　C. qmail　　　　　　　D. exchange

8.Postfix 的主配置文件是(　　)。

A. postfix.cf　　　　B. main.cf　　　　　　C. access　　　　D. local-host-name

9. Access 数据库中的访问控制操作有（　　　）。

A. OK　　　　　　B. REJECT　　　　　　C. DISCARD　　　　D. RELAY

10. 默认的邮件别名数据库文件是（　　　）。

A. /etc/names　　　　　　　　　B. /etc/aliases

C. /etc/postfix/aliases　　　　　D. /etc/hosts

三、简答题

1. 简述电子邮件系统的构成。

2. 简述电子邮件的传输过程。

3. 电子邮件服务与 HTTP、FTP、NFS 等程序的服务模式最大的区别是什么？

4. 电子邮件系统中 MUA、MTA、MDA 3 种服务角色的用途分别是什么？

5. 能否让 Dovecot 服务程序限制允许连接的主机范围？

6. 如何定义用户别名信箱以及让其立即生效？如何设置群发邮件。

13.7　项目实录

1. 观看视频

做实训前请扫描二维码观看视频。

2. 项目实训目的及内容

· 能熟练完成企业 POP3 邮件服务器的安装与配置。

· 能熟练完成企业 SMTP 邮件服务器的安装与配置。

· 能熟练进行邮件服务器的测试。

3. 项目背景与任务

企业需求：企业需要构建自己的邮件服务器供员工使用；本企业已经申请了域名 long.com，要求企业内部员工的邮件地址为 username@long.com 格式。员工可以通过浏览器或者专门的客户端软件收发邮件。

任务：假设邮件服务器的 IP 地址为 192.168.1.2，域名为 mail.long.com。请构建 POP3 和 SMTP 服务器，为局域网中的用户提供电子邮件服务；邮件要能发送到 Internet 上，同时 Internet 上的用户也能把邮件发到企业内部用户的邮箱中。

4. 做一做

根据项目视频进行实训，检查学习效果。

13.8　实训：电子邮件服务器的配置

1. 实训目的及内容

(1) 掌握 Sendmail 服务器的安装与配置。

(2) 掌握 Postfixl 的安装、配置与管理。

2. 实训环境

在 VMware 虚拟机中启动 3 台 Linux 服务器，一台作为 DNS 服务器，一台作为 Postfix 邮件服务器，一台作为客户机。DNS 服务器负责解析的域为 long.com，Postfix 服务器是 long.com 域的邮件服务器。

3. 实训练习

假设邮件服务器的 IP 地址为 192.168.0.3，域名为 mail.smile.com，请构建 POP3 和 SMTP 服务器，为局域网中的用户提供电子邮件服务；邮件要能发送到 Internet 上，同时 Internet 上的用户也能把邮件发到企业内部用户的邮箱中。设置邮箱的最大容量为 100MB，收发邮件的最大容量为 20MB，并提供反垃圾邮件功能。

4. 实训报告

按要求完成实训报告。

参 考 文 献

[1] 唐柱斌. Linux 操作系统与实训(RHEL 6. 4/CentOS 6. 4)[M]. 北京：清华大学出版社,2016.

[2] 杨云. Red Hat Enterprise Linux 6. 4 网络操作系统详解[M]. 北京：清华大学出版社,2017.

[3] 杨云. Linux 网络操作系统项目教程(RHEL 6. 4/CentOS 6. 4)[M]. 2 版. 北京：人民邮电出版社,2016.

[4] 杨云. 网络服务器搭建、配置与管理——Linux 版[M]. 2 版. 北京：人民邮电出版社,2015.

[5] 杨云. Linux 网络操作系统与实训[M]. 3 版. 北京：中国铁道出版社,2016.

[6] 杨云. Linux 网络服务器配置管理项目实训教程[M]. 2 版. 北京：中国水利水电出版社,2014.

[7] 刘遄. Linux 就该这么学[M]. 北京：人民邮电出版社,2016.

[8] 刘晓辉,等. 网络服务搭建、配置与管理大全(Linux 版)[M]. 北京：电子工业出版社,2009.

[9] 陈涛,等. 企业级 Linux 服务攻略[M]. 北京：清华大学出版社,2008.

[10] 曹江华. Red Hat Enterprise Linux 5. 0 服务器构建与故障排除[M]. 北京：电子工业出版社,2008.